权威·前沿·原创

皮书系列为
"十二五""十三五"国家重点图书出版规划项目

BLUE BOOK

智库成果出版与传播平台

可持续发展蓝皮书

BLUE BOOK OF
SUSTAINABLE DEVELOPMENT

中国可持续发展评价报告
（2020）

EVALUATION REPORT ON THE SUSTAINABLE DEVELOPMENT
OF CHINA (2020)

中国国际经济交流中心
美国哥伦比亚大学地球研究院／研创
阿里研究院

社会科学文献出版社
SOCIAL SCIENCES ACADEMIC PRESS（CHINA）

图书在版编目（CIP）数据

中国可持续发展评价报告 . 2020/中国国际经济交
流中心，美国哥伦比亚大学地球研究院，阿里研究院研创
. -- 北京：社会科学文献出版社，2020.11
　（可持续发展蓝皮书）
　ISBN 978 - 7 - 5201 - 7470 - 1

　Ⅰ. ①中… 　Ⅱ. ①中… ②美… ③阿… 　Ⅲ. ①可持续
性发展 - 研究报告 - 中国 - 2020 　Ⅳ. ①X22

　中国版本图书馆 CIP 数据核字（2020）第 198533 号

可持续发展蓝皮书
中国可持续发展评价报告（2020）

　　　　　　　中国国际经济交流中心
研　　　创／美国哥伦比亚大学地球研究院
　　　　　　　阿里研究院

出 版 人／谢寿光
责任编辑／薛铭洁

出　　　版／社会科学文献出版社·皮书出版分社（010）59367127
　　　　　　　地址：北京市北三环中路甲 29 号院华龙大厦　邮编：100029
　　　　　　　网址：www. ssap. com. cn
发　　　行／市场营销中心（010）59367081　59367083
印　　　装／天津千鹤文化传播有限公司

规　　　格／开 本：787mm × 1092mm　1/16
　　　　　　　印 张：22.5　字 数：333 千字
版　　　次／2020 年 11 月第 1 版　2020 年 11 月第 1 次印刷
书　　　号／ISBN 978 - 7 - 5201 - 7470 - 1
定　　　价／158.00 元

本书如有印装质量问题，请与读者服务中心（010 - 59367028）联系

编 委 会

课题顾问

张大卫　中国国际经济交流中心副理事长兼秘书长

Steven Cohen　美国哥伦比亚大学地球研究院可持续发展政策与管理研究
　　　　　　　中心主任，可持续发展管理硕士项目主任，环境科学与政
　　　　　　　策公共管理硕士项目主任，教授

高红冰　阿里巴巴集团副总裁，阿里研究院院长

主　编

王　军　中国国际经济交流中心学术委员会委员，中原银行首席经济学
　　　　家，研究员，博士

郭　栋　美国哥伦比亚大学地球研究院可持续发展政策与管理研究中心
　　　　副主任，研究员，博士

薛　艳　阿里研究院高级专家、阿里中小企业研究中心主任

副主编

张焕波　中国国际经济交流中心美欧所副所长，研究员，博士

刘向东　中国国际经济交流中心经济研究部副部长，研究员，博士

Satyajit Bose　美国哥伦比亚大学可持续发展管理硕士项目副主任，副教
　　　　　　　授，博士

Kelsie DeFrancia　美国哥伦比亚大学地球研究院可持续发展政策与管理研
　　　　　　　　究中心助理主任，硕士

刘梓伊、宋明远、严馨佳、秦羽、秦玲、Zenia Montero、Sylricka Foster，任平生，王南，李强，邹碧颖，张明丽，王墨麟。

主编简介

王　军　经济学博士，研究员。曾供职于中共中央政策研究室，任处长；曾任中国国际经济交流中心信息部部长；现任中国国际经济交流中心学术委员会委员，中原银行首席经济学家。先后在《人民日报》《光明日报》《经济日报》《中国金融》《中国财政》《瞭望》《金融时报》等国家级报刊上共发表学术论文300余篇，已出版《中国经济新常态初探》《抉择：中国经济转型之路》《打造中国经济升级版》《资产价格泡沫及预警》等10余部学术著作，多次获省部级科研一、二、三等奖。研究方向：宏观经济理论与政策、金融改革与发展、可持续发展等。在中央政策研究室工作期间，多次参与中央主要领导在重要会议上的讲话以及中央重要文件的起草，多篇研究报告得到中央主要领导的重要批示。在中国国际经济交流中心工作期间，一直负责跟踪研究国内宏观经济运行，对重大宏观经济问题提出分析建议，为中央、国务院决策提供参考。作为主要组织者和参与者，主持完成深改办、中财办、中研室、国研室、国家发改委、财政部、商务部、外交部、国开行、博鳌亚洲论坛秘书处等部委及机构委托重点研究课题40余项。

郭　栋　经济与教育学博士，研究员。英国伦敦大学经济学学士，美国哥伦比亚大学经济与教育学博士、公共管理学硕士。现任哥伦比亚大学地球研究院可持续发展政策及管理研究中心副主任、研究员，哥伦比亚大学国际与公共事务学院客座教授；担任亚洲协会政策研究所客座研究员、河南大学讲席教授，曾任北京大学客座教授。研究方向：可持续城市、可持续发展金融、可持续机构管理、可持续政策，以及可持续教育等，并在中国就以上领域进行了多项研究。合著出版《金融生态圈——金融在推进可持续进程中的作用》《可持续发展城市》等著作。其他研究成果包括《中国学校质量的劳动力市场回报率》《职业教育是否为落后学生更好出路》《经受污染与城市居民针对环境改善的支付意愿》《中国高铁规划与运营的环境风险认知及公共信任》《严格污染政策的就业影响：理论与美国经验》《可持续公共认知与看法——中国案例分析》等。

薛 艳 阿里研究院高级专家、阿里中小企业研究中心主任。2008 年加入阿里研究院，从事电子商务、数字经济和跨境电商的研究。主要研究成果包括：《增长极：从新兴市场国家到互联网经济体》（2013 年）、《新基础：消费品流通之互联网转型》（2013 年）、《信息经济：中国经济增长与转型的核心动力》（2015 年）、《涌现与扩展：电子商务 20 年》（2015 年）、《贸易的未来：跨境电商连接世界——2016 中国跨境电商发展报告》（2016 年）、《普惠发展与电子商务：中国实践》（2017 年）、*WHAT SELLS IN E - COMMERCE NEW EVIDENCE FROM ASIAN LDCs*（与联合国国际贸易中心合作，2018 年）、《持续开放的巨市场——中国进口消费市场研究报告》（2018 年）、《建设 21 世纪数字丝绸之路——阿里巴巴经济体的实践》（2019 年）等。合著出版了《信息经济与电子商务知识干部读本》《电子商务服务》《互联网＋：从 IT 到 DT》等著作。参与了国家发改委"十三五"规划预研课题"大势：中国信息经济发展趋势与策略选择"。

摘　要

　　报告基于中国可持续发展评价指标体系的基本框架，对 2019 年中国国家、省及大中城市的可持续发展状况进行了全面系统的数据验证分析，并进行了排名。研究显示：从国家层面来看，中国可持续发展状况继续稳步得到改善，经济发展较为平稳，社会民生进步明显，治理保护成效逐渐显现，明显短板则是资源环境承载能力仍旧较弱，消耗排放存在对经济社会活动的负面影响。省级层面排名前十位的分别是：北京、上海、浙江、江苏、广东、安徽、湖北、重庆、山东和河南。100 座大中城市排名前十位的分别是：珠海、北京、深圳、杭州、广州、青岛、无锡、南京、上海和厦门。报告认为，鉴于新冠肺炎疫情仍在全球蔓延，要高质量推进联合国 2030 年可持续发展议程，中国仍需出台系统的应对方案，动态地保持经济、社会、环境三者相互作用下有质量的平衡，推动中国经济实现强劲、包容、可持续的增长。报告通过对比研究发现：中国城市的经济发展水平整体上处于世界领先地位，而其他国际城市，如纽约、圣保罗、巴塞罗那、巴黎、中国香港及新加坡，在节能减排、治理保护与资源再利用等方面表现更为突出；在社会民生与资源环境两方面，各城市之间并无显著差异。报告还围绕医疗改革、电子地图、数字基建以及深圳、昆明、温州和湖州织里镇等几个专题进行了案例分析。

　　关键词：可持续发展　评价指标体系　可持续治理　可持续发展排名
可持续发展议程

目　录

Ⅰ　总报告

Ⅱ　分报告

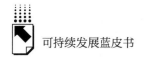

皮书数据库阅读**使用指南**

总 报 告

General Report

B.1

2020年中国可持续发展评价报告

王 军　郭 栋　张焕波　刘向东*

摘　要：　在中国可持续发展评价指标体系基本框架的基础上，报告全
　　　　　面系统地对2019年中国国家、省及大中城市可持续发展状况
　　　　　进行了数据验证分析，并进行了排名。数据验证结果和分析
　　　　　显示：从国家层面来看，中国可持续发展状况继续稳步得到
　　　　　改善，2010~2018年，中国可持续发展指标表现出先降低再
　　　　　逐年稳定增长的状态，经济发展较为平稳，社会民生进步明
　　　　　显，治理保护成效逐渐显现，可持续发展的明显短板则是资

*　王军，中国国际经济交流中心学术委员会委员，中原银行首席经济学家，研究员，博士，研
　究方向：宏观经济、金融、可持续发展；郭栋，美国哥伦比亚大学地球研究院可持续发展政
　策与管理研究中心副主任，研究员，博士，研究方向：可持续城市、可持续金融、可持续机
　构管理、可持续政策及可持续教育等；张焕波，中国国际经济交流中心美欧所副所长，研究
　员，博士，研究方向：宏观经济、可持续发展；刘向东，中国国际经济交流中心经济研究部
　副部长、研究员，博士，研究方向：宏观经济、东亚经济、绿色发展。

源环境承载能力仍旧较弱，消耗排放存在对经济社会活动的负面影响。就省级层面而言，北京、上海、浙江、江苏、广东、安徽、湖北、重庆、山东和河南排名前10位，中部地区中安徽排名最高，列第六位，西部地区中重庆列第八位。100座大中城市的可持续发展指标体系数据验证分析显示：珠海、北京、深圳及其他部分东部沿海城市的可持续发展排名靠前，居前十位的城市分别是：珠海、北京、深圳、杭州、广州、青岛、无锡、南京、上海和厦门，其中珠海连续三年位居榜首。报告还分析了疫情给中国乃至全球可持续发展带来的挑战，以及全球抗击疫情所采取的应对政策。报告认为，鉴于疫情仍在全球蔓延，要高质量推进联合国2030年可持续发展议程，中国仍需出台系统的应对方案，动态地保持经济、社会、环境三者相互作用下有质量的平衡，推动中国经济实现强劲、包容、可持续的增长。

关键词： 可持续发展　评价指标体系　可持续治理　可持续发展排名

适应中国经济由高速增长阶段转向高质量发展阶段的要求，一套科学、简约的可持续发展评价指标体系变得愈加迫切，亟须建立，并作为各级政府开展绩效考核的指挥棒，以补充和完善以GDP规模与速度为核心的经济评价体系。2020年突如其来的疫情更使我们深刻地意识到，衡量和考察中国经济发展，除了经济增长之外，社会民生、公共卫生、生态环境、污染防治等内容从长久来看，其对于中国经济社会的持续健康发展、对于中华民族伟大复兴更具有十分重要的现实意义。为更好地探索和创新可持续发展评价指标体系，我们秉承"创新、协调、绿色、开放、共享"新发展理念，持续对中国可持续发展状况进行动态监测和评估，以期为中国更好地落实和推进联合国 2030 年可持续发展议程，为国家制定宏观政策和战略规划，为地区、行业和企业实现转型升级及可持续发展提供决策支持，其最终目标是，推动中国从宏观到中观及微观领域各个经济主体的高质量发展。

一　中国国家级可持续发展指标体系数据验证结果分析

在课题组构建的中国可持续发展评价指标体系 CSDIS 的框架下，我们查找、筛选和整理了自 2010 年至 2018 年九年间初始指标的时间序列数据。基于数据的可获得性，我们对七个指标（即目前难以获得数据，但希望在未来能够补充完善的指标）进行了剔除，最后得到五大类指标共 41 个初始指标。为减少各项指标的人为影响，我们在计算总指标、一级、二级指标综合值时，采用了简单的等权重办法。

回顾过去的 2010～2018 年，可持续发展总指标变化趋势大致为：2011 年是九年间的最低值，随后因政府更加重视资源环境、消耗排放、治理保护，可持续发展状况开始逐年改善。其中，2010 年总指标为 30.39，2018 年时该指标已大幅上升为 86.54（见图 1）。从变动幅度看，2011 年比 2010 年下降 28.17%，其中 2012 年和 2013 年的改善最明显，分别比前一年提高 79.75% 和 31.78%，2013 年之后，可持续发展总指标的涨幅开始放慢，各年涨幅分别为 14.93%、18.04%、10.36%、0.75% 和 10.95%，其中 2017 年涨幅最小，2018 年涨幅比 2017 年有明显扩大。2011 年可持续发展指数又出现下降，其原因主要是资源环境、消耗排放、治理保护三个一级指标出现回落。2011 年降水量严重少于往年，全国范围内出现大旱，这对水资源、湿地等资源环境产生了较大的负面影响，致使资源环境相关指标有所下降。此外，2011 年前各级政府对雾霾天气、环境污染、生态环境与气候恶化等尚未给予足够重视，经济增速仍是政府追求的主要目标，在投入治理、减少排放等方面的工作还不到位，使得消耗排放和治理保护等指标出现恶化。因此，2011 年可持续发展指标中的"资源环境""消耗排放""治理保护"这三个指标的得分均低于 2010 年，这拉低了总指标的数值（见图 2）。同时，

2011 年气候干旱引发大规模生态恶化和环境污染问题，使得治理保护的目标未能实现，可持续发展面临较大压力。在这一阶段，治理保护和消耗排放是可持续发展的主要短板。

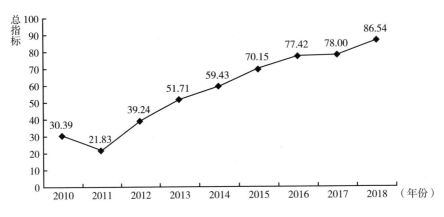

图 1　中国可持续发展指数总指标走势（2010～2018 年）

从一级指标的趋势上看（见图 2），九年间"社会民生"指标增长最快，"经济发展"次之，"资源环境""消耗排放""治理保护"等指标先降后升。

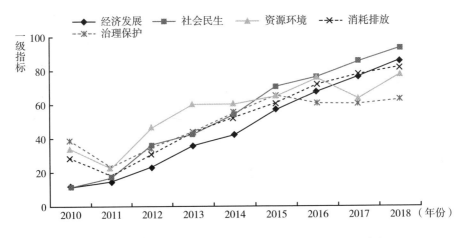

图 2　中国可持续发展指数一级指标走势（2010～2018 年）

就具体数值而言（见图3）：2018年"社会民生"指标接近100，表明社会福利方面改善较为显著。"资源环境"指标在2011~2016年缓慢增长，2016年达到峰值75.50后，2017年出现下降，其数值仅为63.64，略低于2015年水平，而在2018年，该数值又上升到77.72，这与资源环境方面主要选择了耕地、湿地、森林、人均水资源等指标有关，这些指标大多受气候条件影响较大。整体来说，2018年的各项一级指标比2017年表现更优。此外，随着中国经济正逐步迈入高质量发展阶段，社会民生保障和改善明显，生态文明建设不断加强，人类活动对自然环境造成的负面影响逐渐减弱，污染排放也不断改善，"经济发展""社会民生""消耗排放"等指标的数值增长也比较快。从二级指标的构成雷达图看（见图4），2018年的指标值同比明显提高，几个例外指标是"工业危险废物产生量""固体废物处理""减少温室气体排放"，第一个属于"消耗排放"，后两个与"治理保护"相关，这意味着2018年涉及消耗排放和治理保护等方面仍存较大压力，资源环境挑战依然严峻。

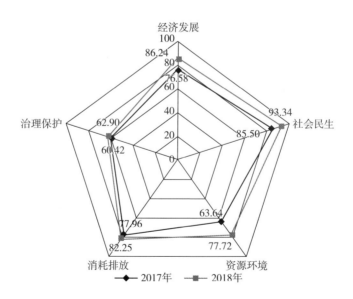

图3 中国可持续发展指数一级指标构成雷达图（2017~2018年）

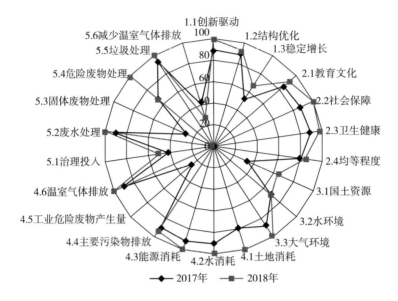

图4 中国可持续发展指数二级指标构成雷达图 (2017～2018年)

二 中国省级可持续发展体系数据验证结果分析

据课题组构建的包括五大类 26 项初始指标在内的省级可持续发展指标框架（见表1），我们采用 2012～2016 年的时间序列数据为指标计算权重，对 30 个省、自治区、直辖市进行排名（不含港澳台地区，因数据缺乏，西藏自治区未被选为研究对象）（见表2）。

表1 CSDIS 省级指标集及权重

类别	序号	指标	权重(%)
经济发展(20.9%)	1	城镇登记失业率	5.64
	2	GDP 增长率	5.63
	3	第三产业增加值占 GDP 比例	5.60
	4	全员劳动生产率	2.45
	5	研究与发展经费支出占 GDP 比例	1.59

续表

类别	序号	指标	权重（%）
社会民生（24.4%）	6	城乡人均可支配收入比	7.41
	7	每万人拥有卫生技术人员数	4.96
	8	互联网宽带覆盖率	4.22
	9	财政性教育支出占GDP比重	3.18
	10	人均社会保障和就业财政支出	2.58
	11	公路密度	2.08
资源环境（7.7%）	12	空气质量指数优良天数	5.07
	13	人均水资源量	1.02
	14	人均绿地（含森林、耕地、湿地）面积	0.97
消耗排放（13.5%）	15	单位二、三产业增加值所占建成区面积	3.38
	16	单位GDP氨氮排放	3.17
	17	单位GDP化学需氧量排放	2.32
	18	单位GDP能耗	2.17
	19	单位GDP二氧化硫排放	1.37
	20	单位GDP水耗	1.14
治理保护（33.4%）	21	城市污水处理率	14.24
	22	生活垃圾无害化处理率	8.97
	23	一般工业固体废物综合利用率	4.25
	24	能源强度年下降率	2.39
	25	危险废物处置率	1.96
	26	财政性节能环保支出占GDP比重	1.64

根据上述指标框架，课题组计算出30个省级地区的可持续发展数值。2019年可持续发展综合排名显示：四个直辖市及东部沿海省份领先全国，前10位省份分别是北京、上海、浙江、江苏、广东、安徽、湖北、重庆、山东和河南。北京、上海、浙江、江苏、天津等省份在经济发展、社会民生、消耗排放、治理保护等方面表现占优，而在资源环境方面稍显劣势。黑龙江、吉林、青海的综合排名靠后，表明其可持续发展水平有待提高。北京、上海与浙江分列前三强。中部省份中安徽排名最高，从2018年的第10位升至2019年的第6位。西部地区除重庆位列第8，其余省份的综合排名均较为靠后。

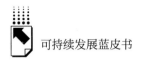

表 2　2018～2019 年省级可持续发展综合排名情况

省份	2018 年	2019 年
北京	1	1
上海	2	2
浙江	3	3
江苏	4	4
广东	5	5
安徽	10	6
湖北	9	7
重庆	6	8
山东	8	9
河南	12	10
福建	11	11
湖南	13	12
江西	16	13
贵州	17	14
天津	7	15
河北	18	16
云南	19	17
广西	15	18
海南	14	19
内蒙古	20	20
四川	22	21
陕西	21	22
辽宁	23	23
甘肃	26	24
山西	24	25
宁夏	25	26
新疆	27	27
青海	29	28
吉林	30	29
黑龙江	28	30

三 中国100座大中城市可持续发展
指标体系数据验证分析

据课题组构建的包括五大类 22 项初始指标在内的城市可持续发展指标框架（见表 3），我们对 2019 年 100 座大中型城市的可持续发展状况进行了排名（见表 4）。

表 3 CSDIS 指标集及权重

类别	序号	指标	权重（%）
经济发展 （27.49%）	1	人均 GDP	12.55
	2	第三产业增加值占 GDP 比重	6.73
	3	城镇登记失业率	3.48
	4	财政性科学技术支出占 GDP 比重	2.95
	5	GDP 增长率	1.78
社会民生 （27.04%）	6	房价 – 人均 GDP 比	6.44
	7	每万人拥有卫生技术人员数	5.90
	8	人均社会保障和就业财政支出	5.73
	9	财政性教育支出占 GDP 比重	5.25
	10	人均城市道路面积	3.72
资源环境 （11.02%）	11	人均水资源量	4.55
	12	每万人城市绿地面积	4.52
	13	空气质量指数优良天数	1.95
消耗排放 （26.23%）	14	每万元 GDP 水耗	8.04
	15	单位 GDP 能耗	5.80
	16	单位二、三产业增加值占建成区面积	4.98
	17	单位工业总产值二氧化硫排放量	4.63
	18	单位工业总产值废水排放量	2.78
治理保护（8.22%）	19	污水处理厂集中处理率	2.54
	20	财政性节能环保支出占 GDP 比重	2.13
	21	工业固体废物综合利用率	2.10
	22	生活垃圾无害化处理率	1.45

表4　2018～2019年中国城市可持续发展综合排名

城市	2018年排名	2019年排名
珠海	1	1
北京	3	2
深圳	2	3
杭州	4	4
广州	5	5
青岛	6	6
无锡	11	7
南京	8	8
上海	13	9
厦门	12	10
武汉	10	11
长沙	7	12
宁波	9	13
拉萨	14	14
苏州	16	15
三亚	23	16
郑州	17	17
济南	15	18
合肥	19	19
南通	20	20
烟台	22	21
天津	18	22
南昌	27	23
温州	29	24
乌鲁木齐	42	25
西安	21	26
太原	30	27
贵阳	25	28
福州	32	29
大连	41	30
徐州	34	31
克拉玛依	31	32
成都	28	33
昆明	26	34

续表

城市	2018 年排名	2019 年排名
海口	37	35
扬州	35	36
惠州	24	37
呼和浩特	36	38
金华	38	39
芜湖	39	40
包头	33	41
泉州	48	42
宜昌	43	43
北海	44	44
西宁	51	45
常德	53	46
潍坊	46	47
重庆	47	48
长春	40	49
榆林	45	50
石家庄	55	51
沈阳	50	52
南宁	49	53
秦皇岛	54	54
唐山	60	55
绵阳	61	56
洛阳	52	57
兰州	63	58
九江	59	59
蚌埠	56	60
银川	57	61
桂林	74	62
哈尔滨	68	63
襄阳	58	64
许昌	64	65
济宁	65	66
吉林	73	67
怀化	76	68

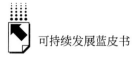
续表

城市	2018 年排名	2019 年排名
临沂	66	69
韶关	72	70
安庆	70	71
郴州	62	72
岳阳	71	73
铜仁	78	74
遵义	79	75
牡丹江	67	76
开封	75	77
保定	93	78
赣州	81	79
大同	77	80
固原	95	81
黄石	69	82
泸州	84	83
汕头	82	84
南阳	80	85
邯郸	87	86
宜宾	91	87
大理	85	88
乐山	88	89
平顶山	83	90
丹东	89	91
湛江	86	92
天水	90	93
南充	97	94
曲靖	94	95
海东	98	96
齐齐哈尔	96	97
锦州	92	98
渭南	99	99
运城	100	100

（一）城市可持续发展综合排名

2019 年度综合排名显示，珠海、北京、深圳及东部沿海部分经济最发达地区的城市的可持续发展排名靠前，珠海、北京、深圳、杭州、广州、青岛、无锡、南京、上海和厦门分列前十位，其中珠海已连续三年位居榜首。

（二）五大类一级指标各城市主要情况

1. 经济发展

东部沿海的部分城市在经济发展方面表现突出。北京在经济发展方面一直名列前茅；深圳作为经济特区、国家综合配套改革试验区，在经济表现方面也一直是排名前列的城市之一；南京的经济类指标排名较为均衡，没有明显经济短板（见表5）。

表5　2019 年经济发展质量领先城市

城市	2019 年排名
北京	1
深圳	2
南京	3
广州	4
杭州	5
武汉	6
苏州	7
无锡	8
珠海	9
上海	10

2. 社会民生

前十名中，内陆城市在社会民生方面排名相对较好（见表6）。但是，除珠海、青岛外，其他排名领先的城市均位于经济发展排名十名以外，说明经济发展和社会民生并不同步，很多城市在经济快速发展的同时，民生领域的问题和矛盾也很突出。这在一定程度上反映了当前中国发展不平衡、不充分的问题。

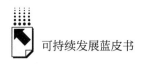

表6　2019年社会民生保障领先城市

城市	2019 年排名
拉萨	1
乌鲁木齐	2
榆林	3
克拉玛依	4
西宁	5
珠海	6
太原	7
武汉	8
青岛	9
银川	10

3. 资源环境

资源环境方面表现较好的城市大多集中在广东、贵州等南方省份（见表7），这与大众的普遍认知是一致的。这些城市的共同特点是：生态环境良好，自然景观优美，而且空气质量较好，优良天数较多。其中，拉萨因人口较其他城市更为稀少，人均水资源量和每万人城市绿地面积排名靠前。

表7　2019年生态环境宜居领先城市

城市	2019 年排名
拉萨	1
牡丹江	2
南宁	3
惠州	4
怀化	5
韶关	6
贵阳	7
珠海	8
九江	9
铜仁	10

4. 消耗排放

在资源有效利用和节能减排方面，如单位 GDP 水耗、能耗、单位工业总产值二氧化硫排放量以及废水排放量等指标表现突出的城市多是一、二线城市（见表8）。这些城市人口多、经济活动频繁、人均资源稀缺，普遍非常重视资源节约利用和消耗排放，并且拥有较高的排放控制技术，同时也有较大动力将高污染物排放的企业转移出本市。

表8　2019年节能减排效率领先城市

城市	2019年排名
北京	1
深圳	2
上海	3
青岛	4
珠海	5
广州	6
西安	7
长沙	8
宁波	9
杭州	10

5.治理保护

在治理保护方面领先的城市包括自然风光优美的常德、惠州、宜宾等城市，以及在环保尤其是空气质量方面有较大压力的中部城市如石家庄、邯郸、郑州等（见表9）。这些城市在工业转型、空气治理等节能环保上普遍加大投入，因此排名靠前。

表9　2019年治理保护领先城市

城市	2019年排名
常德	1
石家庄	2
惠州	3
宜宾	4
邯郸	5
郑州	6

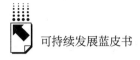
续表

城市	2019 年排名
许昌	7
北海	8
唐山	9
秦皇岛	10

四　中国落实可持续发展议程的政策与实践

2019 年底突如其来的新冠肺炎疫情给中国乃至全球的可持续发展带来前所未有的挑战，这不可避免地让联合国 2030 年可持续发展议程（涵盖经济、社会和环境等方面的 17 个目标)[①] 的推进遭遇一定的挫折。

（一）疫情对落实联合国2030年可持续发展议程的挑战

1. 经济增长可持续发展面临严峻冲击

全球范围内，疫情大流行导致全球经济活动陷入停顿或大幅减少，由此带来的负面冲击大概率将使 2020 年世界经济陷入集体衰退，且可能是自 1929 年美国大萧条以来最严重的经济衰退。

首先，世界经济将面临陷入集体性衰退风险。国际货币基金组织（International Monetary Fund，IMF）、世界银行、世界贸易组织（World Trade Organization，WTO）以及联合国等国际组织纷纷下调对 2020 年及 2021 年的经贸预测，并对疫情带来的不确定性影响做出较为悲观的展望。比如，2020 年 6 月 IMF 发布的《世界经济展望报告》大幅下调了对 2020 年的全球经济预测，由同年 4 月预测的 – 3.0% 下调至 – 4.9%，其中对 2020

---

① 2015 年 9 月 25 日，联合国 193 个成员国在纽约举行的联合国可持续发展首脑会议上通过了《变革我们的世界：2030 年可持续发展议程》，即今后 15 年（2016～2030 年）新的全球目标，包括了 17 项可持续发展目标以及 169 项细分目标。https：//www.un.org/sustainabledevelopment/zh/sustainable – development – goals/。

年中国经济增速预测值由1.2%下调至1.0%。

其次，中国经济遭遇前所未有的下行压力。中国较早遭遇疫情的负面冲击，尽管也较早采取了疫情防控措施，并取得积极成效和重大成就，但经济社会发展的可持续性仍不可避免地遭受破坏。国家统计局数据显示，2020年第一季度中国经济增速下降6.8%，这是自1992年中国开始进行GDP季度报告以来首次出现下降，也是改革开放以来最严重的一次下降。此后，中国政府迅速采取严格防控措施，及时遏制了疫情蔓延，并因地制宜地启动经济。第二季度经济增速虽有反弹，但因受疫情对外围经济冲击的拖累以及叠加贸易保护主义的干扰，仍难以回升至2019年的同期水平。2020年的政府工作报告打破了1997年以来形成的每年设定预期增长目标的惯例，首次没有公布GDP增速的政府预期目标，而是把就业和民生目标摆在了更加突出的位置。

最后，中国乃至全球产业链供应链脆弱性凸显。疫情对可持续发展的威胁表现为全球范围的产业链供应链循环受阻，特别是交通物流受阻、需求萎缩、中小企业资金链中断压力等问题，造成了全球上下游供应链不畅，国际贸易和投资均出现大幅度萎缩，全球产业链和供应链的正常运转面临挑战。2020年4月WTO对全球贸易前景的预测显示，2020年全球贸易增速乐观情形将下降至-12.9%，而悲观情形则将下降至-31.9%[1]。由此疫情带来的对供应链安全的担忧，美国、日本等经济体着手引导关键制造企业向本土回流或从中国分散转移至东南亚等地区，这可能会加剧全球产业链供应链的不稳定、不可持续。作为世界工厂的中国也不可避免地受到全球疫情扩散蔓延的冲击，面临着加速转移、供给中断、环节割裂、链路失控等风险[2]，尤其是备受关注的芯片、人工智能、操作系统、高端装备以及婴幼儿奶粉原料、抗疫必需的额温枪的传感器部件等，都曾面临着国际供应的暂时中断和被遏

---

[1] WTO, "Trade Set to Plunge as COVID-19 Pandemic Upends Global Economy", April 8, 2020, https: //www. wto. org/english/news_ e/pres20_ e/pr855_ e. htm.

[2] 顾学明、林梦：《全方位构建后疫情时期我国供应链安全保障体系》，《国际经济合作》2020年第3期。

制的问题。

2. 社会民生的可负担性受到极大威胁

公共卫生危机就是一场社会危机。社交隔离叠加物流受阻让居民就业工作、医疗健康、教育养老、社会生活等活动受到诸多限制，无论是发达国家还是发展中国家，疫情面前都面临失业率上升、财收减少和支出增加的负担，家庭、企业等资产负债表出现恶化，部分民众可能陷入贫困。而且，疫情带来的心理恐慌和社会福利的下降还可能引发社会的不稳定。

就中国而言，疫情使我们完成2020年扶贫攻坚任务面临较大挑战。此次疫情造成就业压力增大，居民收入增速放缓，部分贫困户面临重新返贫的可能，2020年全面完成脱贫攻坚任务面临着不小的压力。

同时，我们面临的医疗卫生补短板压力也在陡增。此次疫情暴露出我国公共卫生体系存在的诸多安全隐患，包括传染病直报系统不完善、疫情防控应急管理能力不足，以及人口集中地医务人员配置不够等问题。很多地区仍面临持续提高每千人口医务人员比例的压力，尤其是偏远乡村地区更是缺医少药，人口健康、生物安全领域科技创新能力存在短板，公共卫生领域人才供给不足问题也很突出。

疫情还给教育和社会保障带来不利影响。疫情对各国的教育也造成较大冲击，这使得实现联合国2030年可持续发展议程中的教育目标[1]面临更大挑战。疫情蔓延使正常的教学中断，让有质量的教育遭遇威胁。很多学校不得不停课或转为在线授课，更多注重线下体验的教育机构被迫停摆或关闭。

疫情影响下，失业裁员问题已威胁到社会保障的可持续性，给离开工作岗位、依赖社会保障的人员带来更大的负担，也使得财政性教育支出、人均社保财政支出等面临更大的不可持续风险。

---

① 到2030年实现1项教育总目标，即"确保为每一个人提供包容、公平、有质量的教育和终身学习机会"，以及涵盖学前教育、中小学教育、高等教育、职业教育、教师培养、教育国际合作等方面的7项具体目标和3项执行层面工作目标。

3. 人与自然共生的良性循环被迫搁置

尽管新冠病毒的扩散传播一定程度上将减少资源消耗和污染物及二氧化碳的排放，生态治理保护也可能会被动得到改善，但疫情并未削减可持续发展问题的重要性和紧迫性，也并不意味着被动隔离情况下人与自然的和谐共生将是一种环境可持续的状态，反而可能使生态环境保护的支持行动陷入被边缘化的尴尬境地，特别是考虑到此次新冠病毒本身可能源自人类对自然环境的破坏。

首先，疫情导致资源消耗和排放被动减少将是暂时性的。一旦经济恢复，资源消耗和温室气体排放也会随之反弹。值得警惕的是，疫情影响下全球气候变化可能造成极端天气频发，包括各种台风洪涝、山火冰融，特别是南北极业已出现极端的气温上升现象，这将给经济社会构成新的威胁。

其次，新冠病毒打破了人类健康与环境健康的平衡。新冠病毒在人与人之间的传播，以及人与动物之间不明原因的传导，明确地显示出人类本身是非常脆弱的。实践证明，人体健康与环境健康直接相关。当前虽尚不能证明病毒产生的根源与气候变化等环境变化有关，但事实上两者是存在着相互作用的。新冠病毒传染性强的特点增加了人们接触病毒的风险，令很多人获得清洁水和食物、获得健康生活居住空间以及实现城市的包容、安全和更具弹性的发展变得更加困难。新冠病毒把患有基础病或年老体弱以及生活在贫困中的人群置于较为危险的境地。作为人口基数庞大和日益老龄化的社会，中国不可避免地承受着病毒对人类健康的威胁，也承受着环境健康日益恶化的威胁。

最后，疫情引致可再生能源发展陷入被动局面。受疫情冲击，全球需求大幅减少，国际化石能源价格出现大幅下跌，特别是国际油价一度跌至负值，促使化石能源更具有竞争力。倘若疫情持续使化石能源价格保持在低位，反而会打击世界各国利用可再生能源的积极性。作为油气资源的重要消费国，中国可能从油气价格下跌中受益，但长此以往可能给通过大规模补贴好不容易发展起来的可再生能源带来挑战，使其性价比相对不高，进而产生连锁反应，如在对气候变化问题上，让中国履行自主减排目标的承诺变得更加艰难。

（二）严格防控疫情前提下促进可持续发展的政策应对

面对疫情对落实可持续发展目标带来的挑战，世界各国都在努力防控疫情的同时重启经济、保障民生、削减对生态环境的破坏。为此，各国先后出台许多刺激计划和政策措施，积极促进经济恢复、社会稳定和环境改善。总体来看，为克服此次疫情的不利影响，世界各国政府和国际机构调动了规模超过 10 万亿美元的资金，采取大规模的公共卫生和经济危机应对行动，包括更加积极的财政政策和更加宽松的货币政策，帮助企业和民众渡过封锁限制带来的生活生存难关。

作为最先受到疫情冲击的国家，中国采取了严厉的疫情防控措施，并在取得积极成效后，及时出台重振经济复苏和消费回补计划，加大对就业和民生的扶持，现已取得积极成效。中国先后推出 90 多项政策措施，包括全面强化稳就业的重要举措，保障湖北等受疫情影响较大地区困难群众基本生活和基层公共服务正常运转，帮扶中小微企业渡过难关，保证粮食安全和煤电油气稳定供应，确保产业链供应链安全稳定。同时，中国也不会因受疫情影响就找理由降低对生态环境保护的要求，而是在可承受范围之内继续践行新发展理念，加快落实联合国 2030 年可持续发展议程。

（三）新形势下稳妥推进联合国2030年可持续发展议程的建议

鉴于疫情仍在全球快速蔓延，未来疫情防控将常态化，要高质量推进联合国 2030 年可持续发展议程，中国仍需出台系统的应对方案，动态地保持经济、社会、环境三者相互作用下有质量的平衡，并把落实联合国 2030 年可持续发展议程纳入应对疫情和恢复经济的政策工具箱里，推动中国经济实现强劲、包容、可持续的增长。

1. 采取温和有力的政策措施，增强经济发展的韧性

面对疫情危机带来的经济冲击及由此产生的金融风险，需要尽量采取温和有力的手段减轻大规模刺激政策的后遗症影响，增强经济增长的韧性。一是充分利用数字化工具提升经济增长韧性，进一步支持各行业加速数字化转

型；二是专注于向家庭和企业提供流动性和财政支持，确保家庭和企业不被动陷入贫困或破产，不因现金流不足而压垮和关停；三是进一步挖掘消费潜力，促进短期消费回暖和中长期消费潜力释放；四是进一步加强国际协调，共同促进全球产业链和供应链稳定安全。

2. 坚持以人为本的理念，切实保障就业和民生福祉

为尽可能降低疫情对就业和民生的影响，迫切需要采取就业优先政策，特别针对大学毕业生、农民工等重点群体，应分类施策，制定并实施更具倾斜性的兜底扶持政策，包括确保获得正规工作、确保获得优质保健、确保获得信息通信技术接入、确保获得健全的社会保障底线支持，着眼于 2020 年全面建成小康社会后的可持续脱贫问题。同时，借助此次疫情揭露出的人类生命健康安全短板问题，加快落实"健康中国"战略并丰富其内涵，以阻断传染病传播为出发点有效分散人口较为集中的居住地，同时制订科学的国民生命健康计划，引导人民科学饮食和健康管理，以展现更高质量的生命体征和发展内涵。

3. 进一步增强落实可持续发展议程的政策协调性

疫情期间因经济下行而出现的生态环境质量有所改善的势头并不必然会持续，还需要保持定力继续加快国家可持续发展议程创新示范区建设，把新发展理念贯穿示范区建设全过程，尽快形成可复制推广的经验和模式，引导在全国范围内开展可持续发展议程落实工作，鼓励地方和企业以探索创新疫后可持续发展新模式，运用可持续发展的办法解决疫后经济发展中遇到的困难和问题。为此：一是加强对经济刺激政策的环境和社会效应评估，在制定应对疫情的经济刺激政策时，既要考虑政策实施的当前经济效果，还要考虑相关社会和环境效果，谨防政策实施的后遗症，特别是对社会平等和生态环境带来的威胁；二是加快推进深圳、太原、桂林、郴州、临沧、承德等国家可持续发展议程创新示范区的建设，尽快形成可复制、可推广的经验和模式，并对照联合国 2030 年可持续发展议程各项目标查缺补漏和反馈提升，争取提出可持续发展议程践行的中国经验或中国标准；三是进一步加强国际合作共同落实可持续发展议程，呼吁国际社会团结起来，加快推动世界各国

携手共同应对疫情，共同恢复全球产业链和供应链，共同开展宏观经济政策协调和开展疫后经济重振计划，重视在气候变化、非传统安全等全球共同性挑战问题上的协调合作，坚持推进世界各国全面落实联合国2030年可持续发展议程，包括实施大规模的支出计划时要促进可持续投资，进一步消除各国对化石燃料的补贴，支持出台可再生能源贸易和竞争新规则，共同反对以邻为壑的保护主义做法，继续在多边框架下推进气候变化、生物多样性、海洋协议等方面的积极合作，继续发挥国际多边规则包括气候变化应对框架公约在内的国际治理保护机制的作用，并尽早将公共卫生健康等事项纳入国际治理保护框架内，并基于"共同但有区别的责任"原则动员更多社会力量，维护世界卫生组织的权威和地位，共同参与全球生命健康和环境健康的综合治理。

参考文献

〔瑞士〕理查德·鲍德温（Richard Baldwin）、〔日〕富浦英一（Eiichi Tomiura）：《新冠疫情对贸易的影响机制》，《中国经济报告》2020年第3期。

李克强：《政府工作报告》，2020年5月22日，第十三届全国人民代表大会第三次会议，http：//www. gov. cn/guowuyuan/zfgzbg. htm。

联合国：《变革我们的世界：2030年可持续发展议程》，2015年9月25日。

刘振民：《实现可持续发展，推动更好复苏》，新华网，http：//www. xinhuanet. com/world/2020－06/24/c_ 1210675462. htm，最后检索时间：2020年9月23日。

工业和信息化部：《2019年软件和信息技术服务业统计公报》，http：//www. miit. gov. cn/n1146312/n1146904/n1648374/c7663865/content. html，最后检索时间：2020年5月22日。

工业和信息化部：《2018年电子信息制造业运行情况》，http：//www. miit. gov. cn/newweb/n1146312/n1146904/n1648373/c6635637/content. html，最后检索时间：2020年5月19日。

顾学明、林梦：《全方位构建后疫情时期我国供应链安全保障体系》，《国际经济合作》2020年第3期。

国家统计局：《中国统计年鉴（2019）》，中国统计出版社，2020。

国家统计局：《2018年国民经济和社会发展统计公报》，http：//www. stats. gov. cn/

tjsj/zxfb/201902/t20190228_1651265.html，最后检索时间：2020年5月18日。

国家统计局社会科技和文化产业统计司、科学技术部战略规划司：《中国科技统计年鉴（2019）》，中国统计出版社，2020。

教育部、国家统计局、财政部：《2018年全国教育经费执行情况统计公告》（教财〔2019〕3号），http://www.moe.gov.cn/srcsite/A05/s3040/201910/t20191016_403859.html，最后检索时间：2020年5月20日。

〔法〕马尼希·巴布纳（Manish Bapna）：《后疫情时代，人类如何可持续发展?》，《光明日报》2020年5月22日，第12版。

张大卫：《打造中国经济升级版》，人民出版社，2013。

张大卫：《绿色发展：中国经济的低碳转型之路——在哥伦比亚大学的演讲》，2016年4月14日。

张焕波、张永军：《转变经济发展方式评价指数研究》，《中国经贸导刊》2011年第4期。

张焕波、韩端：《新型农村工业化进程中的环境保护问题探讨》，《农业环境与发展》2012年第3期。

张焕波：《低碳发展背景下中国经济与能源发展面临的局势及其特点》，《中国物价》2012年第3期。

张焕波：《中国省级绿色经济指标体系》，《经济研究参考》2013年第1期。

张焕波：《高质量发展特征指标体系研究及初步测算》，《全球化》2020年第2期。

《中共中央 国务院关于加快推进生态文明建设的意见》（2015年4月25日），《人民日报》2015年5月6日，第1版。

中国国际经济交流中心、美国哥伦比亚大学地球研究院、阿里研究院编《中国可持续发展评价报告（2018）》，社会科学文献出版社，2018。

中国国际经济交流中心、美国哥伦比亚大学地球研究院、阿里研究院编《中国可持续发展评价报告（2019）》，社会科学文献出版社，2019。

王军：《准确把握高质量发展的六大内涵》，《证券日报》2017年12月23日。

王军等：《新常态下的可持续发展》，《中国经济发展"新常态"初探》，社会科学文献出版社，2016。

王军、张焕波、刘向东、郭栋：《中国可持续发展评价指标体系：框架、验证及其分析》，《中国经济分析与展望（2016~2017）》，社会科学文献出版社，2017。

王军：《当前我国迫切需要一个全新的衡量可持续发展的指标体系》，中国发展网，http://www.chinadevelopment.com.cn/zk/yw/2017/12/1213347.shtml，最后检索时间：2020年7月7日。

王军：《如何认识和解决"不平衡不充分的发展"?》，《金融时报》2017年10月31日。

王军、郭栋：《如何看新一线城市的竞争》，《财经》2017年第22期。

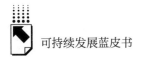
王军：《经济高质量发展与增长预期引导》，《上海证券报》2017 年 11 月 8 日。

王军：《疫情下的经济全球化之变》，《清华金融评论》2020 年第 6 期。

王军：《从"十三五"到"十四五"：全面提高经济竞争力》，《瞭望》2020 年第 21 期。

习近平：《决胜全面建成小康社会 夺取新时代中国特色社会主义伟大胜利——在中国共产党第十九次全国代表大会上的报告》，《人民日报》2017 年 10 月 28 日，第 1 版。

Apergis, Nicholas, and Ilhan Ozturk, "Testing Environmental Kuznets Curve Hypothesis in Asian Countries", *Ecological Indicators* 52 (2015): 16 – 22. Arcadis. (2015), Sustainable Cities Index 2015, Retrieved from https://s3. amazonaws. com/arcadis-whitepaper/arcadis-sustainable-cities-indexreport. pdf.

Chen, H., Jia, B., and Lau, S. S. Y. (2008), "Sustainable Urban Form for Chinese Compact Cities: Challenges of a Rapid Urbanized Economy", *Habitat International* 32 (1): 28 – 40.

Duan, H., et al. (2008), "Hazardous Waste Generation and Management in China: A review", *Journal of Hazardous Materials* 158 (2): 221 – 227.

Gregg, Jay S., Robert J. Andres, and Gregg Marland, "China: Emissions Pattern of the World leader in CO_2 Emissions from Fossil Fuel Consumption and Cement Production", *Geophysical Research Letters* 35. 8 (2008).

He, W., et al. (2006), "WEEE Recovery Strategies and the WEEE Treatment Status in China", *Journal of Hazardous Materials* 136 (3): 502 – 512.

Huang, Jikun, et al. "Biotechnology Boosts to Crop Productivity in China: Trade and Welfare Implications", *Journal of Development Economics* 75. 1 (2004): 27 – 54.

IMF, "World Economic Outlook: A Crisis Like No Other, An Uncertain Recovery", Update, June 24, 2020, https://www. imf. org/en/Publications/WEO/Issues/2020/06/24/WEOUpdateJune2020.

IMF, "World Economic Outlook: The Great Lockdown", April 6, 2020, https://www. imf. org/en/Publications/WEO/Issues/2020/04/14/weo – april – 2020.

International Labour Office (ILO), 2015, "Universal Pension Coverage: People's Republic of China", Retrieved from http://www. social-protection. org/gimi/gess/RessourcePDF. action? ressource. ressourceId = 51765.

Jiang, X. (Ed). (2004), Service Industry in China: Growth and Structure, Beijing: Social Sciences Documentation Publishing House.

Lee, V., Mikkelsen, L., Srikantharajah, J. & Cohen, L. (2012), "Strategies for Enhancing the Built Environment to Support Healthy Eating and Active Living", Prevention Institute. Retrieved 29 April, 2012.

Li, X. and Pan, J. (Eds.) (2012), China Green Development Index Report 2012,

Springer Current Chinese Economic Report Series.

Liu, Tingting, et al. "Urban Household Solid Waste Generation and Collection in Beijing, China", *Resources, Conservation and Recycling* 104 (2015): 31 – 37.

Steemers, Koen, "Energy and the City: Density, Buildings and Transport", *Energy and buildings* 35. 1 (2003): 3 – 14.

Tamazian, A., Chousa, J. P., &Vadlamannati, K. C. (2009), "Does Higher Economic and Financial Development Lead to Environmental Degradation: Evidence from BRIC Countries", *Energy Policy* 37 (1): 246 – 253.

The Committee for the Coordination of Statistical Activities (CCSA): "How COVID – 19 is Changing the World: A Statistical Perspective", https://www. wto. org/english/tratop_ e/covid19_ e/ccsa_ publication_ e. pdf.

Tsinghua Tongfang Knowledge Network Technology Co. (TTKN). (2014), CNKI. NET. Retrieved from http://oversea. cnki. net/kns55/support/en/company. aspx.

United Nations, (2007), Indicators of Sustainable Development: Guidelines and Methodologies. Third Edition.

United Nations, (2017), Sustainable Development Knowledge Platform, Retrieved from UN Website https://sustainabledevelopment. un. org/sdgs.

World Trade Organization (WTO): "Trade Set to Plunge as COVID – 19 Pandemic Upends Global Economy", April 8, 2020, https://www. wto. org/english/news_ e/pres20_ e/pr855_ e. htm.

Zhang, D., K. Aunan, H. Martin Seip, S. Larssen, J. Liu and D. Zhang (2010), "The Assessment of Health Damage Caused by Air Pollution and Its Implication for Policy Making in Taiyuan, Shanxi, China." *Energy Policy* 38 (1): 491 – 502.

分 报 告

Sub-Reports

B.2
中国国家级可持续发展指标
体系数据验证分析

张焕波　吴双双*

摘　要：　根据中国国家级可持续发展指标体系计算：中国可持续发展
状况稳步得到改善，2010～2018年总指标整体上呈现先降低
再逐年稳定增长态势。2016～2018年，经济发展指标增长速
度均在12%以上，进一步反映我国经济结构在前几年的调整
转型之后，经济增长新动能得到恢复，经济结构与经济增长
持续改善。社会民生方面的进步非常明显，资源环境承载能
力依然存在较大不足，经济社会活动的消耗排放影响仍然较
大，治理保护领域治理成效逐步显现。

* 张焕波，中国国际经济交流中心美欧所副所长，研究员，博士，研究方向：宏观经济、可持
续发展；吴双双，中国银行保险信息技术管理有限公司数据分析师，硕士。

关键词： 国家级可持续发展评价指标体系　可持续发展指标变化情况　可持续发展排名

一　中国国家级可持续发展指标体系数据处理

（一）数据选取

根据中国可持续发展评价指标体系，通过《中国统计年鉴（2019）》和《中国科技统计年鉴（2019）》、相关官方网站等公开资料进行初始指标的查找和筛选，整理得到 2010～2018 年的时序数据。7 个指标由于可获得性欠佳（但希望未来加入），对其进行了剔除，最后共计得到五大类 41 个初始指标。有关具体指标的筛选和验证，请参阅附录一中表 6 对指标体系的具体说明。

（二）缺失值处理

受统计手段和相关资料不足等因素的影响，一些指标的初始数据并不完整，在对数据进行正式分析之前，需要对这些指标某些年份的缺失值进行相应的补充。使用官方普查数据补充非年度统计的指标值，使用相近年份数据补充个别年份（通常为近几年）无法获取到的数据，即使得数据与最近年份数据保持一致。

（三）标准化处理

中国可持续发展评价指标体系中的具体指标同时包含绝对量指标和比率指标，需要对指标进行标准化处理，以便进行不同指标间的比较分析。对此，采用百分制方式进行标准化，即将 2010～2018 年的指标值统一标准化至 0～100。对正向指标，采用公式 $B = 100 \times (X - X_{min}) / (X_{max} - X_{min})$ 计算标准化值；对于负向指标，采用 $B = 100 - 100 \times (X - X_{min}) /$

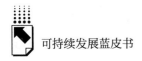
（Xmax－Xmin）计算标准化值。其中，X表示初始指标的实际值，Xmax和Xmin则分别表示所选择时间序列数据的最大值和最小值（这里为2010～2018年里的最大值和最小值）。如若所选时序范围内的数据均为等值，最大值和最小值采用对实际值X上浮110%为最大值、下浮90%为最小值进行确定。实际值X的标准值B取为50%，既不取0%，也不取100%，以免对加权合成指数的大小产生影响。

（四）权重设定

为降低人为因素的影响，在对二级、一级以及总指标综合值进行计算时，采用简单的等权重方式进行赋权。

二 中国国家级可持续发展指标体系数据验证结果分析

（一）中国可持续发展状况稳步得到改善

2010～2018年，中国可持续发展指数总指标变化趋势表现为2011年相较2010年有一定程度的下降（见图1），之后由于资源环境、消耗排放、治理保护等方面的重视程度得到提高，可持续发展总指标逐年稳定增长。从变动幅度看，2011年相比2010年，下降幅度达28.17%。2012年和2013年两年间可持续发展指标的改善幅度较大，其中2012年较2011年提升了79.75%，2013年则较2012年提升了31.78%，而2013年之后可持续发展总指标涨幅相比前两年有所放缓，其中2017年涨幅仅为0.75%，2018年涨幅相比2017年有明显的增加，涨幅达10.95%。2011年可持续发展指数出现下降，主要是受资源环境、消耗排放、治理保护三个一级指标下降的影响。2011年全国范围内出现大旱，降水量严重少于往年，水资源、湿地等资源环境均受到严重负面影响，导致资源环境指标较低。从实际情况来看，"资源环境"、"消耗排放"和"治理保护"三个一级指标2011年的得分均较 2010 年更低（见图 2），拉低了总指标整体数值，此外，2011 年气候干旱引发大规模的生态恶化和环境污染问题，使得治理保护的目标难以实现，2011 年可持续发展面临压力较大。

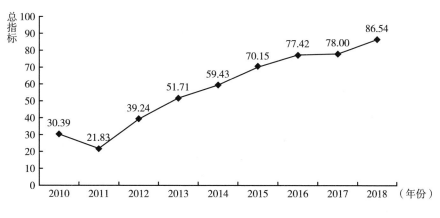

图 1　中国可持续发展指数总指标走势（2010～2018 年）

就一级指标而言（见图 2），"社会民生"是 2010～2018 年增长最快的指标，"经济发展"指标增长情况次之。"资源环境""消耗排放""治理保护"三个指标均在总体上表现出先降后升的趋势，其中"治理保护"一级指标在 2011 年和 2016 年分别相较上一年下降明显，"资源环境"一级指标则在 2011 年和 2017 年分别较上年下降明显。通过一级指标构成雷达图来看（见图 3），2018 年，一级指标综合值前三名依次为"社会民生"、"经济发展"和"消耗排放"，而"资源环境"和"治理保护"综合值则相对较低。

2018 年相比 2017 年，各项一级指标表现均更优。2018 年"社会民生"一级指标综合值接近 100，充分体现出最近几年社会福利领域状况持续改善。"资源环境"一级指标则在 2011～2016 年总体表现为缓慢增长，2017 年出现下降，而在 2018 年，该值又出现上升，究其原因，资源环境主要通过耕地、湿地、森林、人均水资源等指标来反映，较易受到气候条件的影响。另外，"经济发展"、"社会民生"和"消耗排放"三个一级指标的综合值近两年有较大增长，从侧面反映出中国经济正在进入中高速增

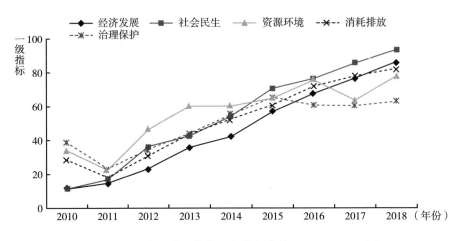

图2 中国可持续发展指数一级指标走势（2010～2018年）

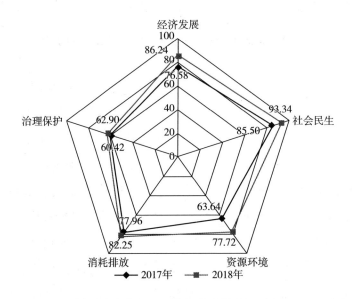

图3 中国可持续发展指数一级指标构成雷达图（2017～2018年）

长的新常态，社会民生保障方面改善突出，生态文明建设不断加强，环境质量状况持续好转，污染排放改善出现向好趋势。由二级指标的构成雷达图可见（见图4），2018年的二级指标值大部分高于2017年的指标值，但也有三个指标例外，具体包括"工业危险废物产生量"、"固体废物处理"

和"减少温室气体排放"。这三个指标中，第一个涉及"消耗排放"，后两个与"治理保护"相关，意味着 2018 年消耗排放和治理保护方面面临的挑战依然严峻。

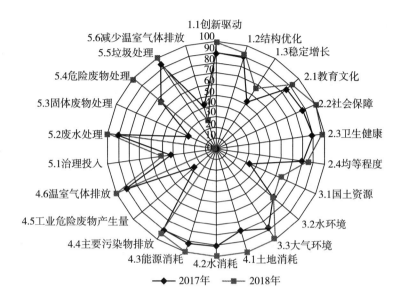

图4　中国可持续发展指数二级指标构成雷达图（2017～2018 年）

（二）中国经济发展局面正在不断趋好

"经济发展"一级指标综合值总体表现出稳步上升的趋势（见图5），自 2011 年之后连续两年的指标值增幅均超过 50%，2014 年增长趋势稍缓，仅增长了 17.84%，2015 年的增幅出现反弹，达 34.60%，随后的 2016～2018 年，指标值的增长速度稳定在 12% 以上，说明中国经济发展稳中向好，这也反映出前几年中国经济结构的转型调整的成效逐渐显现，经济发展动力转向新的增长点，表明经济发展进入中高速增长新常态后，经济结构持续优化，经济增长不断向好。

"经济发展"一级指标由三项二级指标构成，分别为"创新驱动"、"结构优化"和"稳定增长"。从这三个二级指标综合值的走势（见图6），可

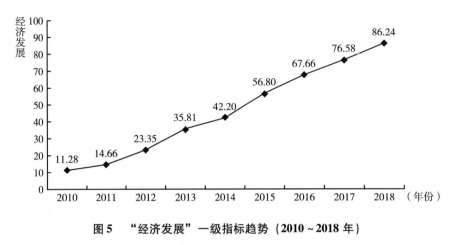

图5 "经济发展"一级指标趋势（2010～2018年）

以更加直观地看到"经济发展"综合值的发展状况。三个分项指标中，"创新驱动"二级指标综合值2010～2018年增长趋势近似为一条直线，增幅在各项二级指标中位列第一，反映出中国经济的潜在活力较大，在创新创业方面的支持投入获得的成效明显，受益于"万人口有效发明专利拥有量"的较高增长，2018年相较2017年"创新驱动"综合值增长率达10%以上。"结构优化"二级指标综合值的增幅略低于"创新驱动"，在增长趋势上体现为，2010～2011年增长较慢，2016～2017年有所下降，2017年到2018年小幅回升，这说明经济结构调整是有波动性的，受政策的影响较大，但总体来看我国推动经济结构转型升级态势向好。另外，"稳定增长"二级指标综合值在2016年之前波动变化较大，2017年和2018年则增长速度较快，反映出前几年我国发展态势受到一些不稳定因素的影响，而"创新驱动""结构优化"方面实施的相关政策，激发了经济稳定增长的动力，近两年伴随着经济结构转型与创新驱动能力不断提高，经济稳定增长的指标也不断提高。其中，"稳定增长"二级指标重点关注GDP增长率、城镇登记失业率和全员劳动生产率提高情况，2018年相比2017年，GDP增长率和城镇登记失业率小幅下降，而全员劳动增长率则有明显提高，反映在合成指标上，2018年"稳定增长"指标值较2017年有较大提升。"结构优化"二级指标则主要与信息等新兴产业及高技术产业在国民经济结构中的比重有关，近几年我国在经济结构方面的优化十分明显，2018 年我国"高技术产业主营业务收入与工业增加值比例"较 2017 年增长约 2.5%，其他两项指标"信息产业营收与 GDP 比"和"第三产业增加值占 GDP 比例"也均有小幅提高，反映在合成指标上则是 2018 年"结构优化"指标相比 2017 年的小幅增长。总体来看，我国经济发展的特点是创新驱动和结构优化，同时经济发展可能不得不面临结构调整阵痛的挑战，因为结构调整会受到国际经济环境的影响，并且也与创新驱动的能力和方向息息相关。令人欣慰的是，"创新驱动"这一综合指标表现良好，我国有必要进一步调动各类创新主体的积极性，以促进经济增长和结构优化，提高经济发展的可持续能力。

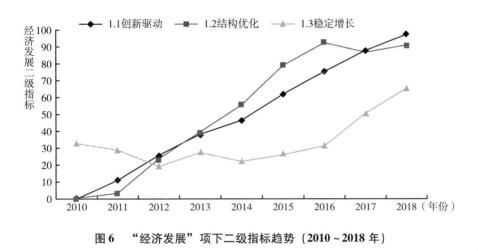

图 6　"经济发展"项下二级指标趋势（2010～2018 年）

（三）中国在社会民生方面的进步十分明显

"社会民生"一级指标的趋势近乎为直线上升（见图 7）。2011～2012 年和 2013～2015 年，社会民生指标均出现高速增长，2015 年之后历年增幅趋于平稳。这也反映出，中国在社会民生方面的持续投入收效明显，人民生活得以持续改善。

"社会民生"四个二级指标在 2010～2018 年，总体上表现为增长向好（见图 8）。其中 2010～2018 年，"卫生健康"和"社会保障"两项二级指

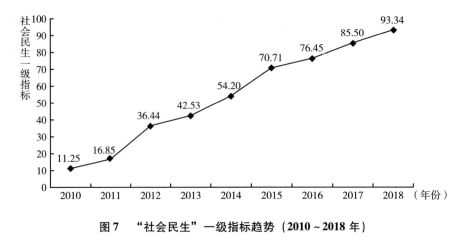

图7   "社会民生"一级指标趋势（2010~2018年）

标呈现逐年增长趋势，"卫生健康"的走势趋近一条直线，"社会保障"则在2016~2017年出现较大增幅，2017~2018年增幅稍缓，但"教育文化"和"均等程度"走势出现明显波动，"教育文化"在2013年之前先升后降，随后逐年上升，而"均等程度"指标值则在2011年到2015年逐年上升，2016年出现小幅下降，2017年和2018年均较往年有所提高，反映出近两年脱贫攻坚取得决定性进展。总体而言，卫生健康、社会保障、教育文化和均等程度方面的优化增长均十分明显，这四个领域的发展提升使得"社会民生"一级指标在2010~2018年实现了快速提高。

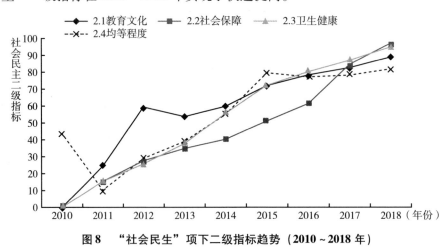

图8   "社会民生"项下二级指标趋势（2010~2018年）

（四）中国资源环境承载能力短板仍有待补齐

"资源环境"一级指标值在2011年和2017年两个年份有不同程度的下跌，其余年份指标值则基本表现为持续上升态势（见图9）。其中2011年的下跌主要受到降水量明显下降的影响。2018年，得益于国土绿化行动的大力推进，我国人均森林面积达到2010年以来的历史最高值，水环境和大气环境也有明显改善。该项指标的走势表明资源环境情况会受到气候的影响，同时资源环境保护正在越发受到重视，资源环境状况有所改善。

图9 "资源环境"一级指标趋势（2010～2018年）

"资源环境"一级指标项下包含"大气环境"、"国土资源"和"水环境"三项二级指标。这三项指标的涨跌趋势表现有所差异（见图10），其中"大气环境"二级指标综合值从2010～2016年逐年上升，而2017年受不利气象条件等的影响，该项指标略有下降，2018年"大气环境"指标大有改善，总体而言"大气环境"指标呈上升趋势，表明城市环境的改善工作在各个城市都受到重视，城市环境改善效果良好。"国土资源"二级指标综合值呈现缓慢波动上升的趋势，2013～2017年该指标持续下降，而到2018年，大规模的国土绿化行动使得人均森林面积较2017年提高约5.7%，人均湿地面积和人均耕地面积则与2017年接近，因而2018年

"国土资源"指标出现明显改善。从"国土资源"环境指标的历年走势情况可以发现,"国土资源"指标综合值易受气候等的较大影响,展现出较强的波动性,同时政策因素也会对该指标造成一定影响。"水环境"指标综合值受气候影响较大,在2011年出现大幅下降,2012年则有明显上升,随后几年除2016年受异常降水量的影响指标值明显趋高,其他年份基本与2012年水平相近,2018年该指标较2017年略有上升,指标增幅为0.8%,说明总体来看,水环境指标整体稳定,并且有向好的趋势,同时受气候条件影响较大。综合来看,当前我国在资源节约利用和环境保护方面有了进一步改善,但仍需引起重视。

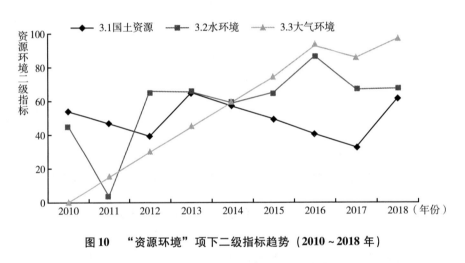

图10 "资源环境"项下二级指标趋势(2010~2018年)

(五)中国经济社会活动的消耗排放影响依然较大

一级指标"消耗排放"的综合值于2011年之后缓慢增长,且增长率较为稳定(见图11),说明人类的排放对环境的影响逐渐减缓。相比之下,2018年"消耗排放"一级指标综合值相对较高,但仍然具有改进的空间。

"消耗排放"一级指标项下共有六项二级指标,分别为"土地消耗"、"水消耗"、"能源消耗"、"主要污染物排放"、"温室气体排放"及"工业危险废物产生量"(见图12)。其中前三项二级指标的综合值均表现为逐

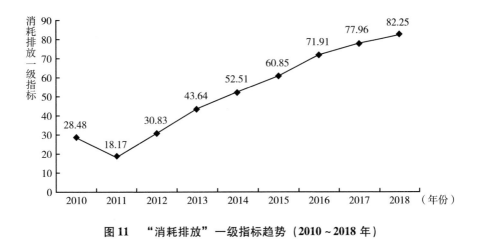

图 11　"消耗排放"一级指标趋势（2010～2018 年）

年提高，鉴于这三个指标均为负向指标，因此指标越大说明表现越好，即单位土地经济效益越高，单位 GDP 水耗量越少，单位 GDP 能源消耗量越少。故而 2010～2018 年，土地、水资源和能源三方面的集约化利用和单位资源经济效益均越来越好。这三项指标 2010～2018 年均表现为持续增长，但其中"水消耗"和"能源消耗"的涨幅有逐渐降低的趋势，意味着我国能源消耗增速减慢，反映出中国经济结构进入加速调整期，以往依赖高能源消耗以支撑经济增长的模式已逐渐被舍弃，也表明水资源管理向着集约化方向进步，而"土地消耗"的涨幅近两年表现出一定的增长趋势，表明近两年的土地管理集约化仍有一定的进步空间。其余二级指标中，"温室气体排放"和"主要污染物排放"指标值均在 2011 年的最低点后保持逐年快速上升，反映出"温室气体排放"和"主要污染物排放"的治理卓有成效。"温室气体排放"指标主要通过"非化石能源占一次能源比例"来度量，2018 年"非化石能源占一次能源比例"为 14.3%，较 2017 年的13.8% 提高了 0.5%，说明"温室气体排放"治理成效非常好。"主要污染物排放"则通过"单位 GDP 化学需氧量排放""氨氮排放""二氧化硫排放"和"氮氧化物排放"四项值来体现，这四项值 2018 年较 2017 年降幅均超过 11%，体现在"主要污染物排放"这一负向指标上，则表现为 2018

年较 2017 年有所提升。"工业危险废物产生量"指标变化则波动明显，该项指标值 2011 年下降明显，2012 年和 2013 年连续上升，随后持续下降，2018 年较 2017 年降幅明显，表明需要加强这一领域的治理。总体看，"消耗排放"近年来在多个方面有所提高，但在工业危险废物产生量方面的表现并不令人满意，仍然有必要着力强化治理工业危险废物产生量。

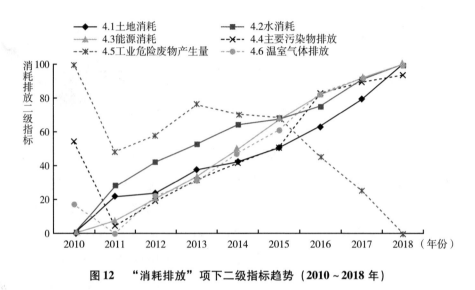

图 12　"消耗排放"项下二级指标趋势（2010～2018 年）

（六）中国治理保护领域治理成效略有起色

一级指标"治理保护"在 2011 年大幅下降之后，2012～2015 年稳步上升，2016 年和 2017 年略有下降，2018 年相较 2017 年则有所上升（见图 13），表明近几年治理保护效果有所成效。随着未来生态文明建设的持续发展，预计未来我国将在治理保护领域取得进一步的成果，治理保护成效将逐步显现。

2010～2018 年，六项二级指标中逐年改善的仅有"废水处理"和"垃圾处理"两项二级指标（见图 14），说明我国在废水处理和垃圾处理方面取得的成效显著。其中："废水处理"主要通过"城市污水处理率"体现，该值在 2018 年达 95.5%，较 2017 年上升 1%；"垃圾处理"

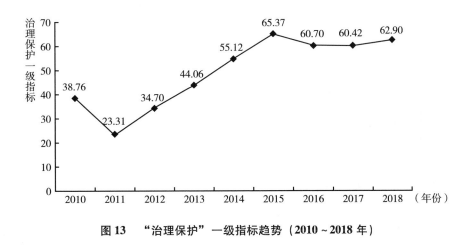

图 13 "治理保护"一级指标趋势（2010～2018 年）

主要通过"生活垃圾无害化处理率"体现，该值 2018 年达 99.0%，较 2017 年值上升了 1.3%。但是其余四项二级指标的趋势则表现有较大的波动性。其中"治理投入"在 2010～2016 年波动下降，2017 年和 2018 年指标值增加明显。这说明近两年治理投入力度较大。而"危险废物处理"方面在 2011 年和 2012 年波动较大，但自 2012 年之后逐年上升，2017 年和 2018 年增长迅速。这说明由于投入、设施、技术改进等措施的不断应用，治理成效开始显现。"减少温室气体"排放方面，2011～2015 年逐年上升，2015 年之后逐年下降，2018 年该指标值降至接近 2010 年的水平，表明在温室气体的治理方面，虽然前期治理成效明显，但近三年治理效果逐年下降，在温室气体的治理力度上后续需要着力加强。"固体废物处理"方面 2014 年之后逐年下降，且降幅明显，该指标主要通过"工业固体废物综合利用率"体现，该值 2018 年约为 50%，相较 2017 年降低约 4%。这表明"固体废物处理"指标有极度恶化的趋势，需要国家和社会引起高度重视，并采取有效行动，切实履行固体废物治理责任。当前"治理保护"指标变化趋势折射出的信号是，我国在治理保护环节的治理效果逐渐开始显现，但尚有一些领域，如工业固体废物利用、减少温室气体排放等方面需要着力加大治理力度。

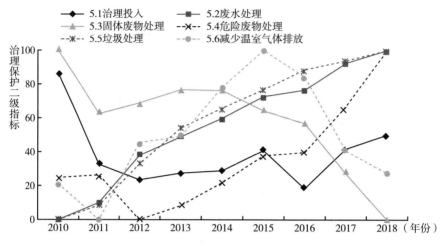

图14 "治理保护"项下二级指标趋势（2010～2018年）

三　对中国国家级可持续发展的建议

根据中国国家级可持续发展指标体系数据验证分析的结果，提出中国国家级可持续发展的建议如下。

（1）加强创新驱动，促进经济发展。整体来看，中国经济发展呈现稳定趋好的态势，尤其是结构转型和创新驱动发展战略展现出良好的成效，需要在未来进一步激发各个主体创新创业的积极性，促进经济更好更健康地发展。

（2）继续改善民生，保障人民福祉。近年来，社会民生方面的进步十分明显，未来应当继续在教育文化、社会保障、卫生健康和均等程度等方面加大投入，保障人民福祉。

（3）加大治理保护投入，促进资源环境可持续发展。重点来看，需要加强在资源节约利用方面的政策引导，强化工业危险废物产生量的管理，加大工业固体废物利用、减少温室气体排放等方面的治理力度。

参考文献

工业和信息化部：《2019 年软件和信息技术服务业统计公报》，http：//www. miit. gov. cn/n1146312/n1146904/n1648374/c7663865/content. html，最后检索时间：2020 年 5 月 22 日。

工业和信息化部：《2018 年电子信息制造业运行情况》，http：//www. miit. gov. cn/newweb/n1146312/n1146904/n1648373/c6635637/content. html，最后检索时间：2020 年 5 月 19 日。

国家统计局：《中国统计年鉴 2019》，中国统计出版社，2020。

国家统计局：《2018 年国民经济和社会发展统计公报》，http：//www. stats. gov. cn/tjsj/zxfb/201902/t20190228_ 1651265. html，最后检索时间：2020 年 5 月 18 日。

国家统计局社会科技和文化产业统计司、科学技术部战略规划司：《中国科技统计年鉴 2019》，中国统计出版社，2020。

教育部、国家统计局、财政部：《2018 年全国教育经费执行情况统计公告》（教财〔2019〕3 号），http：//www. moe. gov. cn/srcsite/A05/s3040/201910/t20191016_ 403859. html，最后检索时间：2020 年 5 月 20 日。

张焕波：《低碳发展背景下中国经济与能源发展面临的局势及其特点》，《中国物价》2012 年第 3 期。

张焕波：《高质量发展特征指标体系研究及初步测算》，《全球化》2020 年第 2 期。

张焕波：《中国省级绿色经济指标体系》，《经济研究参考》2013 年第 1 期。

张焕波、韩端：《新型农村工业化进程中的环境保护问题探讨》，《农业环境与发展》2012 年第 3 期。

张焕波、张永军：《转变经济发展方式评价指数研究》，《中国经贸导刊》2011 年第 4 期。

B.3
中国省级可持续发展指标体系
数据验证分析

张焕波　郭栋　王佳　马雷*

摘　要：　根据新一年度中国省级可持续发展指标体系计算结果：东部
　　　　　沿海省份和直辖市的排名相对靠前，位居前十的分别是北京、
　　　　　上海、浙江、江苏、广东、安徽、湖北、重庆、山东和河南。
　　　　　中部地区安徽排名最高，该省份从2018年的第十位升至2019
　　　　　年的第六位；西部地区除了重庆位列前十（第8位），其余的
　　　　　省份可持续发展综合排名均在前十名之外。从经济发展、社
　　　　　会民生、资源环境、消耗排放和治理保护五大分类指标来看，
　　　　　省级区域可持续发展具有明显的不均衡特征。用各地一级指
　　　　　标排名的极差来衡量不均衡程度，高度不均衡（差异值＞
　　　　　20）的有11个省份，分别为北京、安徽、河南、贵州、天
　　　　　津、河北、云南、海南、宁夏、青海和黑龙江；中等不均衡
　　　　　（10＜差异值≤20）的有15个省份，分别为上海、江苏、广
　　　　　东、湖北、重庆、山东、福建、湖南、广西、内蒙古、陕西、
　　　　　辽宁、甘肃、新疆和吉林；比较均衡（差异值≤10）的有4
　　　　　个省份，分别为浙江、江西、四川和山西。大部分省级区域

* 张焕波，中国国际经济交流中心美欧所副所长，研究员，博士，研究方向：可持续发展、中
美经贸关系；郭栋，美国哥伦比亚大学地球研究院可持续发展政策与管理研究中心副主任，
研究员，博士，研究方向：可持续城市、可持续金融、可持续机构管理、可持续政策以及可
持续教育等；王佳，国家开放大学研究实习员，硕士，研究方向：统计学、可持续发展；马
雷，美国哥伦比亚大学地球研究院可持续发展政策与管理研究中心项目官员，硕士，研究方
向：可持续发展科学。

在提高可持续发展水平方面仍有较大空间。

关键词： 省级可持续发展评价指标体系　可持续发展排名　省级可持续发展均衡程度

一　中国省级可持续发展体系数据处理方法

省级可持续发展指标体系包括经济发展、社会民生、资源环境、消耗排放、治理保护五项一级指标，包括 26 项二级指标。资料来源为《中国统计年鉴》《中国科技统计年鉴》《中国城市建设统计年鉴》《中国环境统计年鉴》，各省市统计年鉴、水资源公报、国民经济和社会发展统计公报，以及相关官方网站公开资料。

在权重计算方面，充分考虑各指标的稳定性，指标越稳定，所赋予的权重越大。具体而言，首先，对 26 个指标中的每个指标 X_i（其中，$i = 1 \sim 26$）在 30 个省、自治区、直辖市的绝对值，计算第 i 项指标第 y 年的变异系数 CV_{yi}（其中，y 表示年份，$y = 1 - 5$；p 表示省份，$p = 1 \sim 30$），公式如下：

$$CV_{yi} = \frac{\sigma_{yi}}{\mu_{yi}} = \frac{\sqrt{\dfrac{\sum_{p=1}^{30} (x_{yip} - \mu_{yi})^2}{30}}}{\mu_{yi}} \tag{1}$$

其次，计算每项指标 5 年的平均变异系数 CV_i，公式如下：

$$CV_i = \frac{\sum_{y=1}^{5} CV_{yi}}{5} = \frac{\sum_{y=1}^{5} \dfrac{\sigma_{yi}}{\mu_{yi}}}{5} \tag{2}$$

CV_i 衡量了该指标在这些省份中的波动性。CV_i 的数值越大，该指标的波动越大，稳定性越弱；CV_i 的数值越小，该指标的波动越小，稳定性越强。

最后，取变异系数 CV_i 的倒数，用其除以所有变异系数倒数的和，计算得到每项指标的权重 W_i，公式如下：

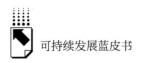

$$W_i = \frac{1/CV_i}{\sum_{i=1}^{26} 1/CV_i} \qquad (3)$$

指标波动性越小，稳定性越强，权重就越高。本年度省级可持续发展指标体系沿用上一年度权重，即对2012～2016年数据计算权重，5个一级指标、26个二级指标的具体权重如表1所示。

表1 CSDIS 省级指标集及权重

一级指标	#	二级指标	权重(%)
经济发展(20.9%)	1	城镇登记失业率	5.64
	2	GDP 增长率	5.63
	3	第三产业增加值占 GDP 比例	5.60
	4	全员劳动生产率	2.45
	5	研究与发展经费支出占 GDP 比例	1.59
社会民生(24.4%)	6	城乡人均可支配收入比	7.41
	7	每万人拥有卫生技术人员数	4.96
	8	互联网宽带覆盖率	4.22
	9	财政性教育支出占 GDP 比重	3.18
	10	人均社会保障和就业财政支出	2.58
	11	公路密度	2.08
资源环境(7.7%)	12	空气质量指数优良天数	5.70
	13	人均水资源量	1.02
	14	人均绿地(含森林、耕地、湿地)面积	0.97
消耗排放(13.5%)	15	单位二、三产业增加值所占建成区面积	3.38
	16	单位 GDP 氨氮排放	3.17
	17	单位 GDP 化学需氧量排放	2.32
	18	单位 GDP 能耗	2.17
	19	单位 GDP 二氧化硫排放	1.37
	20	单位 GDP 水耗	1.14
治理保护(33.4%)	21	城市污水处理率	14.24
	22	生活垃圾无害化处理率	8.97
	23	一般工业固体废物综合利用率	4.25
	24	能源强度年下降率	2.39
	25	危险废物处置率	1.96
	26	财政性节能环保支出占 GDP 比重	1.64

在排名计算方面，首先，对 30 个省、自治区、直辖市的 26 个指标原始数据进行极差标准化，将指标值转化为 0～100 的数值。对于正向指标而言，

$$x_{ip}' = \frac{x_{ip} - \min(x_{i1}, \cdots, x_{i30})}{\max(x_{i1}, \cdots, x_{i30}) - \min(x_{i1}, \cdots, x_{i30})} \times 100 \tag{4}$$

对于逆向指标而言，

$$x_{ip}' = 100 - \frac{x_{ip} - \min(x_{i1}, \cdots, x_{i30})}{\max(x_{i1}, \cdots, x_{i30}) - \min(x_{i1}, \cdots, x_{i30})} \times 100 \tag{5}$$

其次，对标准化后的指标值进行加权算术平均计算，从而得到各省份的综合得分。

$$y_p = \sum_{i=1}^{26} (W_i \times x_{ip}') \tag{6}$$

最后，对综合得分排序，得到 2019 年①省级可持续发展评价排名（不含港澳台地区；西藏自治区因数据缺乏未选为研究对象）。

二 中国省级可持续发展体系数据验证结果分析

（一）省级可持续发展综合排名

课题组计算得出 30 个省级可持续发展水平的综合排名（见表 2）。可持续发展排名靠前的主要是直辖市和东部沿海省份。居前十位的分别是北京、上海、浙江、江苏、广东、安徽、湖北、重庆、山东和河南。北京、上海、浙江、江苏和天津等省市在经济发展、社会民生、消耗排放、治理保护等方

---

① 各年度的最终排名以最新公布的数据为基础。数据发布通常有一年半到两年的滞后。（例如：2020 年度报告反映的是 2019 年度排名，这是以 2019 年底至 2020 年初发布的 2018 年数据为基础）。注：2018 年部分省、自治区及直辖市的下列数据因延迟发布未能在采集数据时获取，缺失数据采用其 2017 年数据进行补充：耕地面积、二氧化硫排放量、化学需氧量排放量、氨氮排放量、工业固体废物综合利用量、工业固体废物产生量、危险废物产生量、危险废物处置量。

面均排在前列，在资源环境方面处于劣势。可持续发展综合排名靠后的省份主要是黑龙江、吉林和青海，可持续发展水平不高。东部地区两个直辖市（北京、上海）与浙江分列前三强。安徽在中部地区中排名最高，且进步较大，该省份从 2018 年的第 10 位升至 2019 年的第 6 位。西部地区中仅重庆位列前十（第 8 位），其余的省份可持续发展综合排名均在前十名之外。

表2　2018～2019 年省级可持续发展综合排名情况

省（区市）	2018 年排名	2019 年排名
北京	1	1
上海	2	2
浙江	3	3
江苏	4	4
广东	5	5
安徽	10	6
湖北	9	7
重庆	6	8
山东	8	9
河南	12	10
福建	11	11
湖南	13	12
江西	16	13
贵州	17	14
天津	7	15
河北	18	16
云南	19	17
广西	15	18
海南	14	19
内蒙古	20	20
四川	22	21
陕西	21	22
辽宁	23	23
甘肃	26	24
山西	24	25

省(区市)	2018 年排名	2019 年排名
宁夏	25	26
新疆	27	27
青海	29	28
吉林	30	29
黑龙江	28	30

（二）省级可持续发展均衡程度

用各地一级指标排名的极差来衡量可持续发展均衡程度，极差越大表示可持续发展越不均衡。从经济发展、社会民生、资源环境、消耗排放和治理保护五项一级指标来看，省级区域可持续发展均衡程度有待进一步提升（见图1）。

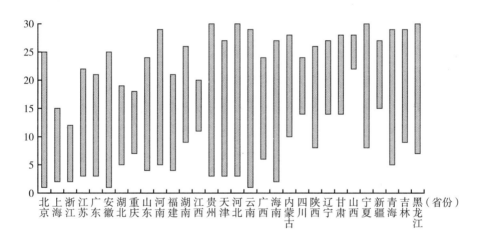

图1　2019 年度中国省级可持续发展均衡程度

高度不均衡（差异值 > 20）的有 11 个省份，分别为北京、安徽、河南、贵州、天津、河北、云南、海南、宁夏、青海和黑龙江。

中等不均衡（10 < 差异值 ≤ 20）的有 15 个省份，分别为上海、江苏、广东、湖北、重庆、山东、福建、湖南、广西、内蒙古、陕西、辽宁、甘肃、新疆和吉林。

比较均衡（差异值≤10）的有 4 个省份，分别为浙江、江西、四川和山西。

同 2018 年排名结果相比：浙江、江西和山西均衡程度有所提升，由 2018 年的中等不均衡省份成为比较均衡省份；而重庆则从比较均衡省份之列落入到中等不均衡省份之列。大部分省级区域提高可持续发展水平的空间很大。如综合排名第一的北京，尽管在经济发展、社会民生和消耗排放等一级指标中高居首位，但在资源环境方面排在第 25 位，依然存在短板。云南省的资源环境可持续发展指标排名第一，经济发展排名第十，但在社会民生和治理保护指标存在较明显短板。

（三）五大类一级指标各省份主要情况

1. 经济发展

2019 年度省级可持续发展在经济发展方面，位居前十的省份为北京、上海、广东、浙江、湖北、安徽、贵州、海南、江苏和云南，排名靠后的省份为内蒙古、吉林和黑龙江（见表3）。

北京深入推进供给侧结构性改革，着力构建高精尖经济结构，经济发展稳中向好，在"城镇登记失业率"、"第三产业增加值占 GDP 比例"、"全员劳动生产率"和"研究与发展经费支出占 GDP 比例"方面均遥遥领先。上海积极推动高质量发展，经济稳中有进，在"第三产业增加值占 GDP 比例"、"研究与发展经费支出占 GDP 比例"和"全员劳动生产率"方面均列第二位。广东在"城镇登记失业率"、"第三产业增加值占 GDP 比例"和"全员劳动生产率"方面均排名第四。黑龙江在"城镇登记失业率"、"GDP 增长率"和"全员劳动生产率"方面有待进一步提升。

2. 社会民生

2019 年度省级可持续发展在社会民生方面，位居前十的省份为北京、浙江、天津、上海、江苏、海南、重庆、宁夏、河南和青海。排名靠后的省份为甘肃、云南和贵州。

表3　2019年省级经济发展类分项排名情况

省（区市）	经济发展指标排名
北京	1
上海	2
广东	3
浙江	4
湖北	5
安徽	6
贵州	7
海南	8
江苏	9
云南	10
广西	11
陕西	12
江西	13
四川	14
新疆	15
湖南	16
河南	17
重庆	18
青海	19
甘肃	20
福建	21
山东	22
山西	23
河北	24
天津	25
宁夏	26
辽宁	27
内蒙古	28
吉林	29
黑龙江	30

社会保障不断完善，民生水平持续提高。93%的省份"城乡人均可支配收入比"较上一年有所下降，97%的省份"人均社会保障和就业财政支

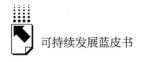

出"较上一年有所增加。

北京在"每万人拥有卫生技术人员数"和"人均社会保障和就业财政支出"方面均排在首位,显著领先其他省份。浙江在"每万人拥有卫生技术人员数"方面排名第二。天津在"城乡人均可支配收入比"方面排名第二。甘肃、贵州和云南在"城乡人均可支配收入比"方面排名靠后,表明这些省份城乡差距有待进一步缩小。各省社会民生类排名情况见表4。

表4 2019年省级社会民生类分项排名情况

省（区市）	社会民生指标排名
北京	1
浙江	2
天津	3
上海	4
江苏	5
海南	6
重庆	7
宁夏	8
河南	9
青海	10
福建	11
江西	12
河北	13
湖北	14
吉林	15
山东	16
黑龙江	17
新疆	18
四川	19
辽宁	20
广东	21
广西	22
山西	23
陕西	24
安徽	25
湖南	26

省(区市)	社会民生指标排名
内蒙古	27
甘肃	28
云南	29
贵州	30

3. 资源环境

2019年度省级可持续发展在资源环境方面，位居前十的省份为云南、海南、贵州、福建、青海、广西、黑龙江、广东、吉林和内蒙古，排名靠后的省份为山西、河南和河北（见表5）。

"绿水青山就是金山银山"。随着绿色发展理念的深入贯彻，资源环境质量持续向好。八成以上的省份"空气质量优良天数"较上一年有所增加。超过半数的省份"人均水资源量"较上一年有所增加。

云南、贵州和海南在"空气质量优良天数"方面表现突出，青海在"人均水资源量"和"人均绿地面积"方面均排在首位。河北、河南和山西的空气质量有待进一步改善。

表5 2019年省级资源环境类分项排名情况

省(区市)	资源环境指标排名
云南	1
海南	2
贵州	3
福建	4
青海	5
广西	6
黑龙江	7
广东	8
吉林	9
内蒙古	10
江西	11
浙江	12

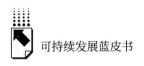
续表

省（区市）	资源环境指标排名
重庆	13
辽宁	14
上海	15
湖南	16
四川	17
新疆	18
湖北	19
安徽	20
宁夏	21
江苏	22
甘肃	23
山东	24
北京	25
陕西	26
天津	27
山西	28
河南	29
河北	30

4. 消耗排放

2019 年度省级可持续发展在消耗排放控制方面，位居前十的省份为北京、上海、江苏、浙江、福建、天津、河南、陕西、广东和山东，排名靠后的省（区市）为青海、黑龙江和宁夏（见表6）。

十九大提出坚决打赢"污染防治攻坚战"。各省深入贯彻落实绿色发展理念，转变经济发展方式，优化产业结构，在消耗排放控制方面取得了明显成效。八成省份的"单位 GDP 水耗"较上一年均有所下降。

北京在"单位 GDP 氨氮排放"、"单位 GDP 化学需氧量排放"、"单位 GDP 能耗"、"单位 GDP 二氧化硫排放"和"单位 GDP 水耗"等方面均表现突出，排在首位。上海在"单位二、三产业增加值所占建成区面积"方面排名第一。江苏着力建设生态治理保护体系，在"单位 GDP 能耗""单位二、三产业增加值占用建成区面积"方面分列第二名和第四名，在"单位 GDP 化学需氧量排放量"和"单位 GDP 化学需氧量排放量"方面均排名第五。黑龙江在"单位二、三产业增加值所占建成区面积"方面、宁夏在"单位 GDP 二氧化硫排放""单位 GDP 化学需氧量排放"方面、青海在"单位 GDP 氨氮排放"方面有待进一步提升。

表6 2019 年省级消耗排放类分项排名情况

省（区市）	消耗排放指标排名
北京	1
上海	2
江苏	3
浙江	4
福建	5
天津	6
河南	7
陕西	8
广东	9
山东	10
湖北	11
重庆	12
安徽	13
湖南	14
四川	15
云南	16
内蒙古	17
海南	18
河北	19
江西	20
辽宁	21
山西	22
贵州	23
广西	24
吉林	25
甘肃	26
新疆	27
青海	28
黑龙江	29
宁夏	30

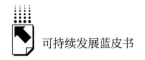

5. 治理保护

2019 年度省级可持续发展在治理保护方面，位居前十的省份为安徽、北京、河北、山东、河南、江苏、上海、浙江、湖南和贵州，排名靠后的省份为吉林、青海和黑龙江（见表7）。

多项治理保护相关政策的出台落实，使得安徽在治理保护类上有 4 个分项指标位列前四，具体包括"城市污水处理率"、"一般工业固体废物综合利用率"、"生活垃圾无害化处理率"和"能源强度年下降率"。北京则在"城市污水处理率"和"生活垃圾无害化处理率"方面排在首位，其余分项指标排名均在第七名及以后。河北在"城市污水处理率"、"能源强度年下降率"和"财政性节能环保支出占 GDP 比重"方面表现较为突出，分别列分项指标的第一名、第二名和第五名。吉林、青海和黑龙江则在"城市污水处理率""一般工业固体废物综合利用率"等多个方面表现薄弱。综合来看，长三角地区和京津冀地区近几年的治理保护投入相对较高，成效也相对更加明显。而经济较不发达的地区，受制于经济发展程度和城市管理水平、产业结构等因素，在治理水平上相对欠佳。

表7 2019 年省级治理保护类分项排名情况

省(区市)	治理保护指标排名
安徽	1
北京	2
河北	3
山东	4
河南	5
江苏	6
上海	7
浙江	8
湖南	9
贵州	10
广东	11
湖北	12
内蒙古	13

省（区市）	治理保护指标排名
甘肃	14
重庆	15
江西	16
广西	17
宁夏	18
辽宁	19
云南	20
福建	21
山西	22
天津	23
四川	24
陕西	25
新疆	26
海南	27
吉林	28
青海	29
黑龙江	30

三 中国省级可持续发展对策建议

为进一步促进省级可持续发展，提出以下几点建议。

一是稳步促进经济发展。坚定贯彻新发展理念，深化供给侧结构性改革，推动经济高质量发展。转变经济发展方式，优化经济结构，激发创新活力，以创新驱动引领经济发展。

二是持续改善人民生活。坚持以人为本，不断满足人民对美好生活的向往。统筹做好教育、医疗、社会保障、收入分配等民生工作，统筹城乡区域发展，让发展的成果更多更公平惠及人民群众。

三是持续推进生态文明建设。牢固践行"绿水青山就是金山银山"的理念，提高社会生态环境保护意识，提升能源资源利用效率，加强生态文明

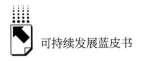

制度建设，提高生态治理保护成效，加大污染防治力度，持续推进绿色美好
家园建设。

参考文献

国家统计局，http：//data. stats. gov. cn，2020。

2013、2014、2015、2016、2017、2018、2019 年度《中国统计年鉴》。

2013、2014、2015、2016、2017、2018、2019 年度《中国科技统计年鉴》。

2013、2014、2015、2016、2017、2018《中国能源统计年鉴》。

2013、2014、2015、2016、2017、2018 年度《中国环境统计年鉴》。

2018 年度《中国城市建设统计年鉴》。

2013、2014、2015、2016、2017、2018、2019 年度 30 个省、自治区、直辖市的统计
年鉴。

2015、2016、2017、2018 年度 30 个省、自治区、直辖市的分省（区、市）万元地
区生产总值能耗降低率等指标公报。

B.4

中国100座大中城市可持续发展
指标体系数据验证分析

郭栋　Kelsie DeFrancia　王佳　马雷　王安逸　雷红豆*

摘　要： 2019年中国100座大中城市可持续发展指标体系数据验证分析显示，排名前十位的城市包括：珠海、北京、深圳、杭州、广州、青岛、无锡、南京、上海和厦门。可持续发展综合排名靠前的依然是珠海、北京、深圳及东部沿海城市。其中珠海连续三年位列第一。基于经济发展、社会民生、消耗排放、资源环境及治理保护等指标体系，城市可持续发展水平具有显著不均衡性。

关键词： 城市可持续发展指标体系　城市可持续发展排名　城市可持续发展均衡程度

一　中国城市可持续发展指标体系数据分析方法

依据2019年中国100座大、中型城市的可持续发展表现，采用中国可

* 郭栋，美国哥伦比亚大学地球研究院可持续发展政策与管理研究中心副主任，研究员，博士，研究方向：可持续城市、可持续金融、可持续机构管理、可持续政策及可持续教育等；Kelsie DeFrancia，美国哥伦比亚大学地球研究院可持续发展政策与管理研究中心助理主任，硕士，研究方向：可持续发展科学；王佳，国家开放大学研究实习员，硕士，研究方向：统计学；马雷，美国哥伦比亚大学地球研究院可持续发展政策与管理研究中心项目官员，硕士，研究方向：可持续发展科学；王安逸，美国哥伦比亚大学地球研究院可持续发展政策与管理研究中心博士后研究员，研究方向：可持续教育、环境支付意愿、环保行为；雷红豆，美国哥伦比亚大学地球研究院访问学者，西北农林大学博士生，研究方向：环境经济学、区域经济发展、可持续政策与管理。

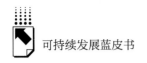

持续发展指标体系——CSDIS，对其进行排序。指标体系框架包含可持续发展五大领域：经济发展，社会民生，资源环境，消耗排放，治理保护，以及22个分项指标。

指标体系的设计过程严格遵循以下原则。

第一，透明性。基于科学、严谨的可验证性原理，记录相应指标名称、指标来源及加权方法。

第二，数据完整性。对所有源数据进行统计学验证，查看其是否存在数据波动异常。当数据完整性存在问题时，在排名体系中去掉该问题指标或城市。

第三，加权法。通过指标五年内的纵向稳定性来确定指标权重。对长时间内城市排名相对稳定的指标赋予较高权重、不同年份之间城市排名存在显著差异的指标赋予较低权重。这样做的原因是：城市排名的大幅波动，可能是由于指标本身统计方法或口径的变化，降低了其纵向可比性；加权算法是对各指标数据稳定性的加强，以最大程度上保证其最终指标集的纵向可比性。

第四，排名法。数据分析的最终结果是各城市的相对排名，而非综合得分。这样做可以尽可能地减少以得分推算排名的弊端。比如，城市 A 比城市 B 的得分高 50 并不能代表城市 A 比城市 B 的可持续性高 50%。

第五，非参数法。该方法可在一定程度上避免先前关于指标联合分布的假设。

（一）框架建立

建立 CSDIS 之初，首先对国际上通用的主要指标框架进行全方位评估，包括国际性非政府组织、多边机构及私营企业等提出的多种可持续发展表现指标框架。

不同指标框架的建立依据存在较大差异，主要集中在分数分配基数、不同类别指标的权重以及对目标衡量的侧重点上。同时许多指标体系的权重也缺乏赋值依据。另外，除了排名本身之外，许多排名体系还对城市进行评分，从而在城市比较中隐性传播了未经测试的距离度量。例如每座城市被评分后，则被暗示得分为 1500 的城市比 1000 的城市，其可持续发展表现高出

50%。而事实上得分本身容易受到所选指数横向分布情况以及异常值的影响。随着横向标准偏差较高的指数权重的增加，综合分数的范围也随之增大，导致城市排名发生较大改变。

因此，有必要确保存在较多干扰的指数在整体指数中占较低权重。一些指标框架倡导均衡权重，这种方法虽未对可持续发展指标做人为调整，但对指标类别的选取和划分赋予均衡权重，并无任何科学依据。此外，还有一些指标框架并没有具体列出各指标等相应权重，只是简单陈述其类别选取范围及组成指标。本研究试图通过建立一套创新型的指标体系来解决该问题，另外，该体系旨在降低随位置和时间的变化而导致的数据波动性。

在建立本框架所采用的指标类别时，首先从大多数现有成熟体系中被广泛使用的经济、社会与环境三大分类开始。鉴于中国当前严峻的环境问题，了解可利用资源量、资源流向及资源消耗、排放所产生的影响尤为迫切。中国在制定环境保护宏观目标、应对环境恶化等问题上，付出了巨大努力，由此我们将治理保护这一指标纳入本框架。据此，本指标框架包含五大类别：经济发展、社会民生、资源环境、消耗排放与治理保护。

（二）数据收集

本套数据的收集始于2016年并延续至今，其具体时间节点如下：2016年，采纳87个代表可持续发展常用候选指标。2017年，收集来自国家统计局和其他省、市统计年鉴中的70座大中型城市2012～2015年的统计数据，这些城市的人口规模从75万人到3016万人不等。2018年，将城市数量增加至100座，并获取了百城各指标的2016年数据。2019年，新增100座大中型城市2017年的数据。2020年，再次新增百城2018年的数据。

除各市房价数据来自中国指数研究院外，其余指标数据均直接从各类统计年鉴与各类公报中所获取（详见文后所附参考文献）。2020年，在原有指标体系的基础上，通过和阿里研究院及高德地图的进一步合作，引入基于高德地图大数据的100座城市的高峰拥堵延时指数数据，用于对衡量交通状况的指标"人均道路面积"进行修正与补充。

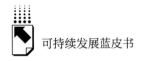

（三）数据合成

在 2016 年完成第一轮数据收集工作之后，首先，对 87 个候选指标进行筛选和提炼，以建立一套具有内在一致性的指标体系，同时，根据自然灾害与经济危机等外部环境因素，对该指标体系进行相应调整。此外，我们还征求了相关领域专家的意见，增添一些反映城市发展过程中常见问题的指标，包括环境恶化程度、环境承载能力、交通拥堵状况等。其次，根据数据的可用性以及数据源的可信度，对指标集进一步凝练。

最后，该框架采用 22 项评价指标，可将其分为五大类：（1）经济发展；（2）社会民生；（3）资源环境；（4）消耗排放；（5）治理保护。如表 1 所示。附录三包含各项指标的具体定义、资料来源、计算方法和政策相关性。

表 1　CSDIS 最终指标集

类别	指标	
经济发展	人均 GDP	第三产业增加值占 GDP 比重
	城镇登记失业率	财政性科学技术支出占 GDP 比重
	GDP 增长率	
社会民生	房价—人均 GDP 比	每万人拥有卫生技术人员数
	人均社会保障和就业财政支出	财政性教育支出占 GDP 比重
	人均城市道路面积	
资源环境	人均水资源量	每万人城市绿地面积
	空气质量指数优良天数	
消耗排放	单位 GDP 水耗	单位 GDP 能耗
	单位二、三产业增加值占建成区面积	单位工业总产值二氧化硫排放量
	单位工业总产值废水排放量	
治理保护	污水处理厂集中处理率	财政性节能环保支出占 GDP 比重
	一般工业固体废物综合利用率	生活垃圾无害化处理率

2018 年，针对 100 座城市建立其综合数据库，包括 2012～2016 年统计年鉴中 22 项指标的相关数据。为尽可能地减小误差，因而计算连续年度间

的数据差异，以检验其数据波动情况。如果其数据差异超出上年数值的50%以上，则在第二轮数据收集过程中对原始数据进行再次验证；如果不同资料来源的报告产生差异，则对该数据源进行适当调整。

（四）加权策略

指标的初始权重依据该指标所在省市与年份的稳定性来确定。随着地理区域范围的缩小，市级与省级的指标加权方法存在差异，相较于省级指标，市级指标的加权方法更为具体，同时也存在更大的数据波动。

城市指标的权重分配取决于该指标的纵向稳定性。具体而言，随着时间的推移，城市指标排名的波动也随之减小。换言之，五年之内，城市排名标准差越小的指标，其数据误差越小。选取指标的排名而非绝对值来计算其方差，可以有效避免采用其他标准化方法所带来的弊端，也有利于降低指标极端值对权重赋值的影响。此方法能使这些测量指标更准确地代表所属城市的可持续发展程度。例如，作为排名中纵向波动最小的指标，"城市人均绿地面积"的标准差仅为第 3 名，五年内各个城市的人均绿地面积的排名变化相对较小。因此采用标准化加权系统，为波动较小的指标赋予较大权重。本方法旨在使各城市之间的纵向排名更具可比性，同时更能代表城市长期的可持续发展程度。

首先，根据五年内（2012～2016）22 个指标中的每个单项指标 X_i（其中，$i = 1$，2，$\cdots$，22）对 100 座城市进行初步排名，按照下列公式计算得出每项指标排名的标准差：

$$\sigma_{ci} = \sqrt{\frac{\sum_{j=1}^{5}\left(R_{cij} - \mu_{ci}\right)^2}{5}} \tag{1}$$

其中，σ_{ci} 表示城市 c 的指标 i 的排名标准差（$c = 1$，2，$\cdots$，100），R_{cij} 表示城市 c 的指标 i 在年度 j 的排名（$j = 1$，2，$\cdots$，5），μ_{ci} 表示五年内城市 c 指标 i 的平均排名。

其次，利用如下公式计算得出指标标准差 σ_i：

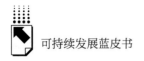

$$\sigma_i = \frac{\sum_{c=1}^{100} \sigma_{ci}}{100} \qquad (2)$$

如果 σ_i 的数值较大，表示此指标排名在这些年份内数据波动较大。

最后，对标准差 σ_i 进行求导，用其除以所有标准差倒数的和，按下列公式得出每个指标的权重（其中，W_i 是指指标 i 的权重）：

$$W_i = \frac{1/\sigma_i}{\sum_{i=1}^{22} 1/\sigma_i} \qquad (3)$$

在赋值过程中，指标波动性越小，其权重相应越高。如表 2 所示，详见五大类别下 22 个指标的相应权重。课题组以 2012～2016 年 100 座城市的时间序列数据为指标赋予权重，进而对 2019 年 100 座城市进行可持续发展水平排名。

表 2　城市可持续发展指标体系与权重

类别	序号	指标	权重(%)
经济发展 （27.49%）	1	人均 GDP	12.55
	2	第三产业增加值占 GDP 比重	6.73
	3	城镇登记失业率	3.48
	4	财政性科学技术支出占 GDP 比重	2.95
	5	GDP 增长率	1.78
社会民生 （27.04%）	6	房价－人均 GDP 比	6.44
	7	每万人拥有卫生技术人员数	5.90
	8	人均社会保障和就业财政支出	5.73
	9	财政性教育支出占 GDP 比重	5.25
	10	人均城市道路面积	3.72
资源环境 （11.02%）	11	人均水资源量	4.55
	12	每万人城市绿地面积	4.52
	13	空气质量指数优良天数	1.95

类别	序号	指标	权重(%)
消耗排放 （26.23%）	14	单位 GDP 水耗	8.04
	15	单位 GDP 能耗	5.80
	16	单位二、三产业增加值占建成区面积	4.98
	17	单位工业总产值二氧化硫排放量	4.63
	18	单位工业总产值废水排放量	2.78
治理保护 （8.22%）	19	污水处理厂集中处理率	2.54
	20	财政性节能环保支出占 GDP 比重	2.13
	21	一般工业固体废物综合利用率	2.10
	22	生活垃圾无害化处理率	1.45

（五）评分方法

在确定指标权重后，对其进行标准化，将不同单位的指标汇总成综合得分。

目前公认的标准化方法是用原始数据减去平均值，然后除以标准差，将各个分数转化为 Z－分数。将原始分数转化为组平均值标准差分数，对单位不同的指标进行比较。但此方法也存在一些缺点，例如原始分数与转化后的分数之间可能存在非线性关系。在平均值附近相对较小的变化，反而会导致转化后分数的明显变化；而远离平均值的较大变化，却会导致转化后分数的细微变化。这种分布不均会对城市的可持续发展排名产生影响。

另外一种常用的方法为极差标准化。极差标准化通过用原始数据减去最小值，再用该差值除以最大与最小值之差，对原始数据进行转化。但这一标准化方式，对异常值和极端值非常敏感。仅当原始数据呈正态化分布时，其影响较小。在本套数据集中，存在一些指标的分布不均现象，例如污水排放量等。

首先按城市不同指标的水平高低进行排名，再将该排名用作原始分数。用 R_{cij} 表示 c 城市第 i 个指标在年度 j 中的排名。总分为 22 个指标排名的加权算术平均值。用 S_{cj} 表示 c 城市在年度 j 中的总分。

$$S_{cj} = \sum_{i=1}^{22} (W_i \times R_{cij}) \qquad (4)$$

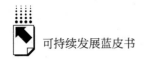
对 100 个城市的总分进行排序即得到各城市在年度 j 的排名。

因此,与其他城市相比:最终分数越低的城市,其可持续发展水平就越高;而最终分数越高的城市,其可持续发展水平就越低。

二 城市排名

(一)100座城市排名

2019 年中国 100 座城市可持续发展综合排名中,位列前十的城市分别是:珠海、北京、深圳、杭州、广州、青岛、无锡、南京、上海和厦门。其中珠海连续三年位列第一。作为中国经济最发达的地区,首都北京、珠江三角洲地区的珠海、深圳及东部沿海城市,其可持续发展综合水平依然较高。

表 3 给出了 2018[①] ~ 2019 年中国 100 座城市的可持续发展综合排名结果。2019 年,珠海依旧保持首位,北京较上年上升一位,深圳则从第 2 位下降到第三位。无锡、上海、厦门分别从第 11 位、第 13 位和第 12 位进入了前十,分别排在第七、第九、第十位;而武汉、长沙、宁波则跌出了前十。乌鲁木齐、大连、桂林、保定和固原排名变化显著,皆上升了十位以上;而惠州、郴州和黄石则下降了十位以上。

表3 2018 ~ 2019 年中国城市可持续发展综合排名

城市	2018 年排名	2019 年排名
珠海	1	1
北京	3	2
深圳	2	3
杭州	4	4
广州	5	5

---

① 各年度的最终排名以最新公布的数据为基础。数据发布通常有一年半到两年的滞后(例如:2020 年度报告反映的是 2019 年度排名,这是以 2019 年底至 2020 年初发布的 2018 年数据为基础)。

续表

城市	2018 年排名	2019 年排名
青岛	6	6
无锡	11	7
南京	8	8
上海	13	9
厦门	12	10
武汉	10	11
长沙	7	12
宁波	9	13
拉萨	14	14
苏州	16	15
三亚	23	16
郑州	17	17
济南	15	18
合肥	19	19
南通	20	20
烟台	22	21
天津	18	22
南昌	27	23
温州	29	24
乌鲁木齐	42	25
西安	21	26
太原	30	27
贵阳	25	28
福州	32	29
大连	41	30
徐州	34	31
克拉玛依	31	32
成都	28	33
昆明	26	34
海口	37	35
扬州	35	36
惠州	24	37
呼和浩特	36	38
金华	38	39
芜湖	39	40
包头	33	41
泉州	48	42
宜昌	43	43

城市	2018 年排名	2019 年排名
北海	44	44
西宁	51	45
常德	53	46
潍坊	46	47
重庆	47	48
长春	40	49
榆林	45	50
石家庄	55	51
沈阳	50	52
南宁	49	53
秦皇岛	54	54
唐山	60	55
绵阳	61	56
洛阳	52	57
兰州	63	58
九江	59	59
蚌埠	56	60
银川	57	61
桂林	74	62
哈尔滨	68	63
襄阳	58	64
许昌	64	65
济宁	65	66
吉林	73	67
怀化	76	68
临沂	66	69
韶关	72	70
安庆	70	71
郴州	62	72
岳阳	71	73
铜仁	78	74
遵义	79	75
牡丹江	67	76
开封	75	77
保定	93	78
赣州	81	79
大同	77	80
固原	95	81

城市	2018 年排名	2019 年排名
黄石	69	82
泸州	84	83
汕头	82	84
南阳	80	85
邯郸	87	86
宜宾	91	87
大理	85	88
乐山	88	89
平顶山	83	90
丹东	89	91
湛江	86	92
天水	90	93
南充	97	94
曲靖	94	95
海东	98	96
齐齐哈尔	96	97
锦州	92	98
渭南	99	99
运城	100	100

（二）城市可持续发展水平均衡程度

从经济发展、社会民生、资源环境、消耗排放和治理保护五大类指标来看，类似于省级可持续发展水平的均衡程度，城市的可持续发展水平同样存在显著不均衡性。如图 1 所示，依据各市 22 项指标的排名极值，大部分城市的可持续发展水平都还不是很高，有待于提高的空间依然很大。可持续发展综合水平排名第一的珠海，其五大类发展水平整体较为均衡，同时珠海也是可持续发展综合排名前十的城市中，发展水平最为均衡的城市。而排在第二位的北京，虽在经济发展与消耗排放中居于首位，但在资源环境和社会民生两方面存在明显短板（分别排在第 67 位、31 位）。可持续发展综合排名排在第三位的深圳在经济发展与消耗排放中均位列第二，但在社会民生与资源环境两方面存在明显劣势（分别排在第 75 位、28 位）。以各城市一级指标中排名最大值与最小值之差的绝对值衡量其不均衡程度，其中：不均衡度最大的是牡丹江（综合排名第 76 位），差值为 98；不均衡度最小的是锦州（综合排名第 98 位），差值为 8。可持续发展综合排名前十城市中，珠海与厦门发展较为均衡，差值分别为 15 和 28。

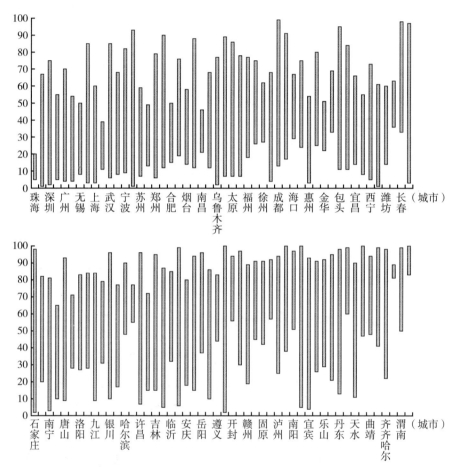

图1　2019 年度中国市级可持续发展均衡程度

（三）各城市五大类中一级指标现状

1. 经济发展

2019 年经济发展质量领先城市与 2018 年城市相同（见表4），排名有细微变化。首都北京在经济发展方面一直名列前茅，2019 年经济发展更是排在首位。中国东部沿海的主要城市在经济发展方面表现依旧最佳。深圳作为经济特区、国家综合配套改革试验区，在经济表现方面也一直是排名前列的城市之一。南京的经济类指标排名较均衡，不存在明显短板，排名较 2018 年上升两位。2019 年武汉经济发展质量有所提高，从 2018 年的第九位上升至 2019 年第六位。

表 4　经济发展质量领先城市

2019 年排名	城市
1	北京
2	深圳
3	南京
4	广州
5	杭州
6	武汉
7	苏州
8	无锡
9	珠海
10	上海

2. 社会民生

2019 年，在社会民生方面排名靠前的城市大部分仍然位于内陆（见表 5）。除沿海城市珠海、青岛以外，其他在社会民生领域发展较好的城市均位于经济发展排名的前十之后，表明经济发展水平与社会民生的发展并不同步进行，说明大量城市在经济高速发展的同时，也伴随着很多民生问题。此结果也在一定程度上凸显了当前中国经济与社会发展的不平衡、不协调问题。武汉跻身 2019 年社会民生保障领先城市，其 "人均社会保障就业财政支出" 单项排名靠前。而包头则跌出 2019 年社会民生保障领先城市，由于其 "人均城市道路面积" 单项指标排名下降 38 名，而其余社会民生类指标无显著进步。

表5 社会民生保障领先城市

2019 年排名	城市
1	拉萨
2	乌鲁木齐
3	榆林
4	克拉玛依
5	西宁
6	珠海
7	太原
8	武汉
9	青岛
10	银川

3. 资源环境

2019 年资源环境发展较好的城市依然主要集中在广东、贵州等南部省份（见表6）。这些城市自然景观丰富、生态环境优良，且空气质量指数优良天数较多。拉萨人口较其他城市更为稀少，因此"人均水资源量"和"每万人城市绿地面积"单项指标排名较为靠前，于是也拉高了其生态环境分类排名。铜仁的资源环境类指标于 2019 年均有进步，所以进入生态环境宜居领先城市。而泉州则由于"人均水资源量"和"空气质量指数优良天数"单项指标排名稍微落后，跌出生态环境宜居领先城市。

表6 生态环境宜居领先城市

2019 年排名	城市
1	拉萨
2	牡丹江
3	南宁
4	惠州
5	怀化
6	韶关
7	贵阳
8	珠海
9	九江
10	铜仁

4. 消耗排放

与往年情况类似，拥有重要经济活动的一、二线城市在人均资源稀缺的压力下，重视资源节约，并配置更为先进的排污防控技术，因而单位 GDP 水耗、能耗，单位工业总产值二氧化硫排放量及废水排放量等指标表现突出（见表7）。并且，大多一、二线城市或将高污染物排放的企业转移出本市。杭州 2019 年在节能减排类指标上排名均有进步，进入节能减排效率领先城市。天津"每万元 GDP 水耗"单项指标排名较 2018 年下降了九名，因而在 2019 年跌出节能减排效率领先城市。

表 7　节能减排效率领先城市

2019 年排名	城市
1	北京
2	深圳
3	上海
4	青岛
5	珠海
6	广州
7	西安
8	长沙
9	宁波
10	杭州

5. 治理保护

2019 年治理保护领先城市与 2018 年相比变化较为明显，加入了宜宾、许昌、唐山和秦皇岛等城市，而珠海、天水、金华和深圳则跌出治理保护领先城市（见表8）。2019 年治理保护领先的城市依旧包括以自然风光而闻名的常德、惠州等，以及环保尤其是空气质量面对较大压力的中部城市，石家庄、邯郸、郑州等。这些城市在工业转型、空气治理等节能环保方面普遍加大投入，因此排名靠前。

表8　治理保护领先城市

2019 年排名	城市
1	常德
2	石家庄
3	惠州
4	宜宾
5	邯郸
6	郑州
7	许昌
8	北海
9	唐山
10	秦皇岛

三　推进中国城市可持续发展、实现 可持续治理的政策建议

1. 建立以可持续发展指标为依据的政府绩效考核体系

加强统计能力建设和投资力度，完善相关统计指标数据。建立可持续发展评价结果的定期发布及后续落实与评估机制。彻底抛弃以追求经济总量与速度为核心的评价体系，实施由可持续发展指标为导向的全面反映经济社会发展质量的政府绩效考核体系。

2. 加快完善生态文明制度体系建设，健全法律法规和制度标准

实行严格的源头保护制度、损害赔偿制度、责任追究制度，完善治理保护和生态修复制度，加强统计监测和执法监督力度，建立环保信息强制性披露制度。推进环境司法，健全环境行政执法与刑事司法衔接机制。健全信用评价制度，加快实施重大生态修复工程和完善生态补偿机制。

3. 贯彻绿色发展理念，大力发展绿色经济

建立清洁低碳、安全高效的现代能源体系，构建绿色低碳循环发展的现代产业体系，推动绿色城镇化模式，建立绿色生产和消费的法律制度和政策

导向，构建市场导向的绿色技术创新体系，大力发展促进实体经济发展的绿色金融体系。

4. 鼓励社会公众、私营部门、非营利性组织等利益攸关方发挥更大作用

加大宣传教育力度，提高公众对于可持续发展的认可与参与，鼓励市场机构加大对可持续发展的投入，调动更多社会资本参与到可持续发展中来。鼓励社会团体和非政府组织发挥自身专业化优势，整合可持续发展资源。

5. 推动能力建设，加强国际合作，落实联合国2030年可持续发展议程

积极参与2030年可持续发展议程的国际合作。逐步增强中国在国际可持续发展中的影响力。推进国家层面的2030年可持续发展评估进程与全球评估进程紧密合作，深入推进南南合作、南北合作，加快构建国际合作平台。

6. 鼓励大中型企业实施可持续管理体系，激励可持续性企业建设

确保社会人力、财力和自然资源公平有效地结合起来，以激发创新性和提高生产力，即在不损害子孙后代利益的情况下满足目前需求的发展模式。政府与企业和社会应尝试新的合作形式，利用社会组织的有效资源为企业提供可持续发展管理系统性培训。

7. 鼓励青年环保类创业，加大环保项目投资

与社会组织合作培育改变世界的青年环保创业者，以产生更大的社会示范效应。

四　城市说明

本部分详述 CSDIS 指标体系中 100 座城市在不同可持续发展领域中的具体表现，包括该城市的最高与最低排名指标。按可持续发展综合排名情况对这些城市做如下详述。

（一）珠海

珠海的整体可持续发展表现排在第一位。珠海在"生活垃圾无害化处

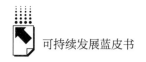

理率"、"财政性科学技术支出占 GDP 比重"及"人均社会保障和就业财政支出"三方面得分最高,分别列第一、第三与第三位,但在"第三产业增加值占 GDP 比重"、"财政性教育支出占 GDP 比重"和"财政性节能环保支出占 GDP 比重"三方面得分较低,分别位于第 55、第 55 与第 63 名。

(二)北京

北京在整体可持续发展水平中排列第二位。北京在"第三产业增加值占 GDP 比重"、"人均社会保障和就业财政支出"、"单位 GDP 能耗"和"生活垃圾无害化处理率"四方面得分较高,均位列第一,但在"人均水资源量"、"房价—人均 GDP 比"和"人均城市道路面积"三方面得分较低,分别位于第 87、第 92 与第 100 名。

(三)深圳

深圳的可持续发展整体表现位于第三。深圳在"人均 GDP"、"财政性科学技术支出占 GDP 比重"、"每万人城市绿地面积"、"单位工业总产值二氧化硫排放量"、"污水处理厂集中处理率"和"生活垃圾无害化处理率"等方面得分较高,均位列第一,但在"人均水资源量""一般工业固体废物综合利用率",以及"房价—人均 GDP 比"等方面得分较低,分别位列第 83、第 84 与第 93。

(四)杭州

杭州的整体可持续发展水平位列第四。杭州在"生活垃圾无害化处理率"、"每万人拥有卫生技术人员数"、"城镇登记失业率"和"单位二、三产业增加值占建成区面积"等方面得分较高,分别排在第一、第二、第六和第六位,但在"GDP 增长率"、"单位工业总产值废水排放量"和"财政性节能环保支出占 GDP 比重"三方面得分较低,分别位列第 70、第 77 和第 85。

（五）广州

广州的整体可持续发展表现排在第五位。广州在"生活垃圾无害化处理率"、"第三产业增加值占GDP比重"和"每万人城市绿地面积"三方面得分较高，分别位列第一、第三和第三，但在"财政性教育支出占GDP比重"、"GDP增长率"和"财政性节能环保支出占GDP比重"三方面得分较低，分别位列第83、第84与第97。

（六）青岛

青岛的整体可持续发展水平位列第六名。青岛在"生活垃圾无害化处理率"、"单位GDP水耗"和"单位工业总产值二氧化硫排放量"三方面得分较好，分别位列第一、第四和第七，但在"财政性教育支出占GDP比重"、"人均水资源量"和"财政性节能环保支出占GDP比重"三方面成绩较低，分别位列第69、第88和第94。

（七）无锡

无锡的整体可持续发展水平位列第七。无锡在"生活垃圾无害化处理率"、"人均GDP"和"房价—人均GDP比"三方面得分较高，分别位列一、第二和第四，但在"空气质量指数优良天数"、"人均水资源量"和"财政性教育支出占GDP比重"三方面得分较低，分别位列第69、第71与第98。

（八）南京

南京的整体可持续发展水平位列第八。南京在"生活垃圾无害化处理率"、"每万人城市绿地面积"和"城镇登记失业率"三方面得分较高，分别位列第一、第五与第七，但在"空气质量指数优良天数"、"财政性教育支出占GDP比重"和"污水处理厂集中处理率"三方面得分较低，分别位列第71、第80与第98。

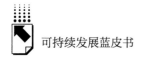
（九）上海

上海的整体可持续发展表现排第九位。上海在"单位二、三产业增加值占建成区面积"、"生活垃圾无害化处理率"和"人均社会保障和就业财政支出"三方面均表现良好，分别位列第一、第一和第二，但在"人均水资源量"、"人均城市道路面积"和"房价—人均GDP比"三方面得分较低，分别排在第89、第95和第97名。

（十）厦门

厦门的整体可持续发展水平位列第十。厦门市在"生活垃圾无害化处理率"、"单位工业总产值二氧化硫排放量"和"空气质量指数优良天数"三方面得分较高，分别位列第一、第三和第四，但在"房价—人均GDP比"、"人均水资源量"和"单位工业总产值废水排放量"三方面得分较低，分别位列第84、第84和第97。

（十一）武汉

武汉的整体可持续发展水平表现位列第11。武汉市在"生活垃圾无害化处理率"、"单位二、三产业增加值占建成区面积"、"财政性科学技术支出占GDP比重"和"人均社会保障和就业财政支出"四方面分别位列第一、第五、第八和第八，但在"财政性节能环保支出占GDP比重"、"每万人城市绿地面积"和"财政性教育支出占GDP比重"三方面有待于进一步提升，暂且排在第77、第82和第90名。

（十二）长沙

长沙的整体可持续发展表现排在第12位。长沙市在"房价—人均GDP比"、"单位工业总产值废水排放量"和"单位工业总产值二氧化硫排放量"三方面得分较高，分别位列第二、第六和第七，但在"生活垃圾无害化处理率"、"人均城市道路面积"和"财政性教育支出占 GDP 比重"三方面得分较低，分别位列第 74、第 79 和第 88。

与上一年相比，长沙的综合排名下降了五位，也跌出了前十。这主要是其"生活垃圾无害化处理率"、"人均城市道路面积"和"人均水资源量"排名显著下滑导致的。

（十三）宁波

宁波的整体可持续发展水平位列第 13。宁波在"生活垃圾无害化处理率"、"单位二、三产业增加值占建成区面积"、"城镇登记失业率"和"单位 GDP 水耗"分别排在第一、第八、第 12 和第 12 名，但在"财政性教育支出占 GDP 比重"、"财政性节能环保支出占 GDP 比重"和"污水处理厂集中处理率"三方面得分较低，分别位列第 76、第 83 和第 97。此外，宁波在"人均社会保障和就业财政支出"以及"财政性节能环保支出占 GDP 比重"的排名下降，尤其是权重较高的前者，使其总排名下跌四位。

（十四）拉萨

拉萨的整体可持续发展表现排在第 14 位。拉萨在"财政性教育支出占 GDP 比重"、"人均城市道路面积"和"人均水资源量"方面表现良好，均排在第三位，但在"生活垃圾无害化处理率"、"单位工业总产值废水排放量"和"一般工业固体废物综合利用率"三方面得分较低，分别位列第 90、第 92 和第 100。

（十五）苏州

苏州的整体可持续发展水平位列第 15。苏州在"生活垃圾无害化处理率"、"人均 GDP"和"城镇登记失业率"三方面得分较高，分别位列第一、第三和第七，但在"污水处理厂集中处理率"、"财政性节能环保支出占 GDP 比重"和"财政性教育支出占 GDP 比重"三方面得分较低，分别位列第 68、第 78 和第 95。

（十六）三亚

三亚的整体可持续发展水平位列第 16。三亚在"一般工业固体废物综合利用率"、"生活垃圾无害化处理率"和"单位工业总产值废水排放量"三方面得分较高，分别位列第一、第一和第四。但在"每万人城市绿地面积"、"污水处理厂集中处理率"和"房价—人均 GDP 比"三方面得分较低，分别位列第 69、第 95 和第 96。

（十七）郑州

郑州在整体可持续性发展水平中位列第 17。郑州在"生活垃圾无害化处理率"、"每万人拥有卫生技术人员数"和"财政性节能环保支出占 GDP 比重"三方面得分较高，分别位列第一、第五和第五，但在"财政性教育支出占 GDP 比重"、"空气质量指数优良天数"和"人均水资源量"三方面得分较低，分别位列第 73、第 97 与第 100。

（十八）济南

济南的整体可持续发展水平位列第 18。济南在"生活垃圾无害化处理率"、"每万人拥有卫生技术人员数"和"单位 GDP 水耗"三方面得分较高，分别位列第一、第十和第 14，但在"人均水资源量"、"财政性教育支出占 GDP 比重"和"空气质量指数优良天数"三方面得分较低，分别位于第 78、第 81 与第 89 名。

（十九）合肥

合肥的整体可持续发展水平位列第 19。合肥在"生活垃圾无害化处理率"、"单位 GDP 能耗"和"财政性科学技术支出占 GDP 比重"三方面得分较高，分别位列第一、第三和第六，但在"空气质量指数优良天数"、"一般工业固体废物综合利用率"、"人均社会保障和就业财政支出"、"财政性教育支出占 GDP 比重"等方面得分较低，分别位列第 67、第 67、第 74 与第 75。

（二十）南通

南通的整体可持续发展水平位列第 20。南通在"生活垃圾无害化处理率"、"人均城市道路面积"和"单位工业总产值二氧化硫排放量"三方面得分较高，分别位列第一、第四和第 11，但在"污水处理厂集中处理率"、"财政性教育支出占 GDP 比重"和"财政性节能环保支出占 GDP 比重"三方面得分较低，分别位列第 84、第 89 和第 92。

（二十一）烟台

烟台的整体可持续发展水平位列第 21 名。烟台在"生活垃圾无害化处理率"、"房价—人均 GDP 比"和"单位 GDP 水耗"三方面得分较高，分别位于第一、第六和第六名。但在"GDP 增长率"、"财政性节能环保支出占 GDP 比重"和"财政性教育支出占 GDP 比重"三方面得分较低，分别位列第 81、第 90 和第 96。

（二十二）天津

天津在整体可持续性发展水平方面位于第 22 名。天津在"人均社会保障和就业财政支出"、"一般工业固体废物综合利用率"和"第三产业增加值占 GDP 比重"三方面得分较高，分别位于第四、第四和第 11 名，但在"生活垃圾无害化处理率"、"人均水资源量"和"GDP 增长率"方面得分较低，分别位于第 94、第 95 和第 97 名。

（二十三）南昌

南昌的整体可持续发展水平位于第 23 名。南昌在"生活垃圾无害化处理率"、"单位 GDP 能耗"、"GDP 增长率"和"污水处理厂集中处理率"方面得分较高，分别位于第一、第二、第 13 和第 13 名，但在"财政性教育

支出占 GDP 比重"、"城镇登记失业率"和"财政性节能环保支出占 GDP 比重"三方面得分较低,分别位于第 72、第 78 和第 100 名。

(二十四)温州

温州的整体可持续发展水平位于第 24 名。温州在"生活垃圾无害化处理率"、"单位 GDP 能耗"和"一般工业固体废物综合利用率"三方面得分较高,分别位于第一、第五和第八,但在"人均社会保障和就业财政支出"、"房价—人均 GDP 比"和"财政性节能环保支出占 GDP 比重"等方面得分较低,分别位于第 78、第 81 和第 98 名。

(二十五)乌鲁木齐

乌鲁木齐的整体可持续发展表现排在第 25 位。其在"每万人城市绿地面积"、"第三产业增加值占 GDP 比重"和"每万人拥有卫生技术人员数"方面表现较好,分别位列第四、第七和第九,但在"单位 GDP 水耗"、"单位工业总产值二氧化硫排放量"、"单位二、三产业增加值占建成区面积"和"单位 GDP 能耗"等方面分别位于第 74、第 74、第 80 和第 96 名。乌鲁木齐 2018～2019 年可持续发展综合排名上升 17 位,其中"污水处理厂集中处理率"、"人均城市道路面积"和"生活垃圾无害化处理率"单项指标排名变化显著,分别上升 76 位、26 位和 25 位。

(二十六)西安

西安的整体可持续发展表现排在第 26 位。该市在"单位 GDP 能耗"、"单位工业总产值二氧化硫排放量"、"第三产业增加值占 GDP 比重"和"每万人拥有卫生技术人员数"方面表现较好,分别位于第九、第十、第 13 和第 13 名,但在"人均城市道路面积"、"一般工业固体废物综合利用率"、"财政性教育支出占 GDP 比重"和"空气质量指数优良天数"等方面分别位于第 82、第 82、第 84 和第 90 名。尤其是"人均城市道路面积"和"一般工业固体废物综合利用率"指标排名的大幅下滑使该市总排名下降五位。

（二十七）太原

太原的整体可持续发展表现排在第 27 位。其在"生活垃圾无害化处理率"、"每万人拥有卫生技术人员数"和"GDP 增长率"三方面得分较高，分别位于第一、第一和第七名，但在"一般工业固体废物综合利用率"、"人均水资源量"和"空气质量指数优良天数"三方面得分较低，分别位列第 90、第 94 和第 96。

（二十八）贵阳

贵阳的整体可持续发展水平位列第 28。贵阳在"GDP 增长率"、"空气质量指数优良天数"和"房价—人均 GDP 比"三方面得分较高，分别位列第二、第七和第十。但在"一般工业固体废物综合利用率"、"人均城市道路面积"、"单位工业总产值废水排放量"几方面分别位列第 89、第 93 和第 95。

（二十九）福州

福州的整体可持续发展表现排在第 29 位。福州在"生活垃圾无害化处理率"、"单位工业总产值废水排放量"和"单位、二三产业增加值占建成区面积"三方面得分较高，分别位列第一、第 12 和第 15，但在"人均社会保障和就业财政支出"、"污水处理厂集中处理率"和"财政性节能环保支出占 GDP 比重"三方面得分较低，分别位列第 73、第 78 和第 93。

（三十）大连

大连的整体可持续发展水平位列第 30。大连在"生活垃圾无害化处理率"、"人均社会保障和就业财政支出"、"单位 GDP 水耗"与"单位二、三产业增加值占建成区面积"几方面得分较高，分别位列第一、第五、第 18 和第 18，但在"单位工业总产值废水排放量"、"污水处理厂集中处理率"与"财政性教育支出占 GDP 比重"三方面得分较低，分别位

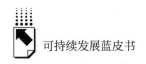

列第 85、第 87 和第 99。大连 2018～2019 年可持续发展综合排名上升 11 位，其中"生活垃圾无害化处理率"、"第三产业增加值占 GDP 比重"和"单位工业总产值二氧化硫排放量"单项指标排名变化显著，分别上升 86 位、46 位和 22 位。

（三十一）徐州

徐州的整体可持续发展水平位列第 31。徐州在"生活垃圾无害化处理率"、"城镇登记失业率"和"一般工业固体废物综合利用率"方面得分较高，分别位列第一、第七和第九，但在"财政性节能环保支出占 GDP 比重"、"空气质量指数优良天数"和"GDP 增长率"几方面得分较低，分别位列第 76、第 85 和第 95。

（三十二）克拉玛依

克拉玛依的整体可持续发展水平位列第 32。克拉玛依在"城镇登记失业率"、"人均城市道路面积"与"生活垃圾无害化处理率"方面得分较高，均位列第一，但在"人均水资源量"、"单位 GDP 能耗"与"第三产业增加值占 GDP 比重"方面得分较低，分别位列第 96、第 98 和第 100。

（三十三）成都

成都的整体可持续发展表现排在第 33 位。其在"每万人拥有卫生技术人员数"、"单位工业总产值二氧化硫排放量"和"单位 GDP 能耗"方面得分较高，分别位于第 12、第 12 与第 15 名，但在"人均社会保障和就业财政支出"、"人均城市道路面积"、"财政性节能环保支出占 GDP 比重"和"财政性教育支出占 GDP 比重"方面得分较低，分别位列第 80、第 80、第 91 与第 92。

（三十四）昆明

昆明的整体可持续发展水平位列第 34。昆明在"空气质量指数优良天数"、"每万人拥有卫生技术人员数"和"GDP增长率"方面得分较高,分别位列第三、第四和第23,但在"生活垃圾无害化处理率"、"单位工业总产值二氧化硫排放量"与"一般工业固体废物综合利用率"方面得分较低,分别位列第74、第84和第94。同2018年相比,昆明的"人均城市道路面积"、"财政性节能环保支出占GDP比重"以及"生活垃圾无害化处理率"均有明显下降,拉低了其总排名。

（三十五）海口

海口的整体可持续发展水平位列第35。海口在"生活垃圾无害化处理率"、"第三产业增加值占GDP比重"和"城镇登记失业率"方面得分较高,分别排在第一、第二和第三名,但在"房价—人均GDP比"、"财政性科学技术支出占GDP比重"和"人均城市道路面积"方面得分较低,分别位于第73、第78和第86名。

（三十六）扬州

扬州的整体可持续发展水平位列第36。扬州在"生活垃圾无害化处理率"、"城镇登记失业率"、"单位GDP能耗"与"单位二、三产业增加值占建成区面积"方面得分较高,分别位列第一、第七、第七与第七,但在"每万人拥有卫生技术人员数"、"空气质量指数优良天数"、"污水处理厂集中处理率"与"财政性教育支出占GDP比重"方面得分较低,分别位列第78、第78、第81与第94。

（三十七）惠州

惠州的整体可持续发展水平位列第37。惠州在"生活垃圾无害化处理率"、"人均水资源量"、"每万人城市绿地面积","财政性科学技术支出占GDP比重"与"一般工业固体废物综合利用率"方面得分较高,分别位于第一、第12、第19、第19与第19名,但在"单位GDP能耗"、"第三产业

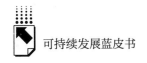

增加值占 GDP 比重"与"GDP 增长率"方面得分较低，分别位于第 76、第 82 和第 86 名。惠州 2018～2019 年可持续发展综合排名下降 13 位，其中"人均城市道路面积"、"GDP 增长率"、"人均社会保障和就业财政支出"与"空气质量指数优良天数"单项指标排名变化较大，分别下降 31 位、30 位、12 位和 12 位。

（三十八）呼和浩特

呼和浩特的整体可持续发展水平位列第 38。呼和浩特在"污水处理厂集中处理率"、"第三产业增加值占 GDP 比重"与"房价—人均 GDP 比"方面得分较高，分别位列第三、第五和第五，但在"GDP 增长率"、"财政性教育支出占 GDP 比重"与"一般工业固体废物综合利用率"方面得分较低，分别位于第 96、第 97 与第 98 名。

（三十九）金华

金华的整体可持续发展水平位于第 39 名。金华在"生活垃圾无害化处理率"、"一般工业固体废物综合利用率"、"城镇登记失业率"与"人均城市道路面积"方面得分较高，分别位列第一、第 11、第 17 与第 17，但在"财政性节能环保支出占 GDP 比重"、"单位工业总产值废水排放量"与"GDP 增长率"方面得分较低，分别位于第 80、第 81 和第 90 名。

（四十）芜湖

芜湖的整体可持续发展水平位列第 40。芜湖在"生活垃圾无害化处理率"、"财政性科学技术支出占 GDP 比重"与"人均城市道路面积"方面得分较高，分别排位于第一、第二与第五名，但在"第三产业增加值占 GDP 比重"、"每万人拥有卫生技术人员数"与"单位 GDP 水耗"方面得分较低，分别位于第 79、第 79 和第 81 名。

（四十一）包头

包头的整体可持续发展水平位列第41。包头在"房价—人均 GDP 比"、"人均 GDP"与"人均社会保障和就业财政支出"方面得分较高，分别位列第一、第九与第九，但在"单位工业总产值二氧化硫排放量"、"城镇登记失业率"与"财政性教育支出占 GDP 比重"方面得分较低，分别位于第93、第94和第100名。此外，同上一年相比，包头在"人均城市道路面积"和"单位工业总产值废水排放量"上排名下降明显（分别下降38位和36位）。

（四十二）泉州

泉州的整体可持续发展表现排在第42位。其在"生活垃圾无害化处理率"、"城镇登记失业率"与"人均城市道路面积"方面分别位列第一、第二和第二，但在"每万人拥有卫生技术人员数"、"人均社会保障和就业财政支出"与"财政性节能环保支出占 GDP 比重"方面表现分别位列第94、第99和第99。

（四十三）宜昌

宜昌的整体可持续发展水平位列第43。宜昌在"生活垃圾无害化处理率"、"房价—人均 GDP 比"与"人均水资源量"方面得分较高，分别位列第一、第八与第11。但在"一般工业固体废物综合利用率"、"财政性教育支出占 GDP 比重"与"第三产业增加值占 GDP 比重"方面得分较低，分别位列第92、第93和第94。

（四十四）北海

北海的整体可持续发展水平位列第44。北海在"生活垃圾无害化处理率"、"单位工业总产值废水排放量"与"污水处理厂集中处理率"方面分别位列第一、第八与第11，但在"财政性节能环保支出占 GDP 比重"、"人

均社会保障和就业财政支出"与"第三产业增加值占 GDP 比重"方面分别位列第82、第95与第98。

（四十五）西宁

西宁的整体可持续发展表现排在第 45 位。西宁在"每万人拥有卫生技术人员数"、"财政性节能环保支出占 GDP 比重"与"GDP 增长率"方面得分较高，分别位列第八、第九与第 12，但在"污水处理厂集中处理率"、"生活垃圾无害化处理率"与"单位 GDP 能耗"等方面得分较低，分别位列第 91 名、第 93 名和第 94。

（四十六）常德

常德的整体可持续发展水平位列第 46。常德在"生活垃圾无害化处理率"、"单位 GDP 能耗"与"污水处理厂集中处理率"方面得分较高，分别位列第一、第四与第四，但在"每万人拥有卫生技术人员数"、"财政性教育支出占 GDP 比重"、"每万人城市绿地面积"与"单位 GDP 水耗"方面得分较低，分别位列第 74、第 74、第 80 和第 95。

（四十七）潍坊

潍坊的整体可持续发展水平位列第 47。潍坊在"生活垃圾无害化处理率"、"人均城市道路面积"与"单位 GDP 水耗"方面得分较高，分别位列第一、第 13 与第 15，但在"空气质量指数优良天数"、"人均社会保障和就业财政支出"与"单位工业总产值废水排放量"方面得分较低，分别位列第 83、第 87 和第 93。

（四十八）重庆

重庆的整体可持续发展表现排在第 48 位。重庆在"生活垃圾无害化处理率"、"人均社会保障和就业财政支出"与"财政性节能环保支出占 GDP 比重"等方面分别位列第一、第十和第 23，但在"GDP 增长率"、"每万人城市绿地面积"与"人均城市道路面积"方面分别位于第86、第90与第97名。

（四十九）长春

长春的整体可持续发展水平位于第49名。长春在"单位工业总产值废水排放量"、"房价—人均GDP比"与"单位工业总产值二氧化硫排放量"方面分别位于第三、第14和第28名，但在"财政性教育支出占GDP比重"、"财政性节能环保支出占GDP比重"与"生活垃圾无害化处理率"方面分别位于第87、第88与第88名。与上一年相比，长春的综合排名下降九位。这主要是由于该市在"人均社会保障和就业财政支出"、"人均城市道路面积"、"财政性节能环保支出占GDP比重"以及"一般工业固体废物综合利用率"方面相对其他城市有明显退步（下降23～42位）。

（五十）榆林

榆林的整体可持续发展表现排在第50位。榆林在"GDP增长率"、"房价—人均GDP比"与"人均社会保障和就业财政支出"三方面分别位列第九、第九与第17，但在"单位工业总产值二氧化硫排放量"、"生活垃圾无害化处理率"、"一般工业固体废物综合利用率"与"第三产业增加值占GDP比重"方面分别位于第92、第92、第97与第99名。

（五十一）石家庄

石家庄在整体可持续性发展水平位列第51。石家庄在"生活垃圾无害化处理率"、"污水处理厂集中处理率"与"单位GDP水耗"方面分别列于第一、第二与第十名，但在"人均社会保障和就业财政支出"、"人均水资源量"与"空气质量指数优良天数"方面分别位列第84、第92和第100。

（五十二）沈阳

沈阳的整体可持续发展水平位列第52。沈阳在"生活垃圾无害化处理

率"、"人均社会保障和就业财政支出"与"每万人拥有卫生技术人员数"方面分别排在第一、第六和第 21 名，但在"人均水资源量"、"GDP 增长率"与"单位 GDP 能耗"方面分别排在第 90、第 91 和第 97 名。

（五十三）南宁

南宁的整体可持续发展表现排在第 53 位。南宁市在"一般工业固体废物综合利用率"、"每万人城市绿地面积"与"第三产业增加值占 GDP 比重"方面分别位列第五、第九和第 17，但在"人均社会保障和就业财政支出"、"GDP 增长率"与"污水处理厂集中处理率"方面分别排在第 89、第92 和第 94 名。

（五十四）秦皇岛

秦皇岛的整体可持续发展水平位于第 54 名。秦皇岛的"生活垃圾无害化处理率"、"单位 GDP 水耗"与"人均城市道路面积"分别排在第一、第八和第 21 名，但"单位 GDP 能耗"、"GDP 增长率"及"单位工业总产值二氧化硫排放量"方面分别排在第 73、第 74 和第 83 名。

（五十五）唐山

唐山的整体可持续发展水平位于第 55 名。唐山在"生活垃圾无害化处理率"、"单位 GDP 水耗"与"污水处理厂集中处理率"方面分别排在第一、第一和第 12 名，但在"空气质量指数优良天数"、"第三产业增加值占 GDP 比重"与"单位 GDP 能耗"方面分别排在第 86、第 91 和第 93 名。

（五十六）绵阳

绵阳的整体可持续发展水平位列第 56。绵阳在"生活垃圾无害化处理率"、"财政性科学技术支出占 GDP 比重"与"人均水资源量"方面分别排在第一、第七和第八名，但在"人均GDP"、"人均社会保障和就业财政支出"与"财政性节能环保支出占GDP比重"方面分别位列第72、第81和第87。

（五十七）洛阳

洛阳的整体可持续发展表现排在第57位。洛阳在"生活垃圾无害化处理率"、"污水处理厂集中处理率"与"房价—人均GDP比"方面分别位列第一、第六和第31，但在"人均社会保障和就业财政支出"、"空气质量指数优良天数"与"城镇登记失业率"方面分别位列第91、第93和第96。

（五十八）兰州

兰州的整体可持续发展水平位于第58名。其在"第三产业增加值占GDP比重"、"每万人拥有卫生技术人员数"与"一般工业固体废物综合利用率"方面分别排在第九、第17和第20名，但在"气质量指数优良天数"、"单位GDP能耗"与"人均水资源量"方面分别位于第81、第86和第97名。

（五十九）九江

九江的整体可持续发展水平位列第59。九江在"生活垃圾无害化处理率"、"GDP增长率"及"人均水资源量"方面分别排在第一、第16和第18名，但在"第三产业增加值占GDP比重"、"每万人拥有卫生技术人员数"与"一般工业固体废物综合利用率"方面分别排在第83、第83和第86名。

（六十）蚌埠

蚌埠的整体可持续发展水平位列第56。其在"生活垃圾无害化处理率"、"单位GDP能耗"与"财政性科学技术支出占GDP比重"方面分别排在第一、第11和第19名，但在"第三产业增加值占GDP比重"、"每万

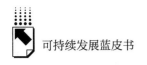

人拥有卫生技术人员数"与"单位二、三产业增加值占建成区面积"方面分别排在第 81、第 81 和第 83 名。

（六十一）银川

银川的整体可持续发展表现排在第 61 位。银川在"生活垃圾无害化处理率"、"房价—人均 GDP 比"与"每万人拥有卫生技术人员数"方面分别排在第一、第三和第七名，但在"人均水资源量"、"单位 GDP 能耗"与"一般工业固体废物综合利用率"方面分别排在第 98、第 99 和第 99 名。

（六十二）桂林

桂林的整体可持续发展水平位于第 62 名。桂林在"生活垃圾无害化处理率"、"人均水资源量"与"污水处理厂集中处理率"方面分别排在第一、第二和第七名，但在"财政性科学技术支出占 GDP 比重"、"财政性节能环保支出占 GDP 比重"与"单位 GDP 水耗"方面分别排在第 85、第 86 和第 100 名。桂林 2018～2019 年可持续发展综合排名上升 12 位，其中"污水处理厂集中处理率"、"单位工业总产值废水排放量"与"人均城市道路面积"单项指标排名变化显著，分别上升 51 位、38 位和 37 位。

（六十三）哈尔滨

哈尔滨的整体可持续发展水平位于第 63 名。哈尔滨在"第三产业增加值占 GDP 比重"、"人均社会保障和就业财政支出"与"单位工业总产值废水排放量"方面分别排在第八、第 14 和第 14 名，但在"GDP 增长率"、"人均城市道路面积""与"生活垃圾无害化处理率"方面分别排在第 93、第 94 和第 96 名。

（六十四）襄阳

襄阳的整体可持续发展水平位于第 64 名。襄阳在"生活垃圾无害化处理率"、"财政性科学技术支出占 GDP 比重"与"单位工业总产值二氧化硫排放量"方面分别排在第一、第15和第20名，但在"每万人城市绿地面积"、"一般工业固体废物综合利用率"与"第三产业增加值占GDP比重"方面分别排在第79、第88和第92名。

（六十五）许昌

许昌的整体可持续发展水平位列第65。许昌在"生活垃圾无害化处理率"、"一般工业固体废物综合利用率"与"单位工业总产值废水排放量"方面分别排在第一、第12与第16名，但在"人均水资源量"、"第三产业增加值占GDP比重"与"人均社会保障和就业财政支出"方面分别排在第93、第95与第98名。

（六十六）济宁

济宁的整体可持续发展水平位列第66。济宁在"生活垃圾无害化处理率"、"人均城市道路面积"与"污水处理厂集中处理率"方面分别排在第一、第16与第23名，但在"GDP增长率"、"单位工业总产值废水排放量"与"人均社会保障和就业财政支出"方面分别位列第89、第89和第97。

（六十七）吉林

吉林的整体可持续发展水平位于第67名。其在"人均社会保障和就业财政支出"、"人均水资源量"与"污水处理厂集中处理率"方面分别排在第12、第16和第16名，但在"GDP增长率"、"单位工业总产值废水排放量"与"生活垃圾无害化处理率"方面分别排在第98、第99与第99名。

（六十八）怀化

怀化的整体可持续发展水平位于第68名。怀化在"生活垃圾无害化处理率"、"一般工业固体废物综合利用率"、"财政性教育支出占GDP比重"与"人均水资源量"方面分别排在第一、第三、第十和第十名，但在"单

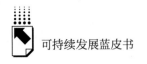

位 GDP 水耗"、"房价—人均 GDP 比"与"人均 GDP"方面分别排在第 91、第 94 与第 96 名。

（六十九）临沂

临沂的整体可持续发展水平位于第 69 名。临沂在"生活垃圾无害化处理率"、"城镇登记失业率"与"一般固体废物综合利用率"方面分别排在第一、第 22 和第 28 名，但在"财政性节能环保支出占 GDP 比重"、"财政性科学技术支出占 GDP 比重"与"人均社会保障和就业财政支出"方面分别排在第 89、第 94 和第 94 名。

（七十）韶关

韶关的整体可持续发展水平位于第 70 名。韶关在"人均水资源量"、"生活垃圾无害化处理率"与"财政性节能环保支出占 GDP 比重"方面分别排在第一、第一和第 14 名，但在"GDP 增长率"、"单位 GDP 水耗"与"单位工业总产值废水排放量"方面分别排在第 94、第 98 和第 100 名。

（七十一）安庆

安庆的整体可持续发展水平位于第 71 名。安庆在"生活垃圾无害化处理率"、"人均城市道路面积"与"财政性教育支出占 GDP 比重"方面分别位于第一、第 12 与第 20 名，但在"第三产业增加值占 GDP 比重"、"每万人拥有卫生技术人员数"与"单位 GDP 水耗"方面分别排在第 90、第 95 和第 97 名。

（七十二）郴州

郴州的整体可持续发展水平位于第 72 名。郴州在"人均水资源量"、"GDP 增长率"与"空气质量指数优良天数"方面分别排在第六、第 25 和第 26 名，但在"生活垃圾无害化处理率"、"人均城市道路面积"与"污水处理厂集中处理率"方面分别排在第 83、第 88 和第 88 名。郴州2018～

2019 年可持续发展综合排名下降 10 位，其中"生活垃圾无害化处理率"、"污水处理厂集中处理率"与"人均城市道路面积"单项指标排名变化较大，分别下降 82 位、50 位、和 39 位。

（七十三）岳阳

岳阳的整体可持续发展表现排在第 73 位。岳阳在"单位二、三产业增加值占建成区面积"、"GDP 增长率"与"人均水资源量"方面分别排在第 23、第 25 与第 31 名，但在"单位 GDP 水耗"、"每万人拥有卫生技术人员数"与"污水处理厂集中处理率"方面分别排在第 87、第 88 与第 96 名。

（七十四）铜仁

铜仁的整体可持续发展水平位于第 78 名。铜仁在"GDP 增长率"、"财政性教育支出占 GDP 比重"与"空气质量指数优良天数"方面分别排在第二、第三与第五名，但在"人均 GDP"、"生活垃圾无害化处理率"、"单位二、三产业增加值占建成区面积"与"人均城市道路面积"方面分别排在第 89、第 89、第 94 和第 97 名。

（七十五）遵义

遵义的整体可持续发展水平位于第 75 名。遵义在"GDP 增长率"、"财政性教育支出占 GDP 比重"与"单位工业总产值废水排放量"方面分别排在第三、第四与第六名，但在"生活垃圾无害化处理率"、"单位二、三产业增加值占建成区面积"与"人均城市道路面积"方面分别排在第 97、第 98 和第 99 名。

（七十六）牡丹江

牡丹江的整体可持续发展水平位于第 76 名。牡丹江在"人均水资源量"、"单位工业总产值废水排放量"与"人均社会保障和就业财政支出"方面分别排在第五、第九和第 15 名，但在"GDP 增长率"、"单位

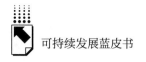

GDP 水耗"与"污水处理厂集中处理率"方面分别排在第 99、第 99 与第 100 名。

（七十七）开封

开封的整体可持续发展水平位列第 77 名。开封在"单位工业总产值二氧化硫排放量"、"财政性节能环保支出占 GDP 比重"与"单位 GDP 能耗"方面分别排在第 13、第 28 和第 31 名，但在"单位二、三产业增加值占建成区面积"、"生活垃圾无害化处理率"与"空气质量指数优良天数"方面分别排在第 87、第 89 和第 92 名。

（七十八）保定

保定的整体可持续发展水平位于第 78 名。其在"单位 GDP 水耗"、"财政性节能环保支出占 GDP 比重"与"财政性教育支出占 GDP 比重"方面分别排在第二、第四和第九名，但在"人均 GDP"、"城镇登记失业率"与"空气质量指数优良天数"方面分别排在第 90、第 95 与第 99 名。保定 2018～2019 年可持续发展综合排名上升 15 位，其中"一般工业固体废物综合利用率"、"财政性节能环保支出占 GDP 比重"与"人均城市道路面积"单项指标排名变化显著，分别上升 25 位、24 位和 21 位。

（七十九）赣州

赣州的整体可持续发展水平位于第 79 名。赣州在"生活垃圾无害化处理率"、"GDP 增长率"与"财政性教育支出占 GDP 比重"方面分别排在第一、第四和第六名，但在"人均 GDP"、"每万人拥有卫生技术人员数"、"单位二、三产业增加值占建成区面积"、"污水处理厂集中处理率"与"单位 GDP 水耗"方面分别排在第 92、第 92、第 92、第 92 和第 96 名。

（八十）大同

大同的整体可持续发展水平位于第 80 名。该在"生活垃圾无害化处理率"、"财政性教育支出占GDP比重"与"第三产业增加值占GDP比重"方面分别排在第一、第19和第21名,但在"每万人城市绿地面积"、"单位二、三产业增加值占建成区面积"与"单位GDP能耗"方面分别排在第87、第90和第95名。

(八十一)固原

固原的整体可持续发展水平位于第81名。其在"财政性教育支出占GDP比重"、"财政性节能环保支出占GDP比重"与"人均城市道路面积"方面分别排在第一、第一和第十名,但在"人均GDP"、"房价—人均GDP比"、"单位二、三产业增加值占建成区面积"与"单位工业总产值二氧化硫排放量"方面分别排在第99、第99、第99和第100名。固原2018~2019年可持续发展综合排名上升14位,其中"人均社会保障和就业财政支出"、"单位工业总产值废水排放量"和"人均城市道路面积"单项指标排名变化显著,分别上升73位、23位和19位。

(八十二)黄石

黄石的整体可持续发展水平位于第82名。黄石在"生活垃圾无害化处理率"、"人均社会保障和就业财政支出"与"人均水资源量"方面分别排在第一、第27和第37名,但在"每万人城市绿地面积"、"第三产业增加值占GDP比重"与"每万人拥有卫生技术人员数"方面分别排在第95、第97和第99名。黄石2018~2019年可持续发展综合排名下降13位,其中"每万人拥有卫生技术人员数"、"一般工业固体废物综合利用率"和"城镇登记失业率"单项指标排名变化显著,分别下降65位、37位和25位。

(八十三)泸州

泸州的整体可持续发展水平位于第83名。泸州在"生活垃圾无害化处理率"、"一般工业固体废物综合利用率"与"财政性教育支出占GDP比

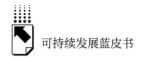
重"方面分别排在第一、第 13 和第 14 名，但在"单位二、三产业增加值占建成区面积"、"污水处理厂集中处理率"与"第三产业增加值占 GDP 比重"方面分别排在第 89、第 93 和第 96 名。

（八十四）汕头

汕头的整体可持续发展表现排在第 84 位。该市在"单位 GDP 能耗"、"空气质量指数优良天数"和"一般工业固体废物综合利用率"方面分别排在第 20、第 21 和第 23 名，但在"每万人拥有卫生技术人员数"、"每万人城市绿地面积"、"人均城市道路面积"与"人均社会保障和就业财政支出"方面分别排在第 97、第 97、第 98 和第 100 名。

（八十五）南阳

南阳的整体可持续发展水平位于第 85 名。南阳在"污水处理厂集中处理率"、"单位 GDP 能耗"与"财政性教育支出占 GDP 比重"方面分别排在第五、第 17 和第 22 名，但在"每万人拥有卫生技术人员数"、"单位二、三产业增加值占建成区面积"与"人均社会保障和就业财政支出"方面分别排在第 91、第 91 和第 93 名。

（八十六）邯郸

邯郸的整体可持续发展表现排在第 86 位。邯郸"生活垃圾无害化处理率"、"单位 GDP 水耗"与"财政性节能环保支出占 GDP 比重"方面分别排在第一、第三和第 12 名，但在"人均社会保障和就业财政支出"、"空气质量指数优良天数"与"人均水资源量"方面分别排在第 96、第 98 和第 99 名。

（八十七）宜宾

宜宾的整体可持续发展水平位于第 87 名。宜宾在"生活垃圾无害化处理率"、"GDP 增长率"与"一般工业固体废物综合利用率"方面分别排在第一、第七和第七，但在"第三产业增加值占 GDP 比重"、"财政性科学技术支出占 GDP 比重"与"每万人城市绿地面积"方面分别排在第93、第93与第98名。

（八十八）大理

大理的整体可持续发展表现排在第88位。大理在"生活垃圾无害化处理率"、"空气质量指数优良天数"与"财政性节能环保支出占 GDP 比重"方面分别排在第一、第一和第三名，但在"人均 GDP"、"每万人城市绿地面积"与"一般工业固体废物综合利用率"方面分别排在第93、第96和第96名。

（八十九）乐山

乐山的整体可持续发展水平位于第89名。乐山在"生活垃圾无害化处理率"、"人均水资源量"与"GDP 增长率"方面分别排在第一、第四和第15名，但在"城镇登记失业率"、"单位工业总产值废水排放量"与"财政性科学技术支出占 GDP 比重"方面分别排在第93、第96和第100名。

（九十）平顶山

平顶山的整体可持续发展表现排在第90位。平顶山在"生活垃圾无害化处理率"、"污水处理厂集中处理率"与"城镇登记失业率"方面分别排在第一、第六和第38名，但在"空气质量指数优良天数"、"人均社会保障和就业财政支出"与"每万人城市绿地面积"方面分别排在第83、第89和第91名。

（九十一）丹东

丹东的整体可持续发展水平位于第91名。其在"生活垃圾无害化处理率"、"污水处理厂集中处理率"与"财政性教育支出占 GDP 比重"方面分别排在第一、第八和第33名，但在"每万人城市绿地面积"、"空气质量指

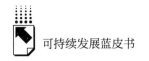

数优良天数"与"人均社会保障和就业财政支出"方面分别排在第89、第90和第92名。

（九十二）湛江

湛江的整体可持续发展水平位于第92名。其在"生活垃圾无害化处理率"、"一般工业固体废物综合利用率"与"空气质量指数优良天数"方面分别排在第一、第15和第23名，但在"人均社会保障和就业财政支出"、"财政性科学技术支出占GDP比重"与"财政性节能环保支出占GDP比重"方面分别排在第88、第90和第96名。

（九十三）天水

天水的整体可持续发展水平位于第93名。天水在"生活垃圾无害化处理率"、"污水处理厂集中处理率"与"财政性教育支出占GDP比重"方面得分较高，分别排在第一、第一和第二名，但在"人均GDP"、"房价—人均GDP比"与"每万人城市绿地面积数"方面得分最低，均位列第100。

（九十四）南充

南充的整体可持续发展水平位于第94名。南充在"生活垃圾无害化处理率"、"单位工业总产值废水排放量"与"单位工业总产值二氧化硫排放量"方面得分较高，分别位列第一、第二和第八，但在"财政性科学技术支出占GDP比重"、"房价--人均GDP比"、"人均GDP"与"单位二、三产业增加值占建成区面积"方面得分较低，分别位列第91、第91、第94和第94。

（九十五）曲靖

曲靖的整体可持续发展水平位于第95名。曲靖在"空气质量指数优良天数"、"生活垃圾无害化处理率"与"财政性教育支出占GDP比重"等方面得分较高，分别为第一、第一和第八名，但在"每万人拥有卫生技术人员数"、"单位工业总产值二氧化硫排放量"与"财政性科学技术支出占GDP比重"方面得分较低，分别位于第98、第98和第99名。

（九十六）海东

海东的整体可持续发展水平位于第96位。海东在"财政性节能环保支出占GDP比重"、"财政性教育支出占GDP比重"与"人均城市道路面积"等方面得分较高，分别位列第二、第五和第七，但在"财政性科学技术支出占GDP比重"、"每万人城市绿地面积"与"每万人拥有卫生技术人员数"方面得分较低，分别位列第98、第99和第100。

（九十七）齐齐哈尔

齐齐哈尔的整体可持续发展水平位于第97名。齐齐哈尔在"财政性教育支出占GDP比重"、"人均社会保障和就业财政支出"与"空气质量指数优良天数"方面分别排在第13、第18和第20名，但在"人均GDP"、"房价—人均GDP比"、"单位工业总产值废水排放量"与"生活垃圾无害化处理率"方面分别排在第98、第98、第98和第100名。

（九十八）锦州

锦州的整体可持续发展表现排在第98位。锦州在"人均社会保障和就业财政支出"、"污水处理厂集中处理率"与"财政性教育支出占GDP比重"等方面分别排在第13、第40和第50名，但在"每万人拥有卫生技术人员数"、"生活垃圾无害化处理率"与"城镇登记失业率"方面分别排在第93、第95和第99名。

（九十九）渭南

渭南的整体可持续发展水平位于第99名。渭南在"一般工业固体废物综合利用率"、"人均城市道路面积"与"财政性教育支出占GDP比重"方面得分较高，分别位列第二、第六和第12，但在"空气质量指数优良天

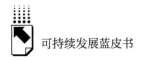

数"、"单位工业总产值废水排放量"与"单位工业总产值二氧化硫排放量"方面得分较低，分别位列第94、第94和第99。

（一百）运城

运城的整体可持续发展表现排在第100位。运城在"财政性教育支出占GDP比重"、"财政性节能环保支出占GDP比重"与"城镇登记失业率"方面分别排在第18、第20和第26名，但在"人均GDP"、"单位二、三产业增加值占建成区面积"与"单位GDP能耗"方面分别位列第97、第97和第100。

参考文献

2013、2014、2015、2016、2017、2018、2019年度《中国统计年鉴》。

2013、2014、2015、2016、2017、2018、2019年30个省、自治区、直辖市的统计年鉴以及部分城市的统计年鉴。

2013、2014、2015、2016、2017、2018、2019年《中国城市统计年鉴》。

2012、2013、2014、2015、2016、2017、2018年《中国城市建设统计年鉴》。

2012、2013、2014、2015、2016、2017、2018年100座城市的国民经济和社会发展统计公报。

2012、2013、2014、2015、2016、2017、2018年100座城市的财政决算报告。

2012、2013、2014、2015、2016、2017、2018年30个省、自治区、直辖市的水资源公报以及部分城市的水资源公报。

高德地图：《2019年度中国主要城市交通分析报告》。

专题篇

Special Report

B.5
新形势下中国落实可持续发展
议程的政策与实践

刘向东*

摘　要： 2019 年底突如其来的新冠肺炎疫情给中国乃至全世界的可持续发展带来挑战，疫情本身是对生命健康和环境健康的破坏，致使经济遭遇衰退，社会陷入失序。作为受疫情冲击最早的国家，中国自然遭遇史无前例的负面冲击，经济增长出现大幅下滑，社会民生可负担性受到挑战，各地落实可持续发展议程遭遇阻力。中国及时采取温和有力的经济刺激政策，全面做好疫情防控的同时，优先保障就业和托底民生，继续使用绿色经济金融政策等工具，促进经济加快实现包容、韧性

* 刘向东，中国国际经济交流中心经济研究部副部长，研究员，博士，研究方面：宏观经济、产业政策、可持续发展等。

和可持续复苏。鉴于疫情全球蔓延且仍有反复可能，要高质量推进联合国 2030 年可持续发展议程，中国仍需出台系统的应对方案，动态地保持经济、社会、环境三者相互作用下有质量的平衡，推动中国经济实现强劲、包容、可持续增长。

关键词： 新冠肺炎疫情　防控常态化　可持续发展　经济－社会－环境

　　2019 年底突如其来的新冠肺炎疫情全球大流行，对中国及全球的经济、社会和环境的可持续发展构成不小挑战，可能让联合国 2030 年可持续发展议程（涵盖经济、社会和环境等方面的 17 个目标）① 的推进遭遇一定挫折。从中国的实践看，疫情虽然带来不小的负面冲击，但通过及时采取严格的防控政策和重启经济的计划，有效保持经济社会环境的可持续发展，特别是加大公共卫生健康领域的补短板力度，持续改善民生和加强环境保护，不让疫情的短期冲击影响到中国可持续发展议程的实施效果。

一　疫情给落实联合国2030年可持续发展议程带来挑战

　　此次新冠肺炎疫情已引发全球大流性的公共卫生危机，而且充分暴露出全球可持续发展系统潜在的脆弱性，尤其表现在经济、社会与环境各子系统受到冲击后相互之间的交叉传染。此次公共卫生危机几乎引发了全球经济的集体衰退，而在叠加贸易保护主义影响下导致社会福利下降甚至部分国家的社会骚乱，进而对环境可持续发展造成威胁。

---

　　① 2015 年 9 月 25 日，联合国 193 个成员国在纽约举行的联合国可持续发展首脑会议上通过了《变革我们的世界：2030 年可持续发展议程》，即今后 15 年（2016～2030 年）新的全球目标，包括了 17 项可持续发展目标以及 169 项细分目标，https：//www. un. org/sustainable development/zh/sustainable – development – goals/。

（一）经济增长可持续发展面临严峻冲击

全球范围内，疫情导致全球经济活动陷入停顿或前所未有的下滑，由此带来的负面冲击已使 2020 年世界经济陷入集体衰退，而且有可能是自 1929 年美国大萧条以来最严重的经济衰退，危机严重程度将超过 2008 年的国际金融危机。

1. 世界经济面临陷入集体性衰退风险

很多国际机构对世界经济有可能陷入大萧条表示较大的担忧。国际货币基金组织（International Monetary Fund，IMF）、世界银行、世界贸易组织（World Trade Organization，WTO）以及联合国等国际组织纷纷下调对 2020 年及 2021 年的经贸预测，并对疫情带来的不确定性影响做出较为悲观的展望。比如，2020 年 6 月 IMF 发布的《世界经济展望报告》大幅下调了对 2020 年的全球经济预测，由同年 4 月预测的 - 3.0% 下调至 - 4.9%，其中对 2020 年中国经济增速预测值由 1.2% 下调至 1.0%，即中国可能是 2020 年唯一有望实现增长的主要经济体①（见表 1）。尽管 IMF 预计 2021 年全球经济增速将反弹至 5.4%，但出于疫情有可能出现反复的担忧，让一些国际机构担心这种 V 型的复苏难以如期实现，世界经济复苏有可能呈现 W 型、U 型抑或是 L 型的复苏进程。

表 1　疫情影响下 IMF 对 2020～2021 年世界主要经济体的增长预测

单位：%

国家	2009 年	2019 年	2020 年 （4 月预测）	2021 年 （4 月预测）	2020 年 （6 月预测）	2021 年 （6 月预测）
美国	- 2.54	2.33	- 5.91	4.74	- 8.0	4.5
日本	- 5.42	0.65	- 5.16	3.01	- 5.8	2.4
德国	- 5.56	0.57	- 6.95	5.15	- 7.8	5.4
英国	- 4.25	1.41	- 6.50	4.04	- 10.2	6.3

---

① IMF, "World Economic Outlook: A Crisis Like No Other, An Uncertain Recovery", Update, June 24, 2020, https://www.imf.org/en/Publications/WEO/Issues/2020/06/24/WEOUpdateJune2020.

续表

国家	2009 年	2019 年	2020 年 （4 月预测）	2021 年 （4 月预测）	2020 年 （6 月预测）	2021 年 （6 月预测）
法国	-2.87	1.31	-7.18	4.47	-12.5	7.3
意大利	-5.48	0.30	-9.13	4.83	-12.8	6.3
加拿大	-2.93	1.64	-6.23	4.25	-8.4	4.9
巴西	-0.12	1.13	-5.30	2.89	-9.1	3.6
俄罗斯	-7.82	1.34	-5.47	3.50	-6.6	4.1
印度	8.48	4.23	1.87	7.43	-4.5	6.0
中国	9.20	6.11	1.18	9.21	1.0	8.2
南非	-1.54	0.15	-5.80	4.00	-8.0	3.5
韩国	0.79	2.03	-1.18	3.40	-2.1	3.0
全世界	-0.07	2.90	-3.03	5.80	-4.9	5.4

资料来源：IMF "World Economic Outlook"，June &April 2020。

2. 中国经济遭遇前所未有的下行压力

中国较早遭遇疫情的负面冲击，也较早采取疫情防控措施，但仍不可避免的是经济的可持续性遭受破坏。国家统计局数据显示，2020 年一季度中国经济增速下降6.8%，这是自1992 年中国开始进行 GDP 季度报告以来首次出现下降。此后，中国政府采取严格防控措施及时遏制疫情蔓延，并因地制宜地启动经济，二季度经济增速虽有反弹，但因受疫情对外围经济冲击的拖累以及叠加贸易保护主义的干扰，仍难以回升至2019 年的同期水平。2020 年的政府工作报告打破了1997 年以来形成的每年设定预期增长目标的惯例，首次没有公布 GDP 的政府预期目标，而是把就业和民生目标摆在更加突出的位置。2020 年的政府工作报告指出，受全球疫情冲击，国内消费、投资、出口等均遭遇下滑，中小微企业和就业压力显著加大，基层财政收支矛盾更加突出，金融等领域的风险有所积聚①。2020 年 5 月 28 日，国务院总理李克强在记者会上答记者问时提到"中国有6 亿人每个月的收入也就

---

① 李克强：《政府工作报告》，2020 年 5 月 22 日，第十三届全国人民代表大会第三次会议，http://www.gov.cn/guowuyuan/zfgzbg.htm。

1000 元"引发关注讨论。由此反映出的忧虑是，疫情对困难群众生活的冲击可能引发严重的经济社会问题，有可能使城乡收入差距再次拉大，并加剧居民收入不平等，增加世代之间的发展"赤字"。

3. 中国乃至全球产业链供应链脆弱性凸显

有研究表明，疫情对全球经济和贸易的影响沿着供应链扩散是很有可能的，且贸易受到重创的时间可能不会很短[1]。疫情对经济可持续发展的威胁表现为全球范围的产业链供应链循环受阻，特别是交通物流受阻、需求萎缩、中小企业资金中断压力等问题，造成了全球上下游供应链不通畅，国际贸易和投资均出现了大幅度萎缩，全球产业链和供应链的正常运转面临挑战。2020 年 4 月 WTO 对全球贸易前景的预测显示，2020 年全球贸易增速乐观情形将下降至 – 12.9%，而悲观情形则将下降至 – 31.9%[2]。由此疫情带来各国对供应链安全的担忧，美国、日本等经济体已着手引导关键制造企业向本土回流或从中国分散转移至东南亚等地区，这可能会加剧全球产业链供应链的不稳定、不可持续。作为世界工厂的中国不可避免地受到境外疫情扩散蔓延的冲击，面临着加速转移、供给中断、环节割裂、链路失控等风险[3]，尤其是暴露出长期积累的深层次的薄弱环节，特别是备受关注的芯片、人工智能、操作系统、高端装备以及婴幼儿奶粉原料、抗疫必需的额温枪传感器部件等都曾面临着国际供应的暂时中断和被保护主义遏制的问题。从安全可靠角度讲，加快核心产业链供应链的本土布局将成为不可回避的议题，这可能会对全球产业链供应链的可持续发展构成挑战。从可持续发展角度讲，确保全球产业链供应链稳定应当成为国际社会共同的需要，但当前国际合作形势并不乐观，以邻为壑的保护主义可能使产业运行偏离正常轨道，意味着将来世界面临供应不确定性增加、生产力下降和生活水平下降等突出问题。

---

① 〔瑞士〕理查德·鲍德温（Richard Baldwin）、〔日〕富浦英一（Eiichi Tomiura）：《新冠疫情对贸易的影响机制》，《中国经济报告》2020 年第 3 期。

② WTO，"Trade Set to Plunge as COVID – 19 Pandemic Upends Global Economy"，April 8, 2020，https://www.wto.org/english/news_ e/pres20_ e/pr855_ e. htm.

③ 顾学明、林梦：《全方位构建后疫情时期我国供应链安全保障体系》，《国际经济合作》2020 年第 3 期。

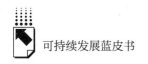

（二）社会民生的可负担性受到极大威胁

公共卫生危机就是一场社会危机。社交隔离叠加物流受阻让居民就业工作、医疗健康、教育养老、社会生活等各项活动受到诸多限制，无论是发达国家还是发展中国家，疫情面前都面临失业率上升、财收减少和支出增加的负担，家庭、企业等资产负债表可能出现恶化，部分民众特别是低收入者可能陷入贫困。而且，疫情带来的心理恐慌和社会福利的下降还可能引发社会的不稳定。

1. 中国完成2020年扶贫攻坚任务面临较大挑战

疫情影响下，贫困仍然是当今世界面临的最大挑战。国际劳工组织认为，疫情影响下 2020 年全球贫困人口或将增加 880 万至 3500 万人，扭转过去 20 多年贫困率下降趋势；而世界银行的预测更为悲观，认为疫情有可能导致 4000 万~6000 万人口陷入极度贫困①。2020 年 4 月 9 日，国际慈善组织乐施会表示，如果不加快实施支持最贫困国家的计划，新型冠状病毒危机可能使世界上 5 亿人口陷入贫困。贫困并非简单以收入来测量，而是涉及教育、卫生、生活条件等多方面的复杂问题。对中国来说，此次疫情造成就业压力增大，居民收入增速放缓，部分贫困户面临重新返贫的可能，2020 年全面完成脱贫攻坚任务面临着不小的压力。

2. 中国面临的医疗卫生补短板压力陡增

尽管 2003 年"非典"事件让突发公共卫生危机应对机制有了长足发展，但此次疫情仍暴露出公共卫生体系存在的安全隐患，包括传染病直报系统不完善、疫情防控应急管理能力不足，以及人口集中地医务人员配置不够等诸多问题。很多地区仍面临持续提高每千人口医务人员比例的压力，尤其是偏远乡村地区缺医少药问题更为突出，人口健康、生物安全领域的科技创新能力还存在一定短板。同时，中国公共卫生领域人才供给不足问题也很突出。

---

① The Committee for the Coordination of Statistical Activities（CCSA）："How COVID – 19 is Changing the World：A Statistical Perspective"，https：//www.wto.org/english/tratop_e/covid19_e/ccsa_publication_e.pdf.

3. 疫情还给教育和社会保障带来不利影响

疫情给各国教育造成不同程度的冲击，实现联合国 2030 年可持续发展议程教育目标①面临更严峻的挑战。疫情蔓延使正常的教学中断，让有质量的教育遭遇威胁。很多学校不得不停课或转为在线，更多注重线下体验的教育机构被迫停摆或关闭。学校关闭已经对全世界 90% 以上的学生产生影响。在此情境下，学生接受优质教育的程度不可避免地受到极大影响。特别是，缺乏自控力的中小学生每天上网课，则会遭遇网络游戏的诱惑而疏于学业，而高中和大学毕业生则面临高考延迟和返校就业压力，出国留学人员更是面临海外疫情蔓延和交通管制而不能正常留学的境况。疫情影响下，失业裁员问题已威胁到社会保障的可持续性，给离开工作岗位、依赖社会保障的人员带来更大的负担，也使得财政性教育支出、人均社保财政支出等面临更大的不可持续风险。

（三）人与自然共生的良性循环被迫搁置

新冠病毒的蔓延传播使人接触的各种环境受到病毒污染，而疫情影响下社会生产活动更是因此陷入暂时停滞，一定程度上将减少资源消耗和污染物及二氧化碳的排放，生态治理保护也可能会被动得到改善，但疫情并未削减可持续发展问题的重要性和紧迫性，也并不意味着被动隔离情况下人与自然的和谐共生将是一种环境可持续的状态，反而可能使生态环境保护的支持行动陷入被边缘化的尴尬境地，特别是考虑到此次新冠病毒本身可能源自人类对自然环境的破坏。尽管这一结论并未被证实，但疫情危机带来的警醒是，人类需要重新思考人与自然能否真的做到和谐共生，特别是疫后生态环境的可持续性是否还能得以实现。

1. 疫情导致资源消耗和排放被动减少将是暂时性的

疫情防控造成交通运输停顿，工业生产放缓，而人类活动的消停，也使

---

① 到 2030 年实现 1 项教育总目标，即"确保为每一个人提供包容、公平、有质量的教育和终身学习机会"，以及涵盖学前教育、中小学教育、高等教育、职业教育、教师培养、教育国际合作等各方面的 7 项具体目标和 3 项执行层面工作目标。

得能源消耗减少，温室气体排放减少。据国际能源署预计，受疫情影响，2020年全球温室气体排放将下降约8%，远远超过2009年金融危机时1.4%的下降①。经验表明，经济下行引发的被动消耗和排放下降可能只是暂时性的，一旦经济恢复，资源消耗和温室气体排放也会随之反弹。国家能源局数据显示，2020年5月中国全社会用电量同比增长4.6%，这表明疫情得到有效防控后经济发展驱动电力消耗重新增加。在能源结构不变的情况下，电力消耗增加意味着温室气体排放的增加。值得警惕的是，疫情影响下全球气候变化可能造成极端天气频发，包括各种台风洪涝、山火冰融，特别是南北极业已出现极端的气温上升现象，这将对经济社会构成新的威胁。2020年5月以来，中国南方地区频发洪涝灾害，多个城市被洪水冲击，给人民的生命财产带来伤害，这不排除与全球温室气体排放的关联影响。

2. 新冠病毒打破了人类生命健康与自然环境健康的平衡

新冠病毒在人与人之间的传播，以及人与动物之间不明原因的传导，明确地显示出人类本身是非常脆弱的。实践证明，人体健康与环境健康直接相关联。倘若人为破坏生态环境，打破人与自然的和谐共生，自然界就会产生反噬人类的病毒，埃博拉、中东呼吸综合征、SARS等几乎所有病毒的爆发都源于受到侵害的动物，并通过各种途径传播到人类身上，极大地威胁了人类健康。当前虽尚不能证明病毒产生的根源与气候变化等环境变化有关，但事实上两者是存在着相互作用的。新冠病毒传染性强的特点增加了人们接触病毒的风险，令很多人获得清洁水和食物、获得健康生活居住空间以及实现城市的包容、安全和更具弹性的发展变得更加困难。新冠病毒虽然致死率并不高，但却把患有基础病或年老体弱以及生活在贫困中的人群置于较为危险境地。中国有高血压人口2.7亿人，高血脂人口超1亿人，糖尿病患者达9240万人，这类人口对抵御病毒入侵的能力普遍较弱，疫情使其陷入具有致命危险的风险之中。作为人口基数庞大和日益老龄化的社会，中国

---

① 马尼希·巴布纳（Manish Bapna）：《后疫情时代，人类如何可持续发展?》，《光明日报》2020年5月22日，第12版。

不可避免地承受着病毒对人类健康的威胁，也承受着环境健康日益恶化的威胁。

3. 疫情引致可再生能源发展陷入被动局面

受疫情冲击，全球需求大幅减少，国际化石能源价格出现大幅下跌，特别是国际油价一度跌至负值，促使化石能源更具有竞争力。倘若疫情持续使化石能源价格保持在低位，反而会打击世界各国利用可再生能源的积极性。作为油气资源的重要消费国，中国可能从油气价格下跌中受益，但长此以往可能对通过大规模补贴好不容易发展起来的可再生能源造成挑战，使其性价比相对不高，进而会产生连锁反应，如在应对气候变化问题上，中国履行自主减排目标的承诺变得更加艰难。

二 严格防控疫情前提下促进可持续发展的政策应对

面对疫情对落实可持续发展目标的挑战，世界各国都在努力做好防控疫情的同时重启经济、保障民生、削减对生态环境的破坏。为此，各国先后出台许多刺激计划和政策措施，积极促进经济恢复、社会稳定和环境改善。总体来看，为对抗此次疫情的不利影响，世界各国政府和国际机构调动了规模超过 10 万亿美元的资金，采取大规模的公共卫生和经济危机应对行动，包括更加积极的财政政策和更加宽松的货币政策，帮助企业和民众渡过封锁限制带来的生活生存难关。作为最先受到疫情冲击的国家，中国采取严格的疫情防控措施并在取得积极成效后，及时出台重振经济复苏和消费回补计划，加大对就业和民生的扶持，现已取得积极成效。中国现已推出 90 多项政策措施，包括全面强化稳就业的重要举措，保障湖北等受疫情影响较大地区困难群众基本生活和基层公共服务正常运转，帮扶中小微企业渡过难关，保证粮食安全和煤电油气稳定供应，确保了产业链供应链安全稳定。同时，中国也不会因受疫情影响就找理由降低对生态环境保护的要求，积极在承受范围之内继续践行新发展理念，加快落实联合国 2030 年可持续发展议程。

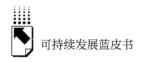

（一）采取稳妥有序地启动经济复苏的政策措施

在实施武汉封城等措施有效控制住疫情蔓延后，中国积极采取措施在疫情防控常态化情境下及时推动复工复产，释放被抑制和升级的消费需求。在推动复工复产和促进消费回升方面，从中央到地方纷纷采取各种"双管齐下"的政策措施，从供、需两端推进生产和消费的适配畅通，有效缓解疫情给人们经济生活带来的困扰。

1. 采取更积极的财政货币政策对冲疫情负面冲击

在经历两个多月的疫情防控之后，中国政府迅速出台了一系列以救济纾困为重点的宏观经济政策。自 2020 年 4 月以来，中国加快统筹推进疫情防控和经济社会发展各项政策措施，并逐步引导相关政策落实到位，包括投放合理充裕的流动性和有针对性的减税降费、减租减息等财政货币政策措施。疫情防控初期，中国人民银行就投放流动性并设立 3000 亿元防疫专项再贷款，其中专项再贷款中一半以上投向中小微企业，而且增加 5000 亿元再贷款再贴现额度，对中小银行实施定向降准，有效缓解中小微企业融资难融资贵问题，降低因流动性困境而破产的可能性。中国还实施更加积极的财政政策，提高 2020 年财政赤字率至 3.6% 及以上，提前下放并扩大地方政府专项债券 3.75 万亿元，发行 1 万亿元抗疫特别国债等，通过建立特殊转移支付机制，解决县市等基层单位的财政困难问题，同时提高专项债券用作项目本金的比例，稳定和扩大有效投资，特别是加大对医疗应急物资的保障，有效恢复重要物资生产供给，以此应对疫情对供需产生的收缩影响，稳定经济的基本盘。

2. 加大政府让利力度促进消费回补和潜力释放

2020 年 2 月下旬，疫情防控最为吃紧时，中国政府就谋划启动积极扩大有效需求，促进消费回补和潜力释放。同年 3 月后，中国政府连续出台促进消费的政策，把被抑制、被冻结的消费释放出来，特别是提高居民消费的可持续性，努力把在疫情防控中催生的新型消费、升级消费培育壮大起来。2020 年 3 月 13 日，中央 23 个部委联合发布《关于促进消费扩容提质加快形成强大国内市场的实施意见》，分别从大力优化国内市场供给、重点推进文化旅游休闲消费提质升级、着力建设城乡融合消费网络、加快构建"智能＋"消费生态体系、持续提升居民消费能力、全面营造放心消费环境六个方面提出 19 项具体措施。可以说，这一指导意见从供、需两端提出了标本兼治的政策措施，既着眼于疫情期间的消费回补，也关注疫情结束后的消费释放，更有意培育形成强大的内需市场。在促进消费的政策引导下，各地纷纷采取措施促进消费回补和释放的"新政"，包括实施发放消费券、补贴新能源汽车等重点商品等具体政策举措，推动网络购物和无接触经济发展，引导消费信心回升，持续促进消费回暖，加快形成强大国内消费大循环。

3. 制定促进产业链供应链稳定安全的政策举措

在支持各地出台促进复工复产的基础上，中国还采取稳外贸和稳外资等畅通内外经济循环的重要措施，支持各地出台相关稳外贸稳外资的具体举措，有效稳住国内外市场的联通联动。为进一步谨防海外疫情及叠加的保护主义对全球产业链供应链的冲击和破坏，中国优先做好自己的事情，为此还出台进一步深化改革开放的政策措施，通过营造一流的营商环境，缩减各类负面清单，制定更便利的外资促进和保护政策，引导外商继续稳定和扩大在中国的投资生产，维持内外产业链供应链的安全稳定，同时还积极采取相应措施帮助外贸企业开拓海外市场，包括支持开展线上广交会、进博会、服贸会等具体的利民措施，加快推动形成国内国际相互促进的双循环新发展格局。

（二）把保障就业和托底民生摆在突出位置

如前所述，2020 年的政府工作报告中并没有设定经济增长预期目标，而是把稳定就业和保障民生摆在突出位置，在扎实做好稳就业、稳金融、稳外贸、稳外资、稳投资、稳预期（以下简称六稳）工作的基础上，全面落实"保居民就业、保基本民生、保市场主体、保粮食能源安全、保产业链供应链稳定、保基层运转任务"（以下简称六保），其中尤为突出的就是保

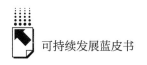
障就业和兜底民生，旨在确保完成 2020 年决战决胜脱贫攻坚目标任务，全面建成小康社会。在此目标导向下，中央及地方纷纷出台强化就业优先的政策和兜底民生的政策措施。

1. 加大保障受疫情影响较大的重点群体的稳定就业

为有效应对疫情对下岗失业人员、高校毕业生、农民工、退役军人和其他困难群体就业的冲击，2020 年 3 月 20 日，国务院办公厅印发《关于应对新冠肺炎疫情影响强化稳就业举措的实施意见》，以更好地实施就业优先政策，引导农民工安全有序转移就业，拓宽高校毕业生就业渠道，加强困难人员兜底保障，完善职业培训和就业服务，压实就业工作责任。与此同时，地方政府也纷纷出台相关稳就业、促创业就业的政策措施，包括组织召开专场招聘会、实施以工代赈、鼓励更多市场主体吸纳就业、开展扶贫车间走进社区和乡村、实施再上岗技能培训、提供就业补贴和失业保险稳岗放缓等多管齐下的扶持政策，全面强化就业优先政策，确保千家万户端稳饭碗。

2. 采取各种措施救济纾困中小微企业

稳定中小微企业就是稳定就业和保障民生。为此，中央各部委、各地方政府和金融机构等纷纷出台要素保障、减税降费、财政补贴、金融支持、设立绿色通道、完善援企公共服务等方面的政策措施，积极扶持中小微企业渡过难关。为了更精准定向帮扶中小微企业维持正常运营，有些地方还增强对企业社保及用工的政策支持，包括阶段性减轻企业养老、失业、工伤保险单位缴费，实施包括失业保险稳岗返还、延长社会保险缴费期、职工培训费补贴、鼓励业主减免房租等减负降本措施，充分发挥全社会共同援企稳岗的积极作用。

3. 加大对能源和粮食安全的保障支持

粮食和能源安全是国家安全的生命线。为防控疫情，各地被迫实施社交隔离和设置各种检查关卡，致使粮食和能源等大宗商品的生产、流通和贸易出现梗阻，给人们日常生活带来不便。疫情影响下中国面临着口粮断供和能源供给吃紧的不小挑战。特别是，在多国出台政策禁止或限制本国粮食出口以及各国工厂或港口受到封锁的情况下，能源和粮食安全问题日渐突出。据统计，世界上预计有 1000 万名儿童可能面临急性营养不良，而面临严重粮食安全威胁的人数可达到 2.65 亿人①。2020 年 4 月，国家发展改革委等印发《关于 2020 年度认真落实粮食安全省长责任制的通知》，要求各地加强粮食应急保障能力建设，确保人民"手中有粮，心中不慌"。在疫情防控期间，国家能源主管部门支持各能源企业对居民生产生活用电用气等需求应保尽保，进一步完善能源供应储备和销售体系，确保对事关民生日常生活的能源供应起到基础性托底保障作用。

（三）注意使用侧重绿色的经济金融政策工具

疫情影响下，世界各国的关注焦点可能全部转向经济增长和社会民生，而在出台政策刺激经济过程中也可能重返牺牲环境获取高增长的老路。对此表示担忧不无道理。事实上，有些国家已开始放松环境管制措施，促进高耗能、高污染、高碳等产业的生产发展，以缓解经济停滞带来的社会压力，但显然这种做法对后代人满足其需要的能力会构成危害。为了谨防应对疫情危机的经济刺激政策引致不可持续的投资和消费，中国采取了较为温和的经济刺激政策，并在实施经济金融政策工具时，注意使用侧重于绿色发展和生态环保的市场化配置的措施，确保经济增长具有包容性、韧性和可持续性。

1. 经济产业发展继续坚持绿色低碳的方向

在制定经济复苏政策时，中国有针对性地采取绿色刺激措施，坚持践行新发展理念，切实促进绿色发展、低碳发展和循环经济发展，而不以短暂的对冲疫情影响而牺牲生态环境来刺激经济增长。在加大基础设施投资建设过程中，中国吸取 2008 年国际金融危机时的经验教训，注重以新发展理念为引领，加大对 5G 基站、特高压、城际高速铁路和轨道交通、新能源汽车充电桩、数据中心、人工智能、工业互联网等新型基建领域的投资，促进传统基础设施体系数字化、智能化和融合创新，为实现可持续发展提供基础性支

---

① 刘振民：《实现可持续发展，推动更好复苏》，新华网，http：//www.xinhuanet.com/world/2020－06/24/c_1210675462.htm，最后检索时间：2020 年 9 月 23 日。

撑。在推动产业升级和培育发展新动能方面，中央部委以及地方政府在出台发展规划和扶持政策方面都注重实施创新驱动发展战略，主动优化产业结构，推动环境友好型的战略性新兴产业发展，包括积极促进和扶持先进制造业和智能制造业发展，培育新兴产业集群，通过持续结构优化和技术改造，引导资金流向绿色低碳领域。中国还继续倡导绿色生活方式，鼓励和支持购置新能源汽车、使用节能家电及其他绿色节能和环保的耐用品，进一步降低单位产值的能耗、水耗、污染物排放和二氧化碳排放强度。从推进可持续发展议程实践看，即便面临疫情带来的经济冲击，国务院批复的6个"国家可持续发展议程创新示范区"都在按照既定目标推进经济发展。例如，山西太原市继续开发运用先进技术支撑工业废弃地的整治和绿化，探索推出资源型城市转型发展的"西山模式"；湖南省郴州市仍积极打造"水资源可持续利用与绿色发展"中国样本，有选择地发展与水资源环境承载力相适应的特色产业和环境友好产业。

2. 生态环保督查更注重经济、社会和环境的平衡

为更好平衡经济与社会、环境的协调发展，国家对生态环保督查的政策因疫情适当做出调整优化。自新冠肺炎疫情暴发以来，生态环境部出台了医疗废物环境管理、医疗废水和城镇生活污水监管、生态环境应急监测、医疗机构辐射安全监管服务保障等多项政策措施，确保疫情影响下环境健康得到有效治理。为支持企业更好地复工复产和切实做好"六保"工作，生态环境部适时调整生态环保监督执法和环评审批的通常做法，分别设立两个"正面清单"，继续做好污染物减排、治理保护、源头防控等工作，抓好生态保护与修复，而且想办法帮助生态环境问题比较突出的地方提高污染治理水平，积极做到"一地一策""一企一策"，把生态环保督查与经济发展有效地统筹协调起来，充分利用市场化的方法，壮大节能环保产业，真正让生态环境变成生产力，增强经济发展的韧性。而且，中国还及时通过立法等手段严惩捕杀、交易、食用野生动物行为，因地制宜地推行垃圾分类制度，加强对危险化学物品的管理，切实从以人为本的角度调整生态环保及其督查的机制和程序，促进人与自然和谐共生，改善疫情影响下的生态系统和健康环境。

3. 通过绿色金融等政策措施引导可持续发展

在引导金融机构加大对实体经济特别是小微企业、民营企业支持力度的同时，中国银保监会、证监会、人民银行等部门更好地发挥绿色信贷、绿色债券、绿色资产支持证券（ABS）可持续投资等金融服务支持的调节作用，引导资金更多地投向环境友好和绿色发展的生产流通和消费领域。截至2020年5月末，中国境内发行"贴标"绿色债券1031亿元，约占同期全球绿色债券发行规模的21.76%，其中2020年5月绿色债券发行规模同比增长了134.11%。在中央绿色发展机关政策的引导下，地方政府也纷纷支持绿色金融发展，各地已逐渐形成常态化与长效化发展机制，甚至针对疫情影响发行相关的抗疫绿色债券。例如，广东省政府发行了首只水资源领域绿色政府专项债券，用于支持珠江三角洲水资源配置工程项目建设。与此同时，企业发行的绿色企业债、绿色公司债、绿色中期票据规模和数量越来越大。

三 新形势下稳妥推进2030年可持续发展议程的建议

在疫情防控常态化的形势下，要避免疫情全球大流性对2030年可持续发展议程推进落实的影响，需要从保障人类共同健康角度把可持续发展问题摆在重要位置。从生命健康和生物安全角度，有必要进一步推进2030年可持续发展目标的实施与落地，统筹经济、社会和环境三者的协调与可持续发展，并把落实可持续发展议程纳入应对疫情和恢复经济的政策工具箱里。

（一）采取温和有力的政策措施，增强经济发展的韧性

面对疫情危机带来的经济冲击及由此产生的金融风险，需要认识到重启经济的紧迫性；但考虑到促进可持续发展的需要，需要尽量采取温和有力的手段以减轻大规模刺激政策的后遗症影响，增强经济增长的韧性。

1. 充分利用数字化工具提升经济增长韧性

出于疫情防控和人身健康的考虑，进一步支持各行业加速数字化转型，应进一步鼓励和支持发展网上购物、居家办公、远程会议等，建设更加网络

化、智能化、绿色化的经济，加快探索基础设施智能化改造，发展基于自然系统的可持续基础设施，加大对电动汽车充电桩、可再生能源利用、生态智慧和紧凑型城市建设等领域的投资，减少能源资源消耗，降低二氧化碳排放，完善环境卫生处理和垃圾分类系统，创造更加清洁的空气和水，增强城市应对气候变化的韧性。

2. 专注于向家庭和企业提供流动性和财政支持

做好"六稳"和"六保"工作是实现经济可持续发展的重要内容。财政和货币政策的着力点应专注于家庭和企业正常生活和正常运营，今后应进一步面向中低收入者和中小微企业提供定向的减费降费、减租降息、就业补贴、稳岗补助、新增贷款、贷款展期等财政资金支持和过渡性融资支持，确保家庭和企业不被动陷入贫困或破产，不因现金流不足而压垮和关停。

3. 进一步促进消费回暖和潜能释放

在疫情防控常态化形势下：进一步挖掘消费潜力，释放消费潜能，优化产品与服务供给，继续鼓励各地发放现金类消费券，刺激被抑制的餐饮、文旅等服务消费；引导汽车限购城市增加车辆牌照或提供相应财税优惠，支持制定奖补、减税等政策扩大可选消费，包括促进汽车、家电、家具等产品"以旧换新"和节能使用；严格遵循"房住不炒"总基调，支持因城施策适度调整限购政策，满足刚性或改善性住房需求；支持各地酌情实施降低门票价格、实施一周2.5天弹性休息和带薪休假等政策措施，有力促进餐饮住宿、休闲旅游、体育娱乐等消费回补；还可优化服务供给，扩大医疗健康、托幼养老、教育培训、文化体育等消费，增加5G技术应用催生的信息服务、安检升级催生的可穿戴设备、健康防疫催生的免疫力强化等消费，促进中长期消费潜力释放。

4. 共同促进全球产业链和供应链稳定安全

在做好疫情防控的情况下，进一步加强国际宏观经济协调，有序恢复人员、资金、物资、数据和技术等要素境内境外安全有序流动，尽可能地加快恢复现有供应链系统，使其稳定可持续运转，通过"稳外资"等促进和保护政策，加快促进跨国公司尽可能继续把全球价值链扎根中国，发挥好世界工厂"稳定器"的作用。还应按照市场经济规律，继续深化与跨国公司的深度合作，共同构建中国企业融入其中的全球价值链、产业链和供应链，同时在遵守国际规范和确保员工健康安全的前提下，共同反对破坏干扰全球产业链、供应链正常运转的保护主义行为，通过加强跨境贸易和投资的协作，持续增强全球供应链调整的韧性和快速恢复力。

（二）坚持以人为本的理念，切实保障就业和民生福祉

为最大限度降低疫情对就业和民生的影响，当前亟须采取实施就业优先的政策，特别针对大学毕业生、农民工等重点群体分类施策，给予更有倾斜性的兜底扶持政策，包括确保获得正规工作、确保获得优质保健、确保获得信息通信技术和互联网接入、确保获得健全的社会保障底线支持，着眼于2020年全面建成小康社会后的可持续脱贫问题。所有这些举措都是体现以人民为中心的思想，体现对人民生命健康的重视。借助此次疫情暴露出的人类生命健康安全短板问题，加快落实"健康中国"战略并丰富其内涵，以阻断传染病传播为出发点有效分散人口较为集中的居住地，同时制定科学的国民生命健康计划，引导人民科学饮食和健康管理，进一步展现更高质量的生命体征和发展内涵。

1. 采取暂时性和制度性相结合的就业优先政策措施

在疫情影响下，要进一步促进充分的生产性就业和确保人人获得更加体面的工作。继续扩大高校毕业生研究生招生规模，在2019年研究生扩招18.9万人基础上，进一步扩大定向培养研究生规模，提升研究生培养毕业门槛，增加研究生毕业难度和延期率；增加学校、医院和部队高校毕业生招入规模，必要时全面实施高校学生服兵役制度（服兵役时间可设定2年）；鼓励和支持大学生自主创业和从事以工代赈的公共服务岗位；支持政府直接帮助受疫情影响生存困难的中小微企业可暂付或代付一定的职工薪水。支持各企事业单位参与托幼保育机构、中小学校、教育培训和养老机构社会共建，共同集资增加托幼保育、课外培训、养老等供给；鼓励发展慈善组织、非政府组织等非营利机构。支持农民工返乡创业就业，落实返乡入乡创业政

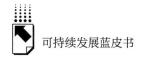
策，扶持发展扶贫车间，加大以工代赈规模，开发一批消杀防疫、保洁环卫等临时性公益岗位，引导返乡农民工参加农村基础设施建设、到新型农业经营主体就业生产；加快推出农民工市民化的安居房工程，支持进城农民工用农村集体用地置换方式获得相应安置房，既解决当下建筑工人就业问题，也解决以农民工为主的新市民住房问题。

2. 加快制定并实施2020年后的可持续脱贫战略

在疫情影响下，脱贫攻坚任务十分艰巨，应保持定力着力聚焦于2020年全面建成小康社会后可持续脱贫问题，着眼于疫情后经济发展的同时，还要加快制定可持续脱贫战略及其目标。可以结合联合国2030年可持续发展的子目标1"在全世界消除一切形式的贫穷"、子目标2"消除饥饿，实现粮食安全，改善营养和促进可持续农业"，把精准脱贫的任务自动转移到实现共同富裕上来，继续实施多种形式的精准扶贫措施，在消除贫困的基础上改善生命健康和环境健康。为此，需要加快形成共建、共治和共享的共同富裕发展的新格局，瞄准"幼有善育、学有优教、劳有厚得、病有良医、老有颐养、住有宜居、弱有众扶"的具体发展目标，不仅在财富高效创造上下功夫，营造全社会勤劳致富的氛围，发挥先富带动的激励示范作用，还要在财富公平分配上下功夫，照顾到谋生能力欠缺的弱势群体，做到不能让一个老百姓掉队，最终把实现共同富裕目标提上建设现代化强国的重要日程上来。

3. 持续增加对卫生健康领域的补短板投入

以本次疫情防控为切入点，加大对公共卫生和医疗防疫保障的补短板力度，完善应急医疗体系，健全应急物资储备和调用制度，适度提高医护人员待遇，改善医务工作环境，提高财政支出中医疗等民生支出占比；加强食品药品安全监管整顿，增加重要急需物资的政府采购和商业储备，扩大绿色食品、药品、卫生用品、健身器材等再生产需求，增加对城市公共卫生体系、城乡人居环境整治等方面刚性支出，确保让所有人普遍获得高质量的医疗保健、教育、社会保障、卫生、清洁能源以及互联网接入等服务，如同制定贫困标准那样，加快制定全社会获得最低限度的多方位生命健康和环境健康保障的基准或标准。

4. 制定更为科学的生命健康国民计划

为应对疫情对人类生命健康的威胁，应进一步全面落实细化"健康中国"的目标，扩展"健康中国"的内涵与外延，加快制订生命健康国民计划，如制订"全民科学补硒计划"，增加人民对硒、锌等微量元素的平衡吸收，帮助居民增强身体免疫力，为此可因地制宜培育发展特色营养品和特殊配方食品等细分健康产业，为全国人民科学饮食和增强体质提供支撑；着力围绕中心城市和城市群周边，建设大健康产业协同发展基地，构建网格化紧密型医疗集团及其分支机构体系，促进医疗养老、文化教育等资源下沉，突破政策壁垒，向特大城市周边卫星城疏解中心城市的老年人口和相关服务产业，缓解中心城市资源环境承载压力和健康服务激增压力，比如，在实施京津冀协同发展战略背景下，可以由北京与张家口等环京城镇合作试点建设大健康产业协同发展基地，通过建设一批京郊医院和养老机构联合体，有序引导北京老年人到张家口等周边中小城镇居住生活，减少首都人口集聚压力的同时提高人们特别是老年人健康生活的质量。

（三）进一步增强落实可持续发展议程的政策协调性

疫情期间因经济下行而生态环境质量有所改善的势头不会持续，还需要保持定力继续加快国家可持续发展议程创新示范区建设，把新发展理念贯穿于示范区建设全过程，尽快形成可复制推广的经验和模式，引导在全国范围内开展可持续发展议程落实工作，鼓励地方和企业探索创新疫后可持续发展新模式，运用可持续发展的办法解决疫后经济发展中遇到的困难和问题。

1. 加强对经济刺激政策的环境和社会效应评估

在制定应对疫情的经济刺激政策时，既要考虑政策实施的当前经济效果，还要考虑相关社会和环境效果，谨防政策实施的后遗症，特别是对社会平等和生态环境带来的威胁。比如：采取更积极的财政政策和宽松的货币政策，要注重两者的协调以配合形成合力，在刺激消费和投资等内需市场的同时，尤其要注意避免扩大居民收入差距和生态治理保护赤字；积极探索创新

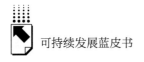

使用更多具有包容和可持续的经济金融政策工具，在高效引导经济复苏的过程中实现包容和可持续的增长。

2. 加快推进可持续发展议程创新示范区经验探索

加快推进深圳、太原、桂林、郴州、临沧、承德等国家可持续发展议程创新示范区的建设，尽快形成可复制、可推广的经验和模式。例如，按照既定的规划目标，深圳市将于 2020 年达成第一阶段目标任务，即建成国家可持续发展议程创新示范区。而且，2019 年 8 月发布的《中共中央国务院关于支持深圳建设中国特色社会主义先行示范区的意见》中将"可持续发展先锋"作为深圳建设先行示范区的五个重要战略定位之一。对此，深圳今后还要对标相关新定位新目标，在先行试验中完成可持续发展任务，积极探索总结可操作、可复制和可推广的经验和模式，尤其在增强资源环境承载力和社会治理支撑力等方面加快探索创新，为其他超大城市的可持续发展提供示范借鉴。另外，建议国家有关部委继续支持 6 个国家可持续发展议程创新示范区建设，可组织其他城市联合定期召开研讨会，开展可持续发展经验分享，并对照联合国 2030 年可持续发展议程各项目标查缺补漏和反馈提升，争取提出践行可持续发展议程的中国经验或中国标准。

3. 进一步加强国际合作，共同落实可持续发展议程

面对疫情的全球大流行，任何国家在疫情防控和经济振兴上都很难独善其身，特别是何时彻底消灭新冠肺炎病毒不是取决于防控做得最好的国家，而是取决于防控最不力的国家。在此情形下，走出疫情危机困境的唯一出路就是开展国际合作，否则这场危机很难短时间熬过去。建议呼吁国际社会团结起来，加快推动世界各国携手共同应对疫情，共同恢复全球产业链和供应链，共同开展宏观经济政策协调和疫后经济重振计划，同时也不能忽视对气候变化、非传统安全等全球共同性挑战问题上的协调合作，还要继续坚持推进和全面落实联合国 2030 年可持续发展议程，包括实施大规模的支出计划时要促进可持续投资，进一步消除各国对化石燃料的补贴，支持出台可再生能源贸易和竞争新规则。建议积极呼吁国际社会共同反对以邻为壑的保护主义做法，继续在多边框架下推进气候变化、生物多样性、海洋协议等方面的

协调合作，包括推进在"南南框架"下开展可持续的务实合作。此外，还
要继续发挥国际多边规则包括联合国气候变化应对框架公约在内的国际治理
保护机制的作用，并尽早将公共卫生健康等事项纳入国际治理保护框架内，
并基于"共同但有区别的责任"原则动员更多社会力量，维护世界卫生组
织（WHO）的权威和地位，共同参与全球生命健康和环境健康的综合治理。

参考文献

李克强：《政府工作报告》，2020 年 5 月 22 日，第十三届全国人民代表大会第三次
会议，http：//www. gov. cn/guowuyuan/zfgzbg. htm。

刘振民：《实现可持续发展，推动更好复苏》，新华网，http：//www. xinhuanet.
com/world/2020 - 06/24/c_ 1210675462. htm，最后检索时间：2020 年 9 月 23 日。

〔法〕马尼希·巴布纳（Manish Bapna）：《后疫情时代，人类如何可持续发展？》，
《光明日报》2020 年 5 月 22 日，第 12 版。

〔瑞士〕理查德·鲍德温（Richard Baldwin）、〔日〕富浦英一（Eiichi Tomiura）：
《新冠疫情对贸易的影响机制》，《中国经济报告》2020 年第 3 期。

顾学明、林梦：《全方位构建后疫情时期我国供应链安全保障体系》，《国际经济合
作》2020 年第 3 期。

IMF："World Economic Outlook：A Crisis Like No Other，An Uncertain Recovery"，
Update，June 24，2020，https：//www. imf. org/en/Publications/WEO/Issues/2020/06/24/
WEOUpdateJune2020.

IMF："World Economic Outlook：The Great Lockdown"，April 6，2020，https：//
www. imf. org/en/Publications/WEO/Issues/2020/04/14/weo - april - 2020.

World Trade Organization（WTO）："Trade Set to Plunge as COVID - 19 Pandemic Upends
Global Economy"，April 8，2020，https：//www. wto. org/english/news_ e/pres20_ e/pr855_
e. htm.

The Committee for the Coordination of Statistical Activities（CCSA）："How COVID - 19 is
Changing the World：A Statistical Perspective"，https：//www. wto. org/english/tratop_ e/
covid19_ e/ccsa_ publication_ e. pdf.

B.6
全面提升中国可持续发展能力的若干思考

王 军*

摘 要: 新冠肺炎疫情作为一个重大的外部强冲击,给全球经济社会活动以及可持续发展带来广泛和深远的影响。本文分析了疫情对经济全球化及中国可持续发展产生的冲击,认为:疫情使贸易保护主义势头再次增强,但不会削弱中国供应链的优势;疫情使中国经济遭遇到改革开放以来最严重的一次短期衰退,也凸显了中国可持续发展面临的复杂内外部环境与全方位风险挑战,但随着疫情得到有效控制,中国经济已经开始逐步恢复。后疫情时代,要重视全面提升中国可持续发展能力。对内:短期而言应尽快稳定需求,完善重大疫情防控体制机制,主动补齐医药卫生领域短板,促进经济复苏;长期来看,需更多从供给侧解决中国经济长期存在的诸多结构性、体制性问题,通过结构性改革,"培育壮大新的增长点增长极,牢牢把握发展主动权",全面提高经济整体竞争力和可持续发展能力。对外,要以共同战疫和经贸合作为抓手,积极寻求更广泛的国际交流与合作,极力避免贸易摩擦再度抬头,以更强有力的全球合作来推动新一轮的全球化。

关键词: 经济全球化 中国经济 可持续发展

---

* 王军,中国国际经济交流中心学术委员会委员,中原银行首席经济学家,研究员,博士,研究方向:宏观经济、金融、可持续发展。

2020 年既是"十三五"的收官之年，也是实现第一个百年奋斗目标、全面建成小康社会的关键一年，更是在突如其来的新冠肺炎疫情冲击下的大考之年。疫情带来的磨难与洗礼，为全球经济及中国经济运行与发展增添了极不寻常一笔。一方面，疫情对经济全球化及可持续发展产生全方位冲击；另一方面，疫情暴发也凸显和加剧了中国可持续发展面临的内外部环境和全方位风险的复杂性。2021 年，中国将迎来第十四个五年规划发展的新阶段，这是我国由全面建成小康社会向基本实现社会主义现代化迈进的关键期，是"两个一百年"奋斗目标的历史交会期。"十四五"期间，面临国际国内环境重大变化的诸多挑战，中国必须"全面提高经济整体竞争力"，以实现可持续发展和高质量发展。

一 当前经济全球化及可持续发展遭受的多重冲击

新冠肺炎疫情作为一个重大的外部强冲击，发生在"世界面临百年未有之大变局"的转折时期，必然给经济全球化及可持续发展带来非常广泛和深远的影响。已经有越来越多的国内外学者认为，新冠肺炎疫情对全球影响的重要程度可类比公元前和公元后的划分，即可以划分为新冠肺炎疫情之前和新冠肺炎疫情之后，此次疫情也许将是一个"新的历史分期的起点"[1]。2020 年 4 月 3 日，97 岁高龄的基辛格博士在《华尔街日报》撰文指出："新冠肺炎将永久地改变世界秩序"[2]。

（一）疫情冲击造成全球"大封锁"

疫情对全球的经济社会活动产生了持续而巨大的影响，全球经济受到的冲击至少有以下五个方面。

---

[1] Thomas L. Friedman, "Our New Historical Divide: B. C. and A. C. ——the World Before Corona and the World After", *NYT*, March 17, 2020.

[2] Henry A. Kissinger, "The Coronavirus Pandemic Will Forever Alter the World Order," *The Wall Street Journal*, April 3, 2020, https://www.wsj.com/articles/the-coronavirus-pandemic-will-forever-alter-the-world-order-11585953005.

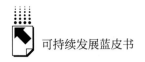

其一，疫情在全球快速蔓延带来的物理隔离、人员管控和较为普遍的国际旅行限制，使得国际人员往来被迫中断，直接影响了以境外消费和商业存在为主的服务贸易，跨境的消费、旅游和各种会议活动极大地萎缩，大量依赖线下接触的经济活动不得不按下暂停键。

其二，疫情对全球供应链的运转和需求形成了多重打击。第一波冲击中断了来自中国的供给，部分企业和市场停工停产，一些重要的产业链面临断裂风险，同时需求端急剧萎缩；第二波冲击来自全球金融市场的动荡，金融动荡已开始向实体经济传导。疫情蔓延既增加了全球经济发展的不确定性，也增加了全球供应链的脆弱性，人们开始担忧，疫情过后是否会发生全球范围内的产业链、价值链的重构、整合或再平衡，例如，从中国外迁出去，抑或由全球化转向地区化；第三波冲击来自欧美供应的中断需求的减少，疫情的扩散使欧美经济活动减缓，全球供应链也出现了临时性中断，全球贸易需求的收缩反过来使全球和中国的外部订单减少，又对全球和中国的出口产业形成二次压力，导致恶性循环。

其三，随着全球需求短时间内的持续下降，经济衰退逐渐在全球变为现实，过去始终是经济增长重要引擎的国际贸易和国际投资的前景也变得越来越黯淡无光。与此同时，越来越多的国家可能在政策上更加内视和封闭，以民粹主义、孤立主义、贸易保护主义为代表的逆全球化思潮恐将进一步高涨，各种双边与多边的经贸冲突可能再度升级。

其四，2020年上半年，整个国际金融市场都笼罩在疫情不断扩散的阴霾之下，以美国为首的全球金融市场受疫情蔓延、原油暴跌、市场自身脆弱性及投资者预期悲观等多重因素影响，出现历史罕见的暴跌，除中国以外的主要经济体股市最大跌幅普遍在30%以上。美股3月在十天内发生"活久见"的四次熔断，最大出现了超过30%的暴跌，一度跌破20000点关口，抹去了过去三年涨幅。国际原油在需求大幅萎缩和地缘政治的复杂角力中，也出现了近年来少有的动荡不安。

其五，疫情的冲击不可避免地还带来全球经济治理共识的减弱，各国政策的合作前景不容乐观。全球治理原本就存在巨大的信任危机，疫情的爆发和蔓延让很多国家在应对挑战时采取了各扫门前雪的态度，相互封锁边境，暂停航线，甚至对防护物资进行争夺。国际合作变得非常奢侈，大家选择彼此封闭和指责，而不是携手应对共同挑战，各国缺乏政策合作协调的问题因疫情而再次浮出水面。

国际货币基金组织（IMF）在 2020 年 4 月发布的《世界经济展望》①中指出：随着各国为控制疫情而采取必要的隔离措施和保持社会距离的做法，整个世界陷入"大封锁"状态。随之而来的经济活动崩溃的规模和速度是我们一生中未曾经历过的。IMF 预测，2020 年全球增长率下降到 - 3%。这使"大封锁"成为"大萧条"以来最严重的经济衰退，比 2008 ~ 2009 年全球金融危机时的情况（ - 0.1%）糟糕得多。

IMF 预计，2021 年全球经济将有望复苏至 5.8% 的同比增长水平，而新冠肺炎疫情的打击在 2020 ~ 2021 两年内将造成全世界约 9 万亿美元的损失，超过了日本和德国的 GDP。IMF 强调，"这一次全球面临的经济衰退空前罕见：这是 30 年代大萧条以来，全球第一次面临发达经济体和新兴经济体同时进入衰退"②。对于发达经济体，IMF 预计 2020 年经济增速为 - 6.1%，2021 年复苏至 4.5%。其中对美国 2020 年经济增速预期为 - 5.9%，2021 年为 4.7%。对于新兴市场和发展中经济体，IMF 预计 2020 年经济增速将为 - 1%。其中，IMF 对 2020 年中国经济增长预期为 1.2%，2021 年为 9.2%（见表 1）。

表 1　国际货币基金组织对全球经济的最新增长预测

（实际 GDP，年度百分比变化）

地区	预测值		
	2019 年	2020 年	2021 年
世界产出	2.9	- 3.0	5.8
发达经济体	1.7	- 6.1	4.5

① 国际货币基金组织：《世界经济展望》2020 年 4 月，https：//www.imf.org/zh/Publications/WEO/Issues/2020/04/14/weo - april - 2020。

② 国际货币基金组织：《世界经济展望》2020 年 4 月，https：//www.imf.org/zh/Publications/WEO/Issues/2020/04/14/weo - april - 2020。

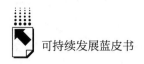

续表

地区	预测值		
	2019 年	2020 年	2021 年
美国	2.3	−5.9	4.7
欧元区	1.2	−7.5	4.7
德国	0.6	−7.0	5.2
法国	1.3	−7.2	4.5
意大利	0.3	−9.1	4.8
西班牙	2.0	−8.0	4.3
日本	0.7	−5.2	3.0
英国	1.4	−6.5	4.0
加拿大	1.6	−6.2	4.2
其他发达经济体	1.7	−4.6	4.5
新兴市场和发展中经济体	3.7	−1.0	6.6
亚洲新兴市场和发展中经济体	5.5	1.0	8.5
中国	6.1	1.2	9.2
印度	4.2	1.9	7.4
东盟五国	4.8	−0.6	7.8
欧洲新兴市场和发展中经济体	2.1	−5.2	4.2
俄罗斯	1.3	−5.5	3.5
拉丁美洲和加勒比	0.1	−5.2	3.4
巴西	1.1	−5.3	2.9
墨西哥	−0.1	−6.6	3.0
中东和中亚	1.2	−2.8	4.0
沙特阿拉伯	0.3	−2.3	2.9
撒哈拉以南非洲	3.1	−1.6	4.1
尼日利亚	2.2	−3.4	2.4
南非	0.2	−5.8	4.0
低收入发展中国家	5.1	0.4	5.6

资料来源：国际货币基金组织 2020 年 4 月《世界经济展望》。

（二）我们应该对经济全球化的未来悲观吗？

百年一遇的巨大疫情，使人们对经济全球化的前景再次产生巨大的分歧。那么，我们应该对经济全球化的未来悲观吗？

悲观者的典型论调是："新冠疫情可能是压垮经济全球化的最后一根稻草"①，"疫情将加强民族主义"②，"冠状病毒危机至少会在几年内，导致大多数政府转向内部，专注于本国境内发生的事情"③，"我们所知道的全球化在走向终结"④，我们将迎来"一个开放、繁荣与自由皆倒退的世界"⑤。概括而言，全球各国的互动不会断绝，但过去70多年来的这一轮"以美国为中心"的全球化喧嚣已过，在遭受这样的挫折之后将陷入暂时的沉寂，或是彻底结束。

乐观者的理由和逻辑同样具有很强的说服力。"这还不是互联世界的终结。疫情本身就是我们相互依存的证明"⑥，"一个智能化、数字化的世界更加清晰地展现在世人面前，新的、数字化的全球化势不可挡"⑦，"只要我们还相信市场，相信合作，相信企业追求的是效率，就应该对现有全球供应链格局的韧性充满信心"⑧，"疫情很难改变当前全球供应链的基本格局，中国仍将保持全球主要生产中心的地位"⑨。

从技术进步角度观察，疫情虽然造成了严重的物理隔离，但恰恰有可能极大地促进全球经济的数字化、智能化转型。5G、人工智能、区块链、云计算、大数据等新技术日益成熟并得到广泛应用，促进了所谓"非接触经济""在线经济"等新型业态的发展，正在不知不觉中重塑着人们的生产和

① Robin Niblett, The End of Globalization as We Know It, "How the World Will Look After the Coronavirus Pandemic", *Foreign Policy*, March 20, 2020.

② Stephen M. Walt, A World Less Open, Prosperous, and Free, "How the World Will Look After the Coronavirus Pandemic", *Foreign Policy*, March 20, 2020.

③ Richard N. Haass, More Failed States, "How the World Will Look After the Coronavirus Pandemic", *Foreign Policy*, March 20, 2020.

④ Robin Niblett, The End of Globalization as We Know It, "How the World Will Look After the Coronavirus Pandemic", *Foreign Policy*, March 20, 2020.

⑤ Stephen M. Walt, A World Less Open, Prosperous, and Free, "How the World Will Look After the Coronavirus Pandemic", *Foreign Policy*, March 20, 2020.

⑥ Shivshankar Menon, This Pandemic Can Serve a Useful Purpose, "How the World Will Look After the Coronavirus Pandemic", *Foreign Policy*, March 20, 2020.

⑦ 王军：《新冠疫情不会削弱中国供应链的优势》，《东方财经》2020年第4期。

⑧ 何帆、朱鹤：《全球供应链有近忧无远虑》，《21世纪经济报道》2020年3月9日。

⑨ 何帆、朱鹤：《全球供应链有近忧无远虑》，《21世纪经济报道》2020年3月9日。

生活、工作和学习的模式，这都为人类迈向数字化和智能社会提供了非常坚实的基础和前提，这些均是未来新一轮全球化的发展方向。经济全球化的进程不会因为一场疫情而长期暂停。在这个意义上，也许我们有足够的信心认为，"经济全球化进程可能进入新的、更好的阶段"①。

（三）疫情使贸易保护主义势头再次增强

不难想象，疫情的跨国大流行、普通民众行动自由甚至生命的丧失、金融市场的剧烈波动、全球经济的明显衰退，都将使生产者、消费者的信心严重受挫、行为出现异常。疫情的快速蔓延，一方面助长了一般民众对外部社会不同族群的抱怨情绪，另一方面也成为一些国家部分政客推卸责任、大肆"甩锅"的绝佳理由。

反映到贸易和投资领域，疫情蔓延显然将严重影响双边、多边和区域贸易投资自由化，以及区域一体化、经济全球化进程，还将使刚刚有所缓和的大国经贸关系面临更为复杂的变化。更重要的是，在这样一个特定的环境和历史背景下，我们非常不愿意看到的孤立主义、单边主义、民族主义和贸易保护主义思潮有可能再次沉渣泛起，逆全球化将重新抬头，经济全球化进程可能出现放缓甚至倒退。

这并非杞人忧天，从目前有限的信息和资料来看，疫情确实有可能成为引发贸易保护主义出现再次回潮的重要因素。有几个消息在某种程度上印证了我们的这种担忧。2020 年 3 月底，美国贸易代表办公室宣布，部分中国商品自 2020 年 3 月 25 日起，将被重新加征 25% 的关税。此外，大国之间的科技摩擦似乎又出现加快重启的迹象，围绕一些重要科技企业的负面消息不断传出，例如美国对华为的贸易限制措施、关闭休斯敦领事馆、强制出售 TikTok 等事件，这固然可以看成转移国内舆论焦点、助力领导人竞选连任的操作，但背后所传递出的摩擦升级迹象乃至"战争"的气息还是令人不寒而栗。

---

① 周密：《经济全球化进程很难因为一场疫情而长期暂停》，2020 年 3 月 20 日，http：// www. yidianzixun. com/article/0OuS6g78？ s = yunos&appid = s3rd_ yunos。

这也是为什么很多严肃的学者和政治家都在善意和忧心忡忡地提醒大家，"新冠疫情可能是压垮经济全球化的最后一根稻草"①，"我们所知道的全球化在走向终结"②。

正因如此，我们看到，中国领导人在G20峰会上郑重发出呼吁："二十国集团成员采取共同举措，减免关税、取消壁垒、畅通贸易，发出有力信号，提振世界经济复苏士气。"③ G20 在其特别峰会上的声明中也专门就"应对疫情对国际贸易造成的干扰"这一议题做出明确回应："我们承诺继续共同努力促进国际贸易，协调应对措施，避免对国际交通和贸易造成不必要的干扰，旨在保护健康的应急措施将是有针对性、适当、透明和临时的"，"我们重申实现自由、公平、非歧视、透明、可预期和稳定的贸易投资环境以及保持市场开放的目标"。④

新冠肺炎疫情导致的全球经济衰退逐步变为现实并成为各国面对的头号挑战，一轮又一轮"甩锅"大战愈演愈烈。疫情的一个重要"次生灾害"不断显现：在发达国家内部、发达国家与发展中国家之间、发展中国家内部等多个层面，围绕贸易、投资、科技、金融、人员往来等议题，爆发全方位的摩擦与冲突，继续加剧早已存在的各种不平等、不平衡问题，进而强化逆全球化的"逆袭"。

二 当前中国经济运行及可持续发展遭受的巨大冲击

由于新冠肺炎疫情的巨大冲击，2020 年对于中国经济而言极不寻常，我们所面临的挑战前所未有。一季度中国经济经历了一个异常艰难的开局，

---

① Robin Niblett, The End of Globalization as We Know It, "How the World Will Look After the Coronavirus Pandemic", *Foreign Policy*, March 20, 2020.

② Robin Niblett, The End of Globalization as We Know It, "How the World Will Look After the Coronavirus Pandemic", *Foreign Policy*, March 20, 2020.

③ 习近平：《携手抗疫 共克时艰——在二十国集团领导人特别峰会上的发言》，《人民日报》2020 年 3 月 27 日。

④ 《二十国集团领导人应对新冠肺炎特别峰会声明（全文）》，《人民日报》2020 年 3 月 27 日。

GDP同比下降6.8%，显然是改革开放以来最严重的一次短期经济衰退。但二季度经济增长快速探底反弹、由负转正，使上半年我国经济呈现先降后升的态势。见图1。

图1 2020年上半年中国经济极不寻常，先降后升展现韧性

（一）疫情之下2020年上半年经济运行的突出亮点

亮点一：GDP增速探底反弹，初步实现"V"型复苏。

2020年一季度负增长6.8%，二季度即实现正增长3.2%，上半年GDP增速同比微降1.6个百分点。在疫情巨大冲击之下的中国经济能取得这样的成绩，可以说在主要经济体中一枝独秀，笑傲全球，为下一步经济的持续复苏打下了良好坚实的基础。二季度以来，随着"六稳""六保"政策落地，各地复工复产速度不断加快，用电量、运输生产客运指数、挖掘机指数、制造业和服务业指数等先行指标加速恢复，且二季度三个月的PMI均在荣枯线以上，显示国民经济运行持续改善，初步走出了探底反弹的"V"型复苏走势。见图2。

亮点二：就业形势逐步改善、保持韧性，超额完成时序任务。

2020年上半年，全国城镇新增就业人员564万人，完成全年目标任务900万人的62.7%（见图3）。6月，全国城镇调查失业率为5.7%，继续延

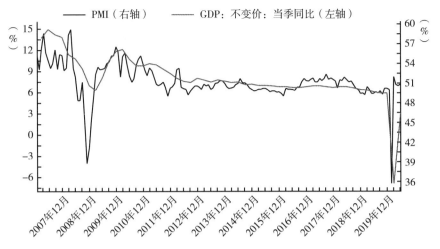

图 2　2020 年上半年 GDP 增速探底反弹，初步实现"V"型复苏

续了此前的下降趋势，比 5 月下降 0.2 个百分点，比 4 月下降 0.3 个百分点。在就业形势有所改善的同时，2020 年上半年，全国居民人均可支配收入 15666 元，比上年同期名义增长 2.4%，增速比一季度加快 1.6 个百分点，扣除价格因素，实际下降 1.3%，与经济增速保持同步，降幅收窄 2.6 个百分点（见图 4）。同时，城乡居民人均可支配收入比值也在缩小。

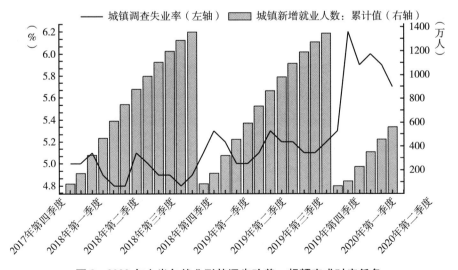

图 3　2020 年上半年就业形势逐步改善，超额完成时序任务

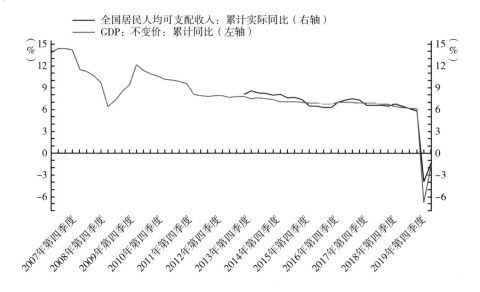

全国居民人均可支配收入：累计实际同比（右轴）
GDP：不变价：累计同比（左轴）

图4 2020年上半年全国居民人均可支配收入与经济增速基本保持同步

亮点三：经济结构保持优化改善，充分彰显了"在危机中育新机、于变局中开新局"。

工业生产一马当先、恢复较快，高技术制造业和装备制造业实现增长。2020年上半年，全国规模以上工业增加值同比下降1.3%，降幅比一季度收窄7.1个百分点，其中，二季度增长4.4%，6月同比增长4.8%，增速比5月加快0.4个百分点，连续3个月增长。各个工业门类中最大的亮点是，高技术制造业和装备制造业增加值同比分别增长4.5%和0.4%，其中6月分别增长10.0%和9.7%；部分工程机械类和新产品产量增长较快，2020年上半年挖掘、铲土运输机械，集成电路，工业机器人，载货汽车产量同比分别增长16.7%、16.4%、10.3%、8.4%。见图5。

2020年上半年，消费保持温和修复态势，网上零售继续快速增长。6月社会消费品零售总额增速同比尚未转正，继续下降1.8%，但降幅比5月收窄1.0个百分点，比4月收窄5.7个百分点，环比增长1.34%。二季度下降3.9%，比一季度收窄15.1个百分点。同时，网上零售额同比增长7.3%，一

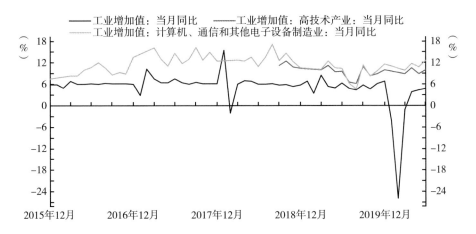

图 5　2020 年上半年工业增加值增速快速反弹，高技术产业增加值保持增长

季度为下降 0.8%。实物商品网上零售额增长 14.3%，比一季度加快 8.4 个百分点。见图 6。

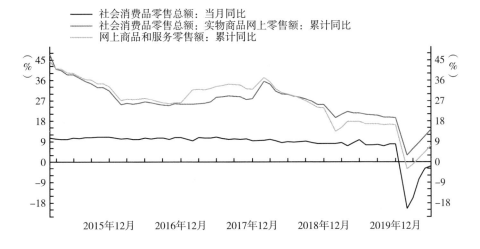

图 6　2020 年上半年消费保持温和修复态势，网上零售继续快速增长

投资降幅收窄明显，高技术产业和社会领域投资强劲回升。2020 年上半年，全国固定资产投资同比下降 3.1%，降幅比 1~5 月收窄 3.2 个百分点，比一季度收窄 13.0 个百分点。其中：基础设施投资持续发力，下降

133

2.7%，降幅比一季度收窄 17.0 个百分点；制造业投资仍在低位徘徊，下降 11.7%，但降幅比一季度收窄 13.5 个百分点；房地产开发投资韧性十足，同比增长 1.9%，而一季度为下降 7.7%，对稳增长的贡献明显；高技术制造业和高技术服务业投资分别增长 5.8% 和 7.2%，高技术制造业中，医药制造业、计算机及办公设备制造业投资分别增长 13.6%、8.2%，高技术服务业中，电子商务服务业、科技成果转化服务业投资分别增长 32.0%、21.8%；社会领域投资增长 5.3%，一季度为下降 8.8%，其中卫生、教育投资分别增长 15.2%、10.8%，一季度为分别下降 0.9%、4.0%。见图 7。

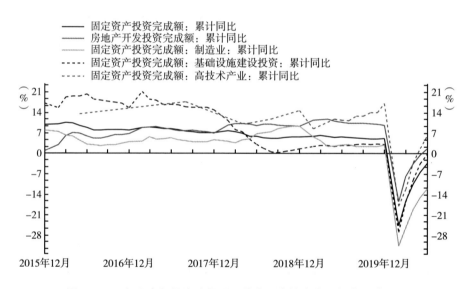

图 7　2020 年上半年投资降幅明显收窄，高技术产业投资强劲回升

进出口总量呈现巨大的韧性，结构优化效果明显。2020 年 6 月进出口双双由负转正（见图 8），稳住了中国外贸的基本盘。得益于政府前期出台的一系列稳外贸、稳外资的政策措施，进出口总量保持稳定的同时，各项结构也在改善。市场多元化效果明显，2020 年上半年我国对东盟的外贸增速 5.6%，东盟已取代欧盟成为我国第一大贸易伙伴；民营企业进出口逆势上扬，外贸增速 4.9%，对稳定外贸、稳增长发挥了突出作用；作为新型贸易

业态的跨境电商凭借其线上交易、非接触式交货和交易链条短等优势，实现了 26.2% 的快速增长，远高于外贸整体水平。

图8　2020 年上半年进出口总量呈现巨大韧性，结构优化效果明显

亮点四：改革开放蹄疾步稳，为中国经济的长期健康发展提供了坚强的支撑。

2020 年上半年，各项重大改革开放措施次第出台，如《关于构建更加完善的要素市场化配置体制机制的意见》、《关于新时代加快完善社会主义市场经济体制的意见》、《关于新时代推进西部大开发形成新格局的指导意见》、《海南自由贸易港建设总体方案》、《国企改革三年行动方案（2020 ~ 2022 年）》、《外商投资准入特别管理措施（负面清单）（2020 年版）》和《自由贸易试验区外商投资准入特别管理措施（负面清单）（2020 年版）》等重要改革文件相继出台，为新时代全面深化经济体制改革提供了行动指南，为未来中国经济发展提供了制度保障。

尤其引人注目的是，金融改革开放继续深入推进，国务院金融委办公室发布 11 条金融改革措施，涉及商业银行、资本市场及对外开放等多个领域。其中，资本市场改革更是拉开精彩大幕，加快发展直接融资成为促进经济转型升级的关键环节。一是出台实施新证券法，勾画资本市场新体系。新证券法在发行制度、交易制度、信息披露要求、违法违规处罚和投资者保护等多

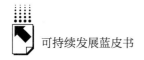
方面进行了重大修订，为我国进一步完善多层次资本市场提供了纲领性指引。二是推动设立科创板、新三板改革，创业板注册制改革等重要市场制度改革落地。三是加快资本市场开放步伐，引导中长期资金入市。

（二）疫情暴发凸显了中国可持续发展面临的复杂内外部环境与全方位风险挑战

疫情作为典型的事件冲击和外生变量，尽管是一次由公共卫生事件引发的重大全球性危机，但也暴露和放大了中国经济长期存在的诸多结构性、体制性问题。

当前，我国人均 GDP 已突破 1 万美元，距高收入国家门槛尚有 2000 美元左右的距离。"十四五"时期恰恰是决定我国能否成功跨过所谓"中等收入陷阱"的关键期，也是国家全面转型、全面深化改革、全面依法治国、全面创新驱动、全面推进国际化和全面实现国家治理能力和治理体系现代化的关键期①。

"十四五"时期我国所面临的内外部环境可能更加复杂多变，发展的不确定性和困难挑战可能更加严峻，这必然是我们前进道路上的背景板。

从外部环境来看②，"世界面临百年未有之大变局"。全球化进程逐渐退潮，世界经济复苏艰难，国际经贸规则调整和部分产业外迁、转移步伐加快，贸易保护主义不断抬头，经贸摩擦不断加剧，外需增长空间日益逼仄。随着我国产业发展不断向中高端迈进，部分发达国家对我国半导体、高端软件等关键核心技术的封锁力度加大，导致我国部分高科技产业的产业链安全风险有所加大。同时，新一轮科技革命和产业变革加速演进，产业分工和贸易格局加快重塑，一方面深刻地影响着世界格局演变，另一方面对全球治理和世界秩序变革的呼声也日益强烈。对此，中央的判断和认知清晰、深刻而理性，"当前世界经济增长持续放缓，仍处在国际金融危机后的深度调整

---

① 王军：《从"十三五"到"十四五"：全面提高经济竞争力》，《瞭望》2020 年第 21 期。
② 王军：《从"十三五"到"十四五"：全面提高经济竞争力》，《瞭望》2020 年第 21 期。

期，世界大变局加速演变的特征更趋明显，全球动荡源和风险点显著增多"。突如其来的新冠肺炎疫情快速在世界蔓延，更是加剧了全球供应链、价值链的迁移和重构，加剧了"去全球化""去中国化"的趋势。

就内部环境而言①，"我国正处在转变发展方式、优化经济结构、转换增长动力的攻关期，结构性、体制性、周期性问题相互交织"，"人民日益增长的美好生活需要和不平衡不充分的发展之间的矛盾"凸显：经济结构仍有缺陷，经济整体大而不强，高端产业少而弱，核心科技不掌握、创新能力不足；收入分配差距较大、区域经济发展不平衡、房价过高、社会保障体系不完善等问题依然突出，资源环境承载能力仍有较大短板，生态环保问题仍较为突出，等等。

特别是，中国经济中长期还面临几个突出的困难与挑战②：一是传统的"人口红利"和"城市化红利"逐渐消退，经济下行压力较大，部分企业经营困难；二是中国经济对债务的依赖愈发严重，企业、政府及居民三大方面去杠杆任重道远，国有企业则是重中之重；三是人口老龄化与少子化日趋严重，未富先老、高龄少子同时出现；四是中美两国围绕技术创新、经贸投资、全球市场及金融等方面的长期竞争和博弈已经开始，且将更聚焦于长期战略利益而非短期商业利益，从更深层次和更长远角度来看，中美之间以"竞争为主、合作为辅"的全面竞合新格局将成为贯穿"十四五"甚至更长历史阶段的大概率现象，这将对我国经济社会可持续发展带来深远影响，也是未来可持续发展的最大变局。

尽管中国经济可持续发展之路任重道远，尽管我们面临着前所未有的疫情冲击和各种极不寻常的风险挑战，但中国经济长期向好的基本趋势没有改变。我们的机遇和优势主要体现在：超大规模、多层次国内市场和多年来积累的物质技术基础、生产能力、人力资本和人才资源雄厚、庞大；经济发展新动能加快形成，经济转型升级对经济增长的支撑作用日渐显现，特别是数

① 王军：《从"十三五"到"十四五"：全面提高经济竞争力》，《瞭望》2020年第21期。
② 王军：《从"十三五"到"十四五"：全面提高经济竞争力》，《瞭望》2020年第21期。

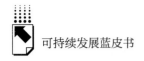

字经济发展已处于全球领先地位；区域经济发展新格局气象一新，中心城市和城市群的建设将逐步成为"全国高质量发展的新动力源"；独特的政治和制度优势使我们具备超强的组织动员能力和经济调控能力，财政、货币、产业、区域、就业政策等丰富的政策工具箱使中国经济具有强大的稳定运行能力、自我修复能力和内生增长动力。

"十三五"时期中国经济的巨大成就足以令国人骄傲、令世人瞩目，在古今中外的人类历史上都极为耀眼、绝无仅有，为"十四五"时期经济社会可持续发展乃至第二个百年奋斗目标的实现奠定了坚实的基础①。

经济总量再上新台阶。GDP已逼近100万亿大关，人均GDP历史性跨入1万美元的门槛，高于中等收入国家平均水平。

经济结构继续优化升级。高技术产业、装备制造业增加值快速增长，新产业新业态新模式不断涌现，第三产业比重超过54%，对经济增长的贡献率接近60%，中国经济正式进入后工业化时代。

城镇化进程稳步加快。城镇人口占比超过60%，城乡区域一体化新格局逐步形成，区域经济新的增长极、增长带加快形成。

市场化改革逐步深入。供给侧结构性改革取得多项新进展和新成绩，微观主体活力不断增强，营商环境得到较大改善。

全方位对外开放的广度和深度显著拓展。国际合作和经贸往来深化加强，共建"一带一路"倡议得到国际社会的积极响应，全球影响力显著增强。

可持续发展状况稳步改善。在经济发展不断趋好、社会民生进步明显的同时，生态文明建设被纳入"五位一体"总体布局，资源环境承载能力有一定提高，经济社会活动的消耗排放得到有效控制，环境保护与治理的成效逐渐显现。特别是，我们打响污染防治攻坚战，蓝天、碧水、净土三大保卫战扎实推进，生态环境改善明显，节能减排持续推进，能源消费结构不断优化。

---

① 王军：《从"十三五"到"十四五"：全面提高经济竞争力》，《瞭望》2020年第21期。

科技创新能力持续增强。全社会研究与试验发展经费支出及其占 GDP 比重逐年提高，在全球创新指数的排名不断攀升，列第 14 位，创新驱动发展战略的成效不断显现。

人民生活发生翻天覆地的变化。14 亿人口全面迈向小康，就业规模稳步提高，居民收入与经济增长基本同步，贫困人口大幅减少。

三 全面提升中国可持续发展能力的若干建议

此次疫情对经济运行与可持续发展的影响可能比大家想象得要更深远。我们需要把风险和困难估计得更充分一些，做好长期应对的打算和准备，避免疫情从一次性冲击演变为中长期冲击和趋势性变化，从黑天鹅事件发展为一系列蝴蝶效应的次生危机，从单纯的公共卫生事件上升为对全球政治、经济格局的全面冲击，以防范"明斯基时刻"的爆发。其中：纾困力度可以更大一些，以帮助受损企业和居民尽快摆脱困境；对冲政策可以更坚决一些，以给市场和民众更清晰的信号、更坚定的支持；刺激政策应当更慎重一些，避免再次留下强刺激和低效率的后遗症。

面对短期总需求不足的突出矛盾，应尽快稳定需求，促进经济复苏①。

一是精准施策释放消费潜力，促进消费扩容提质，加快形成强大国内市场。当前可将消费回补政策的重点集中于汽车方面，通过改善道路、停车场地等基础设施，优化完善限购、限行相关措施，阶段性减免购置税等方法，尽快激活汽车消费。对于受疫情影响较大的民众和低收入群体，建议以抗疫特别国债的发行为契机，以消费券、现金补贴和以工代赈等多种方式，共同发力纾困。此外，建议自 2020 年起，适当延长公共假期，如大幅增加春节假期，恢复五一长假，增加中小学生春假。

二是保持适度的基建投资对冲力度，着重改善营商环境，激活和释放民间投资的活力。稳投资宜精准发力，应从单纯的"铁公基"转向兼顾惠民

---

① 王军：《从"十三五"到"十四五"：全面提高经济竞争力》，《瞭望》2020 年第 21 期。

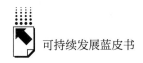

生、调结构的公共服务、新型基础设施、公共卫生等补短板领域及生态环保领域等。创造更好的营商环境，公平公正、一视同仁地对待国有企业和民营企业，改善投资预期，增强投资信心，激发民间投资的活力和潜力。面对疫情冲击，应尽快通过制度创新、税费利息租金减免和直接现金补贴等多种方式，帮助民营小微企业渡过难关。

三是不断完善宏观调控，以宏观政策对冲疫情影响。在百年一遇的疫情面前，有必要重新画出起跑线再出发，接受和容忍较低的经济增速。同时，2021 年作为"十四五"的开局之年，可考虑不再由政府来制定经济增长预期目标，而由市场机构、智库等来预测并引导全社会预期。之后即可顺势而为，逐步将此模式固定下来并机制化。就当下而言，无论是疫情的常态化防控还是经济重启，都应以财政政策为主、货币政策为辅，刺激和扩张的重点要坚持民生导向。

长期来看，需更多从供给侧入手，以解决中国经济长期存在的诸多结构性、体制性问题，通过结构性改革，"培育壮大新的增长点增长极，牢牢把握发展主动权"，全面提高经济整体竞争力和可持续发展能力，打造和开启中国经济发展的第二曲线①。

第一，以就业稳定为宏观调控和可持续发展的核心指标，纾困与输血并举，保障重点行业、重点人群的就业，将疫情给就业带来的负面影响控制在最低程度。要高度重视疫情对就业的巨大冲击，特别是出口行业和制造业等劳动密集型行业的从业者、农民工等群体，将稳就业、保就业作为近期宏观调控的首要任务和未来宏观调控的核心目标。

对于受疫情影响较大的企业尤其是小微企业，应着重以直接补贴或低息贷款等方式，把钱从政府部门向企业转移，以拯救处于悬崖边缘的小微企业。除了落实好针对小微企业的福利政策，如减免税费、贴息贷款、缓交或者少交五险一金等，还可考虑以下五条措施：一是给予直接的现金补贴和救助，以助其给员工发放工资，避免出现大规模裁员；二是救助措施前置，主

---

① 王军：《从"十三五"到"十四五"：全面提高经济竞争力》，《瞭望》2020 年第 21 期。

动为小微企业免租金、免利息、免水电、免社保缴费、退回上年的所得税；三是给小微企业提供低息或无息贷款，贷款主要用于覆盖小微企业的一些基本费用，包括工资、流动资金、五险一金、房贷和其他贷款利息、租金和水电费；四是加大发放中小企业产品专项消费券，以支持企业渡过难关；五是在确保质量的前提下，各级政府部门在公共消费的采购过程中向小微企业倾斜。

对于因疫情而受损的民众和低收入群体，以消费券和现金补贴共同发力纾困居民、稳定就业。建议以特别国债的发行为契机，参考其他经济体的成熟做法，尝试发放具有普惠性质的现金补贴，在现有消费券的基础上，大幅度增加发放消费券的城市、规模和力度，拓宽消费券的使用范围，从现有的餐饮、零售、文化娱乐逐步扩展到酒店、旅游、家电、汽车、装修装饰、教育培训等，有效发挥消费券在特殊时期经济停摆的重启键和保障社会公平的稳定器的双重作用。通过救助和纾困的形式，刺激短期消费，这样既可以兼顾危机救助，又可以保证稳就业、稳增长。在一些基建投资项目的建设过程中，对特殊困难群体及受疫情影响较大的群体，可采取以工代赈予以扶持和救助。

从输血角度而言，未来还应投入更多财政资源，除加厚、织密社会保障的防护垫和保护网外，对受损企业中的劳动者，加大力度开展适应新一轮技术和产业革命需求，适应网络消费、在线服务、宅经济等新型行业的劳动力技能培训，帮助受疫情冲击而失去工作的劳动者得到充分社会保障，甚至为其提供临时性的基本生活补助，并尽最大努力安排其尽快就地寻找再就业机会。

第二，以数字化转型为核心，通过创新驱动、科技引领，实现新旧动能转换，促进先进制造业与现代服务业的转型升级和高质量发展。疫情对经济发展带来显著冲击，但是以数字经济为代表的新产业、新动能还在逆势增长、蓬勃发展。可以乐观地预见，随着5G网络、数据中心等新型基础设施建设的进一步加快，云计算、大数据、物联网、人工智能、区块链、边缘计算等数字技术将得到更广泛的应用实施，疫情后一个全新的数字化时代必将

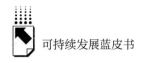

加速到来，数字经济将迎来爆发式增长的春天。为此，应密切跟踪新一轮产业和科技革命所带来的新技术、新产业、新模式、新业态的发展，注重用"四新"经济手段，改造提升传统产业，加快新动能的培育，促进经济结构的优化升级。

第三，以供给侧结构性改革为主线，通过全面经济体制改革，破除体制机制障碍，激活蛰伏的发展潜能。以混合所有制改革和"竞争中性"原则为核心，消除所有制歧视，"在要素获取、准入许可、经营运行、政府采购和招投标等方面，对各类所有制企业平等对待"，减少乃至杜绝各级政府过度干预资源配置、过度干预市场的问题，促进形成更加便利可靠的营商环境；深化要素市场改革，依法保护各类产权特别是私有产权，打破制约土地、劳动力、资本、技术、数据等要素自由流动的障碍，提升资源配置效率。

第四，以大都市圈和城市群为主轴，推动形成优势互补、高质量发展的区域经济发展战略布局，激发经济增长内生动力，"构建全国高质量发展的新动力源"。近年来，以都市圈、城市群和国家中心城市为重点的新型城镇化发展受到国家高度重视，其是未来新型城镇化建设的重要抓手和扩大内需、实现经济复苏和高质量发展的重要引擎。要发挥各地区的比较优势，消除市场壁垒，促进要素合理流动和高效集聚，加强传统基础设施和新型基础设施建设，打造若干世界级创新平台和增长极，增强中心城市和城市群等优势区域的综合承载能力，提升辐射带动作用；健全区域协同发展机制，补齐困难地区和农村地区在公共服务、基础设施、社会保障等方面的短板，促进发达地区和欠发达地区共同发展。

第五，以疫情防控为契机，完善重大疫情防控体制机制，主动补齐医药卫生领域短板。此次新冠肺炎疫情充分暴露了我国在公共卫生领域特别是医药卫生体制的短板，这也是我国可持续发展的重要短板。在公共卫生服务体系方面，公共卫生服务与医疗服务体系分离，公共卫生领域投入不足，城乡公共卫生建设不均衡；在医疗服务体系方面，基层医疗服务体系建设滞后，应急医疗服务短板凸显；在医疗保障体系方面，应急医疗保障机制缺失，互联网医疗报销受限；在药品供应保障体系方面，应急药品保障能力不足，药品供应体系信息化建设滞后。针对这次疫情暴露出来的诸多短板和不足，下一步医疗卫生体制改革应抓紧补短板、堵漏洞、强弱项，着重做好以下几个方面的工作：一是建立统一的医疗卫生信息系统，加大公共卫生基础设施建设投入，加强农村公共卫生服务体系建设；二是进一步健全基层医疗服务体系，加速推进分级诊疗，建立应急医疗服务机构，应急医疗服务补短板；三是抓紧落实《关于深化医疗保障制度改革的意见》，启动新一轮医疗保障制度改革，在门诊保障机制、医疗救助、省级统筹、互联网医疗、DRGs（疾病诊断相关分组）推进、商业健康险等重点领域出台相关细则；四是完善应急物资储备制度，加强药品供应体系信息化建设，推动创新药发展。

第六，以绿色理念和"两山"理论为统领，加强污染防治和生态文明建设，实现经济、社会和环境的可持续发展。这次新冠肺炎疫情的惨痛教训告诉我们：生态环境的破坏是新发传染病疫情暴发的重要宏观根源，生态环境领域所面临的风险挑战，最终一定会向经济社会领域传递和渗透。为此，坚持绿色发展理念，加强环境保护和污染防治，维护生态环境的平衡与健康，是从源头预防各类传染病疫情暴发与传播的根本之道。为从宏观上和生态上有效控制大部分新发传染病的暴发与传播，应进一步加强生态环境保护，坚持绿色发展，坚定不移地构建人类与自然的命运共同体。实现绿色发展的路径包括以下几个方面：把资源消耗、环境损害、生态效益等资源环境类评价指标全面纳入经济社会发展的综合评价体系，加快推动形成绿色发展方式；大幅降低能源资源的消耗强度，从源头控制能源资源的利用效率、温室气体和污染物的排放；设置绿色门槛，实行绿色准入，构建绿色低碳循环发展的产业体系；建立绿色城镇化的发展模式，倡导节俭绿色健康的生活方式；尽快完善绿色金融体系，统一绿色项目标准，鼓励金融机构开发更多绿色金融创新产品；加强国际合作，建立可持续发展全球伙伴关系，全面落实联合国2030年可持续发展议程。

第七，以制度型开放为抓手，努力实现更大范围、更宽领域、更深层次的对外开放，加快推动由商品和要素流动型开放向规则等制度型开放转变，

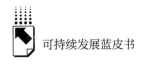
提高开放条件下经济金融管理能力和防控风险能力。面对后疫情时代全球化的显著退潮，中国仍需高举全球化大旗，反对贸易保护主义，以更强有力的全球合作来推动新一轮的全球化，在力所能及的范围内承担全球性责任、提供全球性公共产品。

对内，为确保经济安全底线不失守，必须进一步巩固和提升中国制造业在全球产业链中的主导地位，"保持我国产业链供应链的稳定性和竞争力"[1]。继续推进国内产业升级，完善和强化中国制造业在全球产业链中的主导地位，从国家战略高度建立供应链安全体系，在尽量留住国际采购订单和减缓部分外资企业外迁的同时，也要尽可能地减少对外部市场、外资企业和全球产业链的依赖；继续采取适当扩大进口、实现贸易平衡的措施和政策，减少对于出口企业的过度补贴和倾斜，降低更多消费品的关税和非关税壁垒；通过开放打破某些行业长期以来形成的行政垄断，逐步降低更多行业对外资准入的门槛和壁垒。

对外，以共同战疫和经贸合作为抓手，积极寻求更广泛的国际交流与合作[2]。打破各种贸易投资壁垒，极力避免贸易摩擦再度抬头；尽量利用G20等国际多边对话机制，积极主动参与和推动全球宏观经济政策的协调与沟通；妥善处理好中美关系，搁置争议，抛弃偏见，加强彼此沟通和紧密合作以应对疫情挑战。

参考文献

《二十国集团领导人应对新冠肺炎特别峰会声明（全文）》，《人民日报》2020年3月27日，第2版。

樊建民：《新冠肺炎疫情对编制"十四五"规划补齐民生短板的思考》，《中国经济时报》2020年2月24日，第4版。

---

① 王军：《疫情下的经济全球化之变》，《清华金融评论》2020年第6期。
② 王军：《疫情下的经济全球化之变》，《清华金融评论》2020年第6期。

国际货币基金组织:《世界经济展望》2020 年 4 月, https：//www. imf. org/zh/Publications/WEO/Issues/2020/04/14/weo - april - 2020, 最后检索时间：2020 年 7 月 16 日。

何帆、朱鹤:《全球供应链有近忧无远虑》,《21 世纪经济报道》2020 年 3 月 9 日, 第 4 版。

鲁政委:《绿色发展：疫情预防之根本——来自新冠疫情的反思》, 兴业研究 2020 年 2 月 14 日分析报告, https：//mp. weixin. qq. com/s? src = 11&timestamp = 1592709795&ver = 2413&signature = L － AlvDDC1eMRabPtn4JhaQOIjPbV4VaQLfEO3YdIMuP4I4sja0r91ex8oaW3L00arvWhK7ZaISO6stnhg8uZxW456KDZipr4phjlKZ15GYqsi6Q1j3pRi8dVcRJ1OPD5&new = 1, 最后检索时间：2020 年 7 月 16 日。

盛朝迅:《"十四五"时期我国产业高质量发展环境将面临深刻变化》,《中国发展观察》2019 年第 12 期, 第 1~3 页。

王军:《新冠疫情不会削弱中国供应链的优势》,《东方财经》2020 年第 4 期。

王军:《从"十三五"到"十四五"：全面提高经济竞争力》,《瞭望》2020 年第 21 期。

王军:《疫情下的经济全球化之变》,《清华金融评论》2020 年第 6 期。

习近平:《携手抗疫 共克时艰——在二十国集团领导人特别峰会上的发言》,《人民日报》2020 年 3 月 27 日, 第 2 版。

周密:《经济全球化进程很难因为一场疫情而长期暂停》, http：//www. yidianzixun. com/article/0OuS6g78? s = yunos&appid = s3rd＿ yunos, 最后检索时间：2020 年 7 月 16 日。

Henry A. Kissinger, "The Coronavirus Pandemic Will Forever Alter the World Order," *The Wall Street Journal*, April 3, 2020, https：//www. wsj. com/articles/the-coronavirus-pandemic-will-forever-alter-the-world-order - 11585953005.

Richard N. Haass, More Failed States, "How the World Will Look After the Coronavirus Pandemic", *Foreign Policy*, March 20, 2020.

Robin Niblett, The End of Globalization as We Know It, "How the World Will Look After the Coronavirus Pandemic", *Foreign Policy*, March 20, 2020.

Shivshankar Menon, This Pandemic Can Serve a Useful Purpose, "How the World Will Look After the Coronavirus Pandemic", *Foreign Policy*, March 20, 2020.

Stephen M. Walt, A World Less Open, Prosperous, and Free, "How the World Will Look After the Coronavirus Pandemic", *Foreign Policy*, March 20, 2020.

Thomas L. Friedman, "Our New Historical Divide：B. C. and A. C. ——the World Before Corona and the World After", *NYT*, March 17, 2020.

B.7

中国式医改：公益性回归与可持续发展

王明伟 *

摘　要： 2020 年是中国医改历程中的重要里程碑。一方面，历时 11 年，以"公益性回归"为主旨的新医改，面临基本医疗卫生制度建设收官检验；另一方面，年初以来的新冠肺炎疫情对多年医改成果进行集中检阅，其在彰显中国医改成效之时，亦显示不足之处。在全球范围，医疗卫生服务均被视为社会可持续发展的基石，民众健康是发展源泉。本文聚焦中国式医改，通过对中国医改历程与现状的梳理，发现中国医药卫生体制在医疗卫生服务水平和医保可持续性两方面还有待完善，需要围绕医疗资源配置、信息化建设、医保支付方式等方面推动改革深化，有效实施"健康中国"战略，推动社会可持续发展。

关键词： 新医改　公益性回归　新冠肺炎疫情　医药卫生体制　可持续发展

医疗是关乎社会稳定大局的重要民生问题，是提升人力资本、保障社会可持续发展的基石。在全球范围，世界各国均致力于构建高效的医药卫生体制，以实现医疗卫生服务的有效供给。然而，医改并非易事。一方面，从社

---

* 王明伟，中原银行与西安交通大学管理学院联合培养博士后，研究方向：医疗体制改革、公司金融与资本市场。

会发展需求来看，普惠公益的广覆盖医疗服务是保障民众健康、实现社会公平正义的必要举措；但另一方面，公益性取向可能会降低医疗效率，导致医疗水平发展滞后。因此，如何平衡公益和效率，在保障民众健康、夯实社会可持续发展基础的条件下，促进医疗效率持续提升，是全球医改面临的重要课题。本文将通过对中国医改历程与现状的系统梳理，明确当前中国医药卫生体制存在的短板，并提出一些针对性的政策建议，为进一步有效推动医改进程，促进社会可持续发展提供参考与借鉴。

一 中国医药卫生体制改革历程

新中国成立以来，根据不同时期的政策取向差异，可将中国医药卫生体制的演变划分为三个阶段（见表1）。从新中国成立初期的公益性取向，到伴随改革开放而起的市场化改革，再到"非典"过后以"公益性回归"为主旨的新医改，无不体现中国政府在保障公平正义和提高医疗效率之间的平衡探索。

表1 中国医药卫生体制改革历程

阶段划分 阶段特征	第一阶段 （1949～1978 年）	第二阶段 （1979～2008 年）	第三阶段 （2009 年至今）
政策取向	公益性：计划管制	市场化	公益性回归 公共产品
公共卫生	预防为主 体系初建	疾控、卫生监督 体系基本建立	基本公共卫生 服务均等化
医疗服务	低水平均等化	城乡供给差异化	健全基层体系
医疗保障	城镇：公费、劳保 农村：合作医疗	新医保制度 政策全覆盖	全民医保 发展完善
药品供应	计划管制	以药养医	生产：一致性评价 采购：带量采购 流通：两票制
主要问题	技术水平低 积极性不足	看病难、看病贵	公益性与医疗 效率的平衡

资料来源：作者整理。

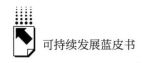

（一）公益性取向的计划管制期（1949～1978年）

新中国成立初期，历经多年战火，中国医疗服务体系和公共卫生服务体系近乎缺失，民众健康问题突出，传染病流行，人均寿命较低，建立基本且广覆盖的医疗服务体系，保障民众健康成为当务之急。为此，这一阶段的中国医药卫生体制以公益性为基本原则，并采取与经济体制相适应的计划管制模式，通过初步建立覆盖城乡的公共卫生体系与医保机制、管制药品生产与流通、构建低水平均等化医疗服务体系等举措，取得了突出成绩，显著提高了民众健康水平。另外，严格计划管制模式叠加公益属性，导致医务人员缺乏激励，医疗技术发展缓慢。

（二）市场化取向的旧医改（1979～2008年）

为提升医务人员积极性和创造性，促进医疗技术发展，适应市场经济体制。1979年，时任卫生部部长钱信忠表示"要用经济手段管理卫生事业"[1]，自此中国市场化医改拉开序幕。这一阶段，中国医卫管理部门相继推动实施了新型医保体系建立、公立医院改革、药品供应体系改革等一系列重大举措，显著提升了医药卫生领域的技术能力，增强了体制活力，但市场化取向亦导致药价高企，百姓看病难、看病贵等问题，不利于社会长期可持续发展。

（三）公益性回归的新医改（2009年至今）

2003年爆发的非典疫情，对中国市场化医改的成果进行了一次系统性检阅，诸多体制短板在疫情中得以凸显，市场化多年改革存在的乱象与百姓看病难等问题得到社会各界广泛关注。以此为契机，中国开始着手启动新一轮医改，经过6年意见征集与论证，2009年3月《中共中央国务院关于深化医药卫生体制改革的意见》正式颁布，宣告中国新医改启动[2]。与此前的

---

① 《1979年：医疗改革"初露端倪"年》，http：//www.China.Com.cn/health/zhuanti/fyesnygl/txt/2006－10/13/Content－7238774.htm。

② 《新后改方案正式公布》，http：//www.ce.cn/cysc/ztpd/09/ygfa/index shtwl。

旧医改强调市场化不同，新医改将基本医疗卫生制度确定为公共产品，强调医疗服务的公益性，这轮公益性回归被业内称为医改的"二次出发"。新医改启动以来，围绕公共卫生、医保、药品供应和医疗服务四大体系，国家医卫管理部门采取了一系列重要举措，建立健全了均等化的基本公共卫生服务体系和医疗服务体系，实现了医保的全民覆盖和待遇提升，降低了药品价格，初步缓解了看病难、看病贵的问题。但不可忽视的是，虽然以公益性回归为主旨的医改，可以在更大范围为民众提供普惠式的医疗服务，保障民众健康，但如何在公益性框架下，兼顾医疗效率，避免低水平医疗停滞，持续改进医疗服务能力，或许才是从长远来看，促进社会可持续发展、提升社会发展质量的关键。

二 中国医药卫生体制发展现状

2009 年，《中共中央国务院关于深化医药卫生体制改革的意见》中，明确到 2020 年，要建设覆盖城乡居民的公共卫生服务体系、医疗服务体系、医疗保障体系和药品供应保障体系，形成四位一体的基本医疗卫生制度。在 2020 年收官之年，系统梳理四大体系建设现状，明确中国 11 年新医改改革成效具有重要意义。

（一）公共卫生服务体系建设不断加强

1. 组织架构基本完善

中国公共卫生服务体系由两大部分构成：一是专业公共卫生服务网络，由疾控中心等 8 类专业公共卫生服务机构构成，为国民提供基本公共卫生服务项目，并负责重大公共卫生服务项目；二是医疗服务体系的公共卫生服务职能，以基层医疗卫生机构（社区卫生服务机构、乡镇卫生院、村卫生室等）为基础，为国民提供基本公共卫生服务项目。2018 年，中国各类专业公共卫生服务机构合计 18033 家，基层医疗卫生机构合计 943639 家，基本形成较为完善的组织架构（见表2）。

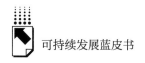

表2 2018年中国公共卫生服务体系概况

体系构成	机构类型	机构数量（个）
专业公共卫生服务机构 （提供基本公共卫生服务、 负责重大公共卫生服务）	疾控中心	3443
	专科疾病防治院	1161
	健康教育所	177
	妇幼保健院	3080
	急救中心	384
	卫生监督所	2949
	采供血机构	563
	计生技术服务机构	6276
	合计	18033
医疗服务体系公共服务职能 （提供基本公共卫生服务）	基层医疗卫生机构	943639

资料来源：《中国卫生健康统计年鉴（2019）》。

2. 服务能力持续提升

2014~2018年数据显示（见图1、图2），基层医疗卫生机构和专业公共卫生机构的床位数与卫生人员数量均呈增长态势，表明新医改以来，伴随国家公共卫生投入增长，中国公共卫生服务能力得到持续提升。另外，从增长率来看，基层与专业卫生机构近5年中，床位数年均增长率分别为3.49%和5.32%，卫生人员年均增长率分别为2.90%和0.22%，均低于国内生产总值增速，表明中国公共卫生投入存在不足，国民在公共卫生领域未能充分享有经济发展成果。尤其值得注意的是，专业卫生机构人员在2015~2016年出现大幅下滑，且直到2018年才迈过前期高点，表明在国家投入不足的环境下，卫生人员流失较为严重。

（二）医疗服务体系持续完善

1. 城乡服务体系基本形成

经过几十年医药卫生事业的发展，中国基本形成覆盖城乡的医疗服务体系。在城市，以社区卫生服务为基础，以城市医院为衔接的新型城市医疗服务体系基本建立。在农村，以县级医院为龙头，以乡镇卫生院和村卫生室为

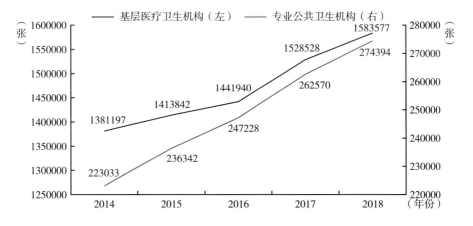

图1　2014～2018年公共卫生服务机构床位数

资料来源：《中国卫生健康统计年鉴（2015～2019）》。

图2　2014～2018年公共卫生服务机构人员数

资料来源：《中国卫生健康合计年鉴（2015～2019）》。

基础的农村医疗服务体系日益完善。2018年，中国城市医疗服务体系两大类型机构合计52453家，农村服务体系三大类型机构合计674015家，城乡服务体系建设成效显著（见表3）。

2. 农村服务网络逐步改善

健全基层医疗卫生服务体系是新医改五项重点改革之一。农村服务体系是基层医疗卫生服务体系的主要构成。2014 年以来，作为农村服务体系龙头的县级医院，数量呈现单边增长态势（见图 3），年均增长率为 5.91%，为农村服务网络的改善提供了关键支撑。另外，作为农村服务体系的基础，乡镇卫生院与村卫生室的数量却呈现逐年递减态势，2014～2018 年年均增长率分别为 -0.30% 和 -0.90%。这一结构性变化，虽然有助于强化农村地区的基本医疗服务和大病救治，但可能降低一般常见病的诊疗和农村地区的基本公共卫生服务。

表 3 2018 年中国医疗服务体系概况

体系构成	机构类型	机构数量（个）
城市服务体系	社区卫生服务机构	34997
	城市医院	17456
	合计	52453
农村服务体系	县级医院	15553
	乡镇卫生院	36461
	村卫生室	622001
	合计	674015

资料来源：《中国卫生健康统计年鉴（2015～2019）》。

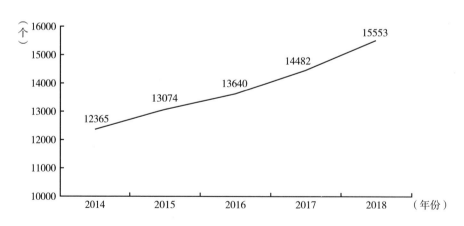

图 3 2014～2018 年县级医院数量

资料来源：《中国卫生健康统计年鉴（2015～2019）》。

3. 医疗服务总体供给持续增加

2014年以来，中国政府卫生支出以11.65%的增速逐年提升，为医疗服务供给改善提供了坚实支撑。图4显示，2014~2018年，中国医疗服务总体床位数和卫生人员数量呈现持续增长态势，其中，床位数年均增长率为6.22%，卫生人员数年均增长率为4.71%，充分保障了国民的医疗服务需求。但值得警惕的是，从床位数与人员数量来看，医疗服务供给增速低于政府卫生支出，或在一定程度表明卫生支出配置效率有待提升，医疗资源存在严重浪费。

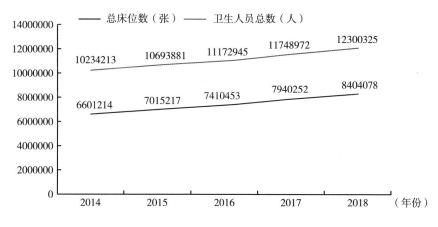

图4　2014~2018年医疗服务总供给

资料来源：《中国卫生健康统计年鉴（2015~2019）》。

（三）医疗保障体系建设加速

1. 多层次、广覆盖医保体系基本形成

中国新型医疗保障体系起步于1994年城镇职工医疗保险的两江试点①。经过20多年发展，以基本医疗保险为主体，以补充医疗保险、商业健康保险、慈善捐赠和医疗互助为补充，以医疗救助为托底的多层次医保体系基本

---

① 《25年前"西江试点"的经验和教训》，http：//www.sohu.com/a/305370794_120047499。

形成（见表4）。在覆盖面上，2020年1月数据显示，目前，全国参加，基本医疗保险人数超过13.5亿人，参保率约97%，贫困人群医疗救助实现全覆盖，因病致贫、返贫人口由2014年的2850万人降至100多万人，累计降幅高达96.49%，为国民健康提供了切实保障①。

表4 中国医疗保障体系

主体：基本医疗保险	职工基本医疗保险
	城镇居民基本医疗保险
	新型农村合作医疗
补充	补充医疗保险
	商业健康保险
	慈善捐赠
	医疗互助
托底：医疗救助	医疗保险救助
	门诊医疗救助
	住院医疗救助
	临时医疗救助

资料来源：《中共中央国务院关于深化医疗保障制度改革的意见》。

2. 医保支付方式不断完善

伴随经济发展和人口老龄化，国民对医疗服务的需求日益增长，医保资金有限性与医疗需求无限性之间的矛盾高度凸显，如何做好医保控费，避免医疗资源浪费，是医保可持续发展的重要命题。新医改以来，相关部门对医保支付方式不断完善，相继推进按人头付费、按床日付费、按项目付费、总额预付、按病种付费等改革措施（见表5），致力于实现医疗机构、医务人员、患者三方利益的激励相容，以减少过度用药与过度诊疗，避免资源浪费，实现缓解看病贵与医保资金合理使用的双赢。另外，由于经办机构专业化程度不足，目前中国医保支付方式主要以总额预付和按单病种付费为主，按病种

---

① 《全民医保，群众满满获得感》，《人民日报》2020年1月17日第7版，http：//paper. people. com. cn/rmrb/html/2020－01/17/nw. D110000renmrb_ 20200117_ 2－07. htm，最后检索时间：2020年9月23日。

诊断分类付费（DRGs）的精细化支付方式推进缓慢，制约了医疗资源效率提升。此外，门诊报销受限亦是过度诊疗的一大来源，亟须改革优化。

表5　中国主要医保支付方式

支付方式		说明	缺陷
按人头付费		规定单个患者定额标准	医院更倾向接受病情简单的患者
按床日付费		规定每床日费用定额	医院更倾向接受病情简单的患者
按项目付费		规定服务项目费用定额	过度诊疗,医疗资源浪费
总额预付		规定年度费用总额	医院更倾向接受病情简单的患者
按病种付费	单病种付费	规定每个病种定额标准	医院更倾向接受病情简单的患者
	DRGs	规定诊断分类定额标准	专业化管理成本高

资料来源：作者整理。

3. 医保统筹层次逐步提升

中国地域广袤，区域间经济与人口结构差异较大，部分地区经济水平低、人口老龄化严重，医保缺口长期存在，医保待遇难以提升，区域间医保待遇缺乏公平性。为此，近年来，中国不断提高医保统筹层次，由县级统筹逐步提升至省级统筹，一方面有助于实现各地医保资金的调剂余缺，另一方面有助于保障待遇的一致性和公平性。

（四）药品供应保障体系日益健全

1. 基本药物目录建立完善

国家基本药物目录是医疗机构配备使用药品的依据。目录中药品具有三大特点：一是适应基本医疗卫生需求，价格合理，保障公众可公平获得；二是临床首选、优先使用；三是医保报销比例高。因此，基本药物目录的药品结构对于整个医药卫生体系具有重要意义。中国自2009年9月启用国家基本药物目录，经过2012和2018年两次调整，现行目录具有五大特点（见表6），对药物生产流通、医疗服务用药、医保支付与监管等具有重要价值。

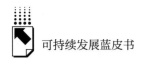

表6　中国国家基本药物目录（2018版）特点

维度	特征
药品数量	数量多,685 种
药品结构	突出常见病、慢性病、大病与公共卫生用药,关注儿童等特殊人群用药
药品规范	规范药品剂型 1110 个,规格 1810 个
中西药并重	中药 268 种,西药 417 种
临床必需	新增 11 个临床必需、疗效确切的非医保药品

资料来源:《中国国家基本药物目录（2018 版）》。

2. 医药产业创新升级

先进的医药制造产业是保障国民健康的基石。新医改以来,围绕药品审批与医保支持等方面,相关部门推出了一系列改革措施,比如,致力于提升仿制药质量的一致性评价与新版 GMP,以及致力于促进中国创新药发展的医保纳入时间与纳入比例改革,这些政策对提升中国药品质量和研发能力具有重要的推动作用。

3. 采购流通改革有效实施

采购流通改革是降低药品价格的重要途径。其中,在采购环节,新医改11 年,中国通过“三步走”对药品采购进行了优化:一是 2009～2014 年,将药品集中采购由地级市上升到省一级,开展省级采购;二是 2015 年,开展药品的分类采购;三是 2018 年,国家医保局主导实施“4＋7”带量采购。通过三次采购模式优化,实现药品价格的显著降低。而在流通环节,相关部门相继推动了两票制、营改增、流通企业自查、飞检和配送商遴选等一系列改革措施,有效减少了药品流通环节,加速了行业集中度提升,促进药品价格回归合理范围。

三　中国医药卫生体制存在短板

经过多年医改探索,中国医药卫生事业在取得诸多成绩的同时,亦存在较多短板，显著制约中国医疗卫生服务在保障民众健康、促进人力资本循环、提升社会可持续性中的作用。

（一）医疗卫生服务水平较低

2020 年爆发的新冠肺炎疫情，是对中国医疗卫生服务能力的一次集中检阅，其在彰显中国医改成就的同时，亦加速凸显中国医疗卫生服务能力短板。四大体系在总量与结构上存在突出问题，制约中国医疗卫生服务水平的有效提升。

1. 公共卫生服务体系

中国公共卫生服务体系存在总量投入不足和配置结构不合理两大问题。

第一，在总量投入方面。中国公共卫生领域投入明显不足。具体而言，虽然中国卫生总费用逐年上升，但在政府总支出中占比仍然较低，而公共卫生支出更是卫生总费用的一小部分，致使公共卫生建设严重滞后于经济增长。从存量供给来看：在床位数上，2018 年中国基层医疗卫生机构和专业公共卫生机构床位数分别为 1583577 和 274394 张，占全国总床位数的 18.84% 和 3.27%，占比明显偏低；在人员配置上，基层医疗机构和专业卫生机构人员分别为 3964744 和 882671，占全国卫生人员总数的 32.23% 和 7.18%，每万人专业公共卫生人员仅为 6.34 人，人员短板亦极为显著。从增量供给来看，2014 年至 2020 年上半年，中国基层与专业卫生机构床位数年均增长率分别为 3.49% 和 5.32%，卫生人员年均增长率分别为 2.90% 和 0.22%，均低于宏观经济增速，公共卫生投入明显不足。

第二，在配置结构方面。中国公共卫生建设存在严重的城乡不均衡。2014 年以来，城市基层与专业公共卫生服务机构年均增速分别比农村高 7 和 8.64 个百分点，人员年均增速分别高 8.55 和 6.78 个百分点。资源配置差异导致农村地区公共卫生服务能力严重不足，在本次疫情中，广大农村地区显示难以有效承担疫情防控任务，一些专业性较强的卫生工作，如隔离、症状甄别、健康教育等需靠乡镇和村干部完成，严重制约了疫情防控效果。

2. 医疗服务体系

中国医疗服务体系主要存在两大结构性问题，即基层医疗服务体系建设

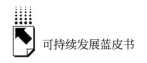

滞后和应急医疗服务发展滞后。

第一，在基层医疗方面。尽管基层医疗卫生服务体系建设是新医改五大重点工作之一，但是，经过11年新医改，本轮疫情再次凸显中国基层医疗服务体系短板。从2014～2018年数据来看，作为农村医疗体系龙头的县级医院年均增速为5.91%，低于国内生产总值增速，乡镇卫生院和村卫生室的数量更是逐年递减，导致农村医疗服务体系建设存在严重滞后。在本轮疫情中，由于基层医疗服务不足，大量患者涌入城市三级医院，不仅加剧三级医院诊疗压力和物资短缺，而且增大了交叉感染的风险。

第二，在应急医疗方面。本轮疫情暴发于中国华中地区最大的国家中心城市——武汉，其作为拥有同济、协和等一大批高水平医疗机构的副省级城市，在本轮疫情中却接连告急，大量患者无法获得有效诊疗，可见中国应急医疗能力存在显著不足。

3. 医疗保障体系

中国医疗保障体系在应急医疗保障和互联网医疗报销两方面存在短板。

第一，在应急医疗保障方面。中国缺乏制度化的应急医疗保障机制，导致在本轮疫情早期，部分困难群众和异地患者消极就医，显著加剧疫情感染风险。为此，国家医疗保障局联合财政部于1月22日印发《关于做好新型冠状病毒感染的肺炎疫情医疗保障的通知》将疫情相关药品和服务临时纳入医保基金支付范围，将疫情相关药品和服务临时纳入医保基金支付范围，并针对异地就医患者，明确先救治、后结算，为疫情防控提供了临时保障机制。

第二，在互联网医疗报销方面。现行互联网医疗报销显著受限，医保支付未能有效打通，制约互联网医疗发展。互联网医疗是改善基层医疗服务能力的重要补充，是推进分级诊疗的有效手段，亦是疫情期间规避感染风险、满足居民就诊需求的重要应用。然而，本轮疫情中互联网医疗需求的急剧增长，显著暴露现行医保体系在互联网医疗领域的短板。将互联网医疗纳入医保目录，是下阶段加快互联网医疗发展的必要条件。

4. 药品供应保障体系

中国药品供应保障体系在应急药品保障和信息化建设两大领域有待

完善。

第一，在应急药品保障方面。本轮疫情凸显中国应急药品保障能力不足。在疫情暴发期，药品、医用耗材等应急物资，出现严重短缺，造成社会性恐慌，突出反映现有应急药品生产供应和物资储备难以支撑重大突发公共卫生事件需求。

第二，在信息化建设方面。中国药品供应保障体系信息化建设明显滞后。本轮疫情中，药品经办机构系统封闭、数据孤立，导致药品采购和供应管理混乱，对医院药品短缺情况缺乏及时跟进和补充，管理模式粗放，难以实现大范围的药品精准供应，不利于药品的准确调配，严重制约了疫情救治和防控效率。

（二）医保持续性有待提升

医保是医疗行业的最大支付方。据统计，中国二级以上医院中，60%以上的收入来源于医保支付，医保对中国医疗行业发展的影响可见一斑[1]。然而，近年来，在医改公益性回归下，中国老龄化进程加速叠加医保支付方式改革缓慢，使医保持续性面临极大挑战。如何提升医保持续性，保障医疗服务高水平可持续，成为实现医疗服务高质量供给、促进社会可持续发展的重要课题。

1. 老龄化客观加剧医保压力

广覆盖的医疗服务叠加低生育率，加速中国老龄化进程。截至 2018 年末，中国 60 岁及以上的老年人口从 2000 年的 1.26 亿人增长到 2.49 亿人，增幅接近一倍，在总人口中占比从 10.2% 上升到 17.9%。尤为值得关注的是，2018 年中国 60 周岁及以上人数首次超过 15 周岁以下的人数，而这一现象通常被认为是老龄化社会加速到来的表现，中国老龄化进程或远未到峰值[2]。

---

① 《公立医院医疗收入谁占大头？》，http://www.sohu.com/a/319627161_115362。
② 《我国 60 岁以上老人达 2.49 亿》，http://society.people.com.cn/n1/2019/0507/c1008-31070550.html。

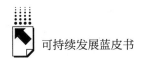
医疗公益性叠加人口老龄化，将显著加剧医保压力。一方面，在公益性取向下，中国致力于建立全面覆盖的医疗保障体系，以实现对民众健康的可靠保障，促进社会可持续发展；但另一方面，人口老龄化显著降低医保资金来源，增大医保支付缺口，使医保可持续性面临较大挑战。

2. 医保支付方式改革推进缓慢

人民日益增长的医疗需求与医保基金有限的现实情况，要求医保基金使用需合理高效。其中，优化医保支付方式是规范医保基金使用的关键环节。近年来，中国积极推进医保支付方式改革，并于 2017 年全面推行以按病种付费为主的多元复合式医保支付方式，以降低按项目付费模式占比，减少医疗资源浪费。然而，从实际情况来看，虽然按项目付费占比持续降低，但仍在总支付中占三成以上，从而可能造成较大的医疗资源浪费。此外，门诊报销受限亦是导致医保基金浪费的重要因素，小病住院屡有发生证实医保基金不合理使用普遍存在。

四　深化医改促进社会可持续发展

近年来特别是党的十八届三中全会以来，中国医药卫生体制改革不断深化，在公益性取向下，人民健康状况和基本医疗卫生服务的公平性可及性持续改善。特别是在 2020 年新冠肺炎疫情防控中，医药卫生体制经受住了考验，为打赢疫情阻击战发挥了重要作用。另外，医改涉及政府、民众、医院、药企等多方诉求，改革难度大，需要的平衡多，导致现行体制还存在一些问题需要完善。针对中国当前医疗卫生服务水平低、医保持续性不足等问题，提出以下建议，为进一步深化医改，促进社会可持续发展提供参考与借鉴。

（一）加强公共卫生体系建设

从总量和结构两方面完善公共卫生领域建设。总量上，增大公共卫生领域投入，加强公共卫生人才培养，充实公共卫生队伍；结构上，加强农村公共卫生领域建设，强化乡镇卫生院疾控职责，健全疾控工作城乡联动工作机制。

（二）完善医疗服务体系及医保配套机制

建议围绕两大领域开展重点工作。一是持续推进分级诊疗，加强基层医疗服务体系建设，推动互联网医疗发展，完善互联网医疗医保报销机制，推动实现"小病在基层，大病在医院"，提高医疗效率，缓解看病难、看病贵；二是推动应急医疗服务补短板，在中心城市建立应急医疗服务机构，推动现有医疗机构发热门诊改造，完善应急医疗保障机制。

（三）健全药品供应保障体系

建议围绕应急药品保障和信息化建设两方面，健全药品供应保障体系。一是建立健全应急药品保障机制，完善应急药品储备制度，加大短缺药品、耗材的储备力度和使用监管，做好应急药品保供稳价工作；二是加强药品供应体系信息化建设，建立完善药品信息化追溯机制，提高药品采购和供应的精细化管理。

（四）深化医保体系改革，提升医保持续性

建议拓展筹资机制，强化基金管理，保障医保可持续性。一是建立健全多元化筹资机制，加快发展商业健康险，建立医保多方共担机制，积极引入社会力量参与医保经办服务。二是加强医保基金管理，全面推进医保支付方式改革，大力推行按病种付费为主的多元复合型医保支付方式，健全医保基金使用监管机制，切实提高医保基金支出效率，减少医保基金不合理使用。

参考文献

陈立忠：《中国医药体制改革推进机制及政策建议》，《中国经贸导刊》2019 年 12

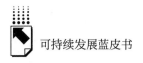

月 10 日。

盖清利：《"三个着力"做好医疗卫生体制改革工作》，《人口与健康》2019 年 12 月 8 日。

黄剑辉：《医疗卫生需求 10 年内达 15 万亿，中国医卫体制改革路在何方》，《第一财经日报》2020 年 3 月 30 日。

李玉华：《商业健康保险与基本医疗保险的衔接路径和对策——基于协作性公共管理的视角》，《南方金融》2019 年第 10 期，第 75 页。

彭晓博：《持续推进支付机制改革和医保治理能力现代化》，《中国发展观察》2020 年 Z3 期，第 60 页。

王政：《基于三医联动视角的医药卫生体制改革成效分析》，《中国医院》2019 年第 12 期，第 49 页。

借 鉴 篇

For Reference

B.8
国际城市可持续发展案例分析

付 佳　廖小瑜　雷红豆*

摘　要： 为更好地理解全球城市可持续发展现状，本文选取了发达国家与发展中国家的代表性城市，通过分析其可持续发展指标，进一步比较发达国家与中国领先城市的差异，包括美国纽约、西班牙巴塞罗那、巴西圣保罗、法国巴黎、新加坡及中国香港等。对比研究发现：中国城市的经济发展水平整体上处于世界领先地位，而其他国际城市在节能减排、治理保护与资源再利用等方面表现更为突出；在社会民生与资源环境两方面，各城市之间并无显著差异。

---

* 付佳：美国哥伦比亚大学应用分析硕士研究生，研究方向：应用分析；廖小瑜：美国哥伦比亚大学运筹学、地球环境工程专业本科生，研究方向：运筹学、地球环境工程；雷红豆：美国哥伦比亚大学地球研究院访问学者，西北农林科技大学博士研究生，研究方向：环境经济学、区域经济发展、可持续政策与管理。

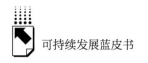

关键词： 国际城市 可持续发展 国际城市案例

一 美国纽约

1.经济发展

2019 年纽约 GDP 约为 5.9 万亿元，相当于北京与深圳 GDP 之和、西班牙与加拿大 GDP 之和。但是中国城市的平均 GDP 增长率远超过美国城市。美国城市的 GDP 增长率很少超过 4%，而中国一线城市的 GDP 增长率普遍在 7% 左右。从失业率来看，中国城市数十年的经济快速增长，使得失业率处于历史低位。同年，纽约的城镇登记失业率为 4.10%，约是中国城市平均水平的 1.4 倍（见表 1）。纽约市的经济支柱产业为服务业，医疗保健、金融与专业服务行业占据主要地位。随着中国城市制造业的技术提升，纽约与北京的第三产业增值速度逐渐持平。

表 1　2019 年美国纽约主要可持续发展指标

可持续指标	纽约	珠海	中国城市平均值
人口（百万人）	8.40	1.89	6.63
GDP（十亿元）	5879.00	291.00	571.00
GDP 增长率（%）	2.70	8.00	7.24
第三产业增加值占 GDP 比重（%）	90.99	49.09	51.09
城镇登记失业率（%）	4.10	2.25	2.85
人均城市道路面积（平方米/人）	22.95	28.58	15.78
房价一人均 GDP 比	0.16	0.14	0.17
每万人城市绿地面积（公顷/万人）	13.56	111.38	52.39
空气质量 PM2.5 年均值（微克/立方米）	9.50	27.00	39.00
单位 GDP 水耗（吨/万元）	2.38	19.42	57.27
单位 GDP 能耗（吨标准煤/万元）	0.07	0.39	0.66

可持续指标	纽约	珠海	中国城市平均值
污水处理厂集中处理率(%)	100.00	97.32	93.64
生活垃圾无害化处理率(%)	100.00	100.00	98.67

资料来源：NYC Open Data，2020.6.12，https：//data. cityofnewyork. us/Environment/Wastewater – Treatment – Plant – Performance – Data/hgue – hj96. New York.

Stringer, S. M.，2018.12.14，https：//comptroller. nyc. gov/wp – content/uploads/documents/The – State – of – the – Citys – Economy – and – Finances – 2018. pdf. New York.

GEOTAB，2019.7.10，https：//www. geotab. com/press – release/greenest – cities – in – america/. New York.

Zillow，(n. d.)，https：//www. zillow. com/new – york – ny/home – values/. New York。

Statista，2020.4.23，https：//www. statista. com/statistics/304883/new – york – real – gdp – by – industry/. New York.

2. 社会民生

纽约是美国人口密集程度最高的城市，其公共交通基础设施水平处于美国领先地位。150 年前，纽约就倡导出行方式多元化理念，设计出四通八达的地铁系统、自行车道与水运系统。2019 年纽约人均城市道路面积为 22.95 平方米/人，高于中国北京、上海等城市的平均水平。

2019 年，纽约的平均房价位列全球第七，仍高于美国其他大部分城市。与其他城市相比，纽约市的最低工资水平较高，但市中心地区如曼哈顿的经济适用房数量依旧短缺。同年该市的房价—人均 GDP 比为 0.16，相较于中国可持续发展排名靠前的城市，其居民房屋购买力普遍较弱。但由于纽约人均 GDP 较高，其房价—人均 GDP 比远远低于北京（0.28）、上海（0.32）和深圳（0.29）。

3. 资源环境

据 2019 年统计数据，纽约市政公园面积超过 11000 公顷，而每万人城市绿地面积仅为 13.56 公顷。同年，中国一线城市人均绿地面积约为纽约的十倍，每万人有 132.75 公顷。但是此处相差较大也由于各个国家统计方法与口径不同。纽约市的标志性公园有来自社会各界的支持，包括政府政策保护、非营利组织及私人慈善事业的捐赠等。2015 年，纽约推行"OneNYC

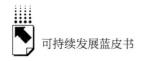
可持续发展计划"，全面取代 2007 年提出的"PlaNYC 计划"，致力于在 2030 年之前将居住在公园可步行到达范围内的住户比例，提高至 85%。

20 世纪 60 年代，纽约是全美空气与水污染最为严重的地区。美国成立联邦环境保护局，联邦、州与地方性法律法规也逐渐完善，旨在降低城市的污染程度，包括垃圾焚烧、煤与石油发电、含铅汽油的使用等。当前，纽约 PM2.5 与二氧化硫含量水平降至了历史最低点，而运输业与工业仍给该市的空气质量提升带来压力。2019 年纽约 PM2.5 的年平均值为 9.5 微克/立方米，同比 2014 年，其平均值降低了 20%。作为中国可持续发展水平综合排名位列第一的城市——珠海 2019 年的 PM2.5 年平均值为 27 微克/立方米，是纽约平均水平的近三倍。位列中国空气质量排名第一的三亚，2019 年的 PM2.5 年均值为 13.8 微克/立方米，仍然比纽约高。2019 年中国城市的 PM2.5 浓度平均值为 39 微克/立方米，是纽约的四倍以上。

4. 消耗排放

2019 年，纽约虽然拥有超过 100 万栋建筑和 800 万人居民，但由于其极高的 GDP，其单位 GDP 能耗及水耗远低于中国城市平均值。在过去的十年间，纽约政府提出并实施了多项提高能源效率的相关计划，例如绿色建筑计划。该计划要求建设者定期发布建筑物报告、与之相配套的节能法规、基准年度能源使用水平与温室气体减排总体目标。尽管这些计划大幅提高了纽约的能源效率，使其成为全美能源效率最高的城市，但数目众多的建筑物群，仍成为该市最大的温室气体排放源。OneNYC 预计纽约到 2050 年，约减少 80% 的温室气体排放量，鼓励采用太阳能发电，并大幅度提高建筑能效。该市为了提高其水资源管理质量，进一步计划在未来十年内投资十多亿美元，用以保护上游水库与水质的安全。

5. 治理保护

纽约污水处理厂的污水集中处理率为 100%，而目前可持续发展综合排名靠前的中国城市远远低于此水平。类似于美国其他大部分城市，该市的下水道设计为"雨污混合溢流口"，当污水与强降雨的混合量大于处理厂的容量时，其余的水将被排放至城市水道中。纽约近几年加大投资加强雨水及额外溢流水箱的管理能力，现如今纽约的 14 个污水处理厂，每天的污水处理量超过 4000 万吨。

2019 年，纽约的生活垃圾无害化处理率为 100%，与中国大多数城市基本持平。纽约致力于在 2030 年之前成为零废弃率城市，以降低向州外垃圾填埋场运送垃圾的迫切需求。OneNYC 项目的废弃物管理目标，在于提高生活垃圾回收的转移率、厨余有机垃圾的收集率及餐厅等商业与企业的废物服务效率等。

二 巴西圣保罗

1. 经济发展

在过去十年间，尽管巴西存在经济衰退与政局不稳的双重压力，但 2019 年巴西仍为世界第九大城市经济体。类似于中国目前的发展形势，巴西几十年来的经济也迅速发展，但自 2014 年以来，该市遭受了历史上最为严重的经济衰退打击，与此同时，高层的政治丑闻与腐败指控也不断加剧。2019 年，从其居高不下的城镇登记失业率（14.2%）以及逐渐下降的 GDP 增长率（2.6%）可以看出巴西的经济仍然未开始回暖。该年度几乎所有中国城市的 GDP 增长率都高于圣保罗，其城镇登记失业率接近中国城市平均值的 5 倍（见表 2）。历史上的工业城市——圣保罗，现如今是巴西的金融中心，且逐步转型为服务型经济体结构。2019 年，圣保罗的第三产业增加值占 GDP 比重为 76.88%，高于深圳（58.78%）和上海（70.94%）等可持续发展综合排名靠前的中国城市，亦高于中国城市的平均水平（51.09%）。

表 2 2019 年巴西圣保罗主要可持续发展指标

可持续指标	圣保罗	珠海	中国城市平均值
人口（百万人）	12.18	1.89	6.63
GDP（十亿元）	1272.00	291.00	571.00
GDP 增长率（%）	2.60	8.00	7.24

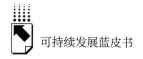

续表

可持续指标	圣保罗	珠海	中国城市平均值
第三产业增加值占 GDP 比重(%)	76.88	49.09	51.09
城镇登记失业率(%)	14.20	2.25	2.85
人均城市道路面积(平方米/人)①	22.50	28.58	15.78
房价—人均 GDP 比	0.16	0.14	0.17
每万人城市绿地面积(公顷/万人)②	2.60	111.38	52.39
空气质量 PM2.5 年均值(微克/立方米)	16.20	27.00	39.00
单位 GDP 水耗(吨/万元)	6.29	19.42	57.27
单位 GDP 能耗(吨标准煤/万元)③	0.15	0.39	0.66
污水处理厂集中处理率(%)	60.00	97.32	93.64
生活垃圾无害化处理率(%)	97.80	100.00	98.67

资料来源：Agencia de Noticias, 2019.12.13, https://agenciadenoticias.ibge.gov.br/en/agencia – news/2184 – news – agency/news/26407 – pib – da – cidade – de – sao – paulo – equivale – ao – da – soma – de – 4 – 3 – mil – municipios – brasileiros – 2/.

Langevin, M. S., 2019.5.3, https://www.georgetownjournalofinternationalaffairs.org/online – edition/2019/5/3/brazils – persistent – unemployment – challenge/.

IQAir. (n.d.), https://www.iqair.com/world – most – polluted – cities? continent = &country = &state = &page = 1&perPage = 50&cities = KxnLg5issKdfCRjDe/.

2. 社会民生

作为巴西人口最密集、城市化面积最大的城市，圣保罗的城市范围不断向外部扩大，人口密度约为中国香港的 1/4。该市的交通基础设施主要是道路系统，2019 年的人均城市道路面积约为 22.5 平方米/人，远远高于中国城市道路面积的平均水平（15.78 平方米/人）。鉴于圣保罗严重的交通拥堵压力，该市投资了巴西最大的现代地铁系统，虽在一定程度上缓和了交通拥挤现状，但仍无法覆盖圣保罗的全部区域。为加速郊区的经济发展，政府也大力投资建设公路，加快货车运输在城市内外发展。

相较于巴西其他城市，圣保罗的房价仍然较高，同时也面临严峻的住房

① 未找到 2018 年城市道路面积数据,沿用 2017 年城市道路面积计算所得。
② 未找到 2018 年城市绿地面积数据,沿用 2017 年城市绿地面积计算所得。
③ 未找到 2018 年能源消耗数据,沿用 2017 年能源消耗计算所得。

短缺问题。城市居民收入的严重不均衡，导致精英住房与非正规住房成本之间存在巨大差距。2019 年，该市的房价—人均 GDP 比为 0.16，其居民房屋购买力低于中国主要城市。

3. 资源环境

2019 年圣保罗城市绿地面积①依旧较小，约为 2.6 公顷/万人，同期中国的城市绿地面积高于此水平。为改善这一现状，该市计划在道路拥挤的地区投资建设垂直花园，同时增加整个城市的行道树总量。

1970 年至今，圣保罗市通过并实施了多项工业污染法律法规，其空气质量稳步提升。作为圣保罗的经济支柱，工业与制造业仍占据主要地位，因此其空气质量一直是该市的长期挑战。尽管 2019 年的 PM2.5 年均值比上一年略有下降（18 微克/立方米下降至 16.2 微克/立方米），但该市的空气质量水平与世界卫生组织的要求（10 微克/立方米）仍存在差距。虽然市政府长期以来不断加强环境质量的控制与监管，但仍由于执法力不足与财政预算有限，从而限制了相关举措的有效实施。例如 2009 年，圣保罗出台了气候变化应对政策，用以推进空气质量的改善，下文将进一步详细讨论。

4. 消耗排放

圣保罗 2019 年每万元 GDP 的耗水量为 6.29 吨，约为同期中国城市平均水平的 1/9。圣保罗 2014～2015 年严重的旱灾让该市的大部分地区失去水源，从而导致水资源难以满足未来 20 年的需求。为增加水资源供给，该市与水利单位开展合作，实施增加生活用水的供应、提高水质管理质量、加大投资污水处理厂建设、减少从邻近水坝输水的基础设施等对策。

2009 年，该市出台《市政气候变化政策》，提出了温室气体减排总体目标。该政策的实施重点在于扩大绿地面积、增加公共交通设施、提高建筑材料质量与推广可再生燃料，用以减少碳排放总量，进而改善空气整体质量。2017 年，圣保罗气候委员会倡导减少城市公交车排放、制定新的重型车辆排放标准，并在城市垃圾填埋场增设沼气发电厂。这一系列举措使圣保罗市

---

① 圣保罗绿地面积统计不包括没有绿植覆盖的公共休闲空地。

2019 年的能源消耗量降低至每万元 0.15 吨标准煤，低于所有中国城市同年的单位 GDP 能耗。

5. 治理保护

2019 年，圣保罗污水处理厂的集中处理率为 60%，低于中国绝大多数城市的平均水平。流经该市的 22 个水域都存在非常严重的污染现象。为改善水体质量和提高污水处理能力，圣保罗近年来做了许多努力和工作，包括上文所提到的增加投资污水处理厂的建设，与此同时，世界银行也为其改进卫生安全系统给予了一系列额外投资与支持。

2019 年该市的生活垃圾无害化处理率为 97.8%，与中国和其他国际性城市的水平基本相当。1970 年至今，圣保罗市逐步提供相应的垃圾回收等服务，目前已覆盖约 70% 的大都市地区。另外，大部分生活垃圾被送至垃圾填埋场，并由人工进行细化与分类，回收具有再利用价值的材料。与此同时，也有部分私营公司高价为城市提供废物处理等服务。

三　西班牙巴塞罗那

1. 经济发展

西班牙是世界历史上受经济危机打击最为严重的欧洲国家之一，巴塞罗那作为西班牙的经济与行政中心，其 GDP 在 2007～2009 与 2010～2012 年间出现急剧下降现象，直到近几年来才逐渐上升。中国城市 2019 年 GDP 增长率为 7.24%，高于巴塞罗那 2.7% 的 GDP 增长率（见表 3），但巴塞罗那与其他欧洲城市发展水平相当。经济危机的存在，也严重增加了失业率，在 2012 年 3 月时达到 24% 的峰值。至 2019 年，失业率才有所下降，但仍不低于 11.1%。巴塞罗那商业历史传统悠久，其工业主要以纺织业为主，主导产业为旅游业、服务业，贸易出口是该市的经济支柱产业。2019 年该市第三产业的增加值占 GDP 比重为 88.94%，明显高于中国所有城市（如北京 83.09%、深圳 58.78%、珠海 49.09% 等）。

表3　2019年西班牙巴塞罗那主要可持续发展指标

可持续指标	巴塞罗那	珠海	中国城市平均值
人口（百万人）	1.64	1.89	6.63
GDP（十亿元）	655.00	291.00	571.00
GDP增长率（%）	2.70	8.00	7.24
第三产业增加值占GDP比重（%）	88.94	49.09	51.09
城镇登记失业率（%）	11.10	2.25	2.85
人均城市道路面积（平方米/人）	12.59	28.58	15.78
房价—人均GDP比	0.04	0.14	0.17
每万人城市绿地面积（公顷/万人）	17.39	111.38	52.39
空气质量PM2.5年均值（微克/立方米）	12.30	27.00	39.00
单位GDP水耗（吨/万元）	1.45	19.42	57.27
单位GDP能耗（吨标准煤/万元）	0.02	0.39	0.66
污水处理厂集中处理率（%）①	100.00	97.32	93.64
生活垃圾无害化处理率（%）②	100.00	100.00	98.67

资料来源：Ajuntament de Barcelona，2019.1.1，https：//www.bcn.cat/estadistica/angles/dades/economia/pib/pib_trimestral/evbcn.htm.

Generalitat de Catalunya，(n.d.)，https：//www.idescat.cat/pub/？id=aec&n=318&lang=en/.

OECD，Stat，(n.d.)，https：//stats.oecd.org/Index.aspx？QueryId=72724/.

2.社会民生

作为加泰罗尼地区最大的城市，巴塞罗那拥有164万人口，其市区面积延伸至周边多座城市。而巴塞罗那的占地面积只有102平方千米，约为北京的1/100，纽约或香港的1/10。作为交通枢纽城市，巴塞罗那机场成为西班牙的第二大机场，每年接待的乘客量超过4000万人次。巴塞罗那港是欧洲主要海港，也是最繁忙的欧洲客运港口之一。巴塞罗那高速公路线路数量庞大，高速铁路连接至欧洲其他大部分国家。然而，该市人均城市道路面积③约为12.59平方米/人，小于中国城市平均值（15.78平方米/人）及可持续发展综合排名靠前的中国城市（珠海28.58平方米/人，深圳26.04平方米/人）

2017年，加泰罗尼亚政治局势的动荡对巴塞罗那的房地产市场产生了

---

① 未找到2018年污水处理率数据，沿用2017年数据。

② 未找到2018年垃圾无害化处理率数据，沿用2017年数据。

③ 西班牙的道路面积统计不包括高速公路和隧道。

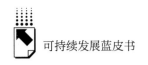

负面影响，使其房价猛烈下跌。2019 年其房价—人均 GDP 比为 0.04，低于中国可持续发展综合排名前三的城市（珠海为 0.14，北京为 0.28，深圳为 0.29），表明其居民住房购买力更强。

3. 资源环境

巴塞罗那一向被视为欧洲智慧城市的典范，同时也是生活质量的国际基准。该市政府长期致力于环境监管，城市公园面积占全市总面积的 10%，超过 95% 的居民可在步行 300 米范围内到达绿化区域。同时，巴塞罗那人均绿地面积较高，超过纽约市的 13.56 公顷/万人和巴黎市的 13.19 公顷/万人。

就 2019 年城市空气质量而言，巴塞罗那明显优于中国大部分城市，但该市主要交通运输干线的空气质量仍存在缺陷，2013 年曾被评为欧洲环境污染最严重的第三大城市。对此，巴塞罗那于 2015～2018 年实施了空气质量改善计划，明确了污染物的主要来源为港口和公路运输，据此推行一系列新型项目，包括城市河港绿化、改善公共交通、促进非机动交通和汽车共享、建立空气质量和排放模型、规定物流时间表、控制柴油车辆排放，以及限制使用燃油供暖等项目。

4. 消耗排放

巴塞罗那在节水节排方面被认为是欧洲的基准线。该市 2019 年单位 GDP 耗水量约为 1.45 吨/万元，约为中国可持续发展综合排名最高的城市珠海（19.42 吨/万元）的 1/13，与中国该指标表现最好的唐山（3.48 吨/万元）相近，而深圳与北京每万元 GDP 耗水量较高，分别为 8.55 吨和 11.87 吨。这得益于巴塞罗那自 21 世纪初推行的公民意识运动，该运动鼓励公民承诺于 1999～2014 年减少 20% 以上的耗水量。

同时，巴塞罗那 2019 年的能源消耗为 0.02 吨标准煤/万元，耗能价值高于中国该指标排名较前的城市，如北京（0.25 吨标准煤/万元）、深圳（0.35 吨标准煤/万元）和珠海（0.39 吨标准煤/万元）。这得益于巴塞罗那于 2002～2010 年及 2011～2020 年推行的能源改进计划，该计划旨在评估本市实际的能源消耗量，通过建设更好的基础设施，向可再生能源转型，进而减少废气排放，最终实现更先进的供应网络管理、更精细的房屋保温调控系统，以及构建城市空调网络与改善公共照明等目标。

5. 治理保护

巴塞罗那 2019 年的污水处理厂集中处理率高达 100%，与中国综合排名较高的城市水平相当。该市拥有细致完整的污水管网与计算工具，可实时根据河流流量，模拟下水道网络系统的运行方式，及时调节雨水和污水水箱，以避免河流和海水污染。

巴塞罗那回收利用所有居民的生活垃圾，其家庭垃圾的无害化处理率为 100%，与 60% 的中国城市水平相当。该市于 2008 年关闭了附近的 Garraf 垃圾填埋场，将其改造成绿色梯田农业景观及四个生态主题公园，以便更科学地处理城市所产生的固体废弃物，包括材料回收和堆肥甲烷化等。

四　法国巴黎

1. 经济发展

2019 年，巴黎的 GDP 增长率与其他西方国家的城市相当，但低于大多数中国城市（如珠海为 8%、北京为 6.7%、深圳为 7.6%）。法国从 1945 年至 1975 年经历了长达 30 年的经济增长期，同时也受到经济危机的负面影响。作为法国的金融与信息技术中心，巴黎的经济主导为服务业，与此同时，其旅游业也成为主要收入来源之一。巴黎奥委会承诺：2024 年将降低本市奥运会的碳排放量，将其缩减至 2012 年伦敦奥运会的 1/2。相较于 2019 年中国城市的城镇登记失业率，巴黎的失业率虽高达 7.7%，但是与往年相比正在下降（见表 4）。

表 4　2019 年法国巴黎主要可持续发展指标

可持续指标	巴黎	珠海	中国城市平均值
人口（百万人）	2.14	1.89	6.63
GDP（十亿元）	866.00	291.00	571.00
GDP 增长率（%）	1.86	8.00	7.24
第三产业增加值占 GDP 比重（%）	87.00	49.09	51.09

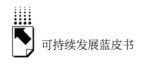
续表

可持续指标	巴黎	珠海	中国城市平均值
城镇登记失业率(%)	7.70	2.25	2.85
人均城市道路面积(平方米/人)①	7.45	28.58	15.78
房价—人均 GDP 比	0.25	0.14	0.17
每万人城市绿地面积(公顷/万人)	13.19	111.38	52.39
空气质量 PM2.5 年均值(微克/立方米)	15.00	27.00	39.00
单位 GDP 水耗(吨/万元)②	1.97	19.42	57.27
单位 GDP 能耗(吨标准煤/万元)③	0.04	0.39	0.66
污水处理厂集中处理率(%)④	100.00	97.32	93.64
生活垃圾无害化处理率(%)⑤	100.00	100.00	98.67

资料来源：CEIC Data,（n. d.），https：//www. ceicdata. com/en/france/unemployment – by – region – and – zone/unemployment – rate – zone – sa – paris.

Statista, 2020. 5. 13, https：//www. statista. com/statistics/1046125/population – of – paris – france/.

OECD, Stat,（n. d.），https：//stats. oecd. org/Index. aspx? QueryId = 72723#.

2. 社会民生

巴黎在欧盟城市面积排名中位列第一,该市有两个国际机场,同时是铁路、公路与航空运输的交通枢纽。继莫斯科地铁建成后,巴黎拥有欧洲第二大繁忙的地铁运输系统。该市古城区域保留了大部分历史街道,因此人均城市道路面积仅为 7.45 平方米/人,远低于中国大部分城市。

巴黎 2019 年的房屋住宅价格的每平方米均价高于北京、上海等中国城市,房价—人均 GDP 比为 0.25,远高于中国城市平均水平（0.17）,说明巴黎居民的房屋购买力更差。

3. 资源环境

巴黎 2019 年的人均城市绿地⑥面积为 13.19 公顷/万人,远低于中国可

---

① 未找到 2018 年城市道路面积数据,沿用 2017 年城市道路面积计算所得。

② 未找到 2018 年耗水量数据,沿用 2017 年耗水量计算所得。

③ 未找到 2018 年能源消耗数据,沿用 2017 年能源消耗计算所得。

④ 沿用 2017 年污水处理率。

⑤ 沿用 2017 年垃圾无害化处理率。

⑥ 巴黎市的绿地面积统计不包含没有植被覆盖的公共休闲用地、私人绿地,以及道路绿带。

持续发展综合排名位居前列的城市：如珠海 111.38 公顷/万人，深圳 215.17 公顷/万人，北京 61.98 公顷/万人。巴黎政府于 2016 年 12 月通过了一项新法律，允许巴黎居民在城市中根据自己的创意增加绿色植被，争取在 2020 年前使该市的绿化面积达到 100 公顷/万人。

巴黎的空气质量水平优于中国大多数城市，2019 年 PM2.5 的年均值为 15 微克/立方米，大约为中国可持续发展综合排名最高城市珠海的 1/2。在过去的几年间，该市的废气排放量持续降低，这是由于政府采取了一系列减排行动，包括扩大公共区域的绿化面积、关闭部分城市公路、修改城市规划与法规，以此来促进可再生能源的生产。该市现已建造天然气与生物燃料发电厂，用以取代五个传统石油发电厂。与此同时，巴黎鼓励市民汽车共享，并加大建设自行车道，以实现未来的两大目标：2024 年的零柴油车辆目标、2030 年的零汽油燃料汽车目标。

4. 消耗排放

2019 年巴黎的耗水量很低，每万元 GDP 仅耗水 1.97 吨，少于中国城市单位 GDP 耗水量最低的唐山（3.48 吨/万元）。

巴黎在单位 GDP 能耗方面领先于中国所有城市，约为中国城市平均值的 1/16（巴黎为 0.04 吨标准煤/万元，珠海为 0.39 吨标准煤/万元，深圳为 0.35 吨标准煤/万元，北京为 0.25 吨标准煤/万元）。与此同时，该市一直力推节能减排项目，实行一系列气候计划，包括建立太阳能地热井和发电站，改造建筑物的生态环境，以此来解决能源供应不充足、不稳定的问题，并采用智能公共照明技术，将照明能耗降低到 21 世纪初的 25%。

5. 治理保护

类似于 2019 年中国可持续发展综合水平较高的城市，巴黎也能够达到 100% 的污水处理率。巴黎通过加大建设新的水箱系统，防止在暴雨过程中污水处理厂上游的雨水与污水溢出。

2019 年巴黎家庭垃圾的无害化处理率为 100%，基本与大多数中国城市持平。该市致力于实行更为方便、便捷的废物管理模式，力争在 2050 年全面实现零利用废物的目标。为促进该目标的实现，巴黎市政府加大投资与建设废物分类收集站，同时增加厨余有机垃圾路边回收点的数量。

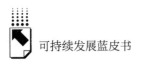

五　中国香港

1. 经济发展

众所周知，香港是中国的特别行政区，1997 年，中国本着"一国两制"的方针与原则，恢复了对香港特区的主权。香港是通往中国内地的重要门户，其经济特点是低税收与贸易自由，这有利于使香港成为世界第八大贸易经济体。香港 2019 年 GDP 为 2.4 万亿人民币，约为中国内地其他城市平均 GDP 的 4 倍。而中国内地城市的平均 GDP 增长率，却超过香港增长率的 2 倍以上。

表 5　2019 年中国香港主要可持续发展指标

可持续指标	香港	珠海	中国城市平均值
人口（百万人）	7.45	1.89	6.63
GDP（十亿元）	2400.00	291.00	571.00
GDP 增长率（%）	3.00	8.00	7.24
第三产业增加值占 GDP 比重（%）	93.1	49.09	51.09
城镇登记失业率（%）	2.80	2.25	2.85
人均城市道路面积（平方米/人）	6.17	28.58	15.78
房价—人均 GDP 比	0.46	0.14	0.17
每万人城市绿地面积（公顷/万人）	55.44	111.38	52.39
空气质量 PM2.5 年均值（微克/立方米）	20.75	27.00	39.00
单位 GDP 水耗（吨/万元）	5.41	19.42	57.27
单位 GDP 能耗（吨标准煤/万元）	0.13	0.39	0.66
污水处理厂集中处理率（%）	93.50	97.32	93.64
生活垃圾无害化处理率（%）	100.00	100.00	98.67

资料来源：《香港统计年刊》（2019 年版），2019 年 10 月 25 日，https：//www. censtatd. gov. hk/gb/? param = b5uniS&url = http：//www. censtatd. gov. hk/hkstat/sub/sp20 _ tc. jsp? productCode = B1010003. Hong Kong。

香港特别行政区政府水务署，（n. d.），https：//www. wsd. gov. hk/tc/publications – and – statistics/pr – publications/the – facts/index. html。

Statista，2020. 6. 10，https：//www. statista. com/statistics/730312/most – expensive – property – markets – worldwide – by – average – ppsf/.

《香港土地用途 2018》，2019 年 11 月 5 日，https：//www. pland. gov. hk/pland_ tc/info_ serv/statistic/landu. html. Hong Kong。

香港 2019 年的城镇登记失业率为 2.8%，高出珠海 0.55 个百分点，相当于中国内地多数城市的平均城镇失业率。自香港回归以来，其经济发展形势发生了巨大变化。香港现已成为世界第十五大服务输出地，其第三产业增加值占 GDP 的 93.1%。

2. 社会民生

受岛域面积的限制，香港成为世界上人口密度最大的城市之一。香港 2019 年人口总数为 745 万人，是珠海市总人口的近四倍，约占深圳总人口的 57%，但却无法开发新的土地面积。据美国国际公共政策顾问机构 Demographia 发布的全球房价负担能力 2018 年度调查报告，香港连续八年成为全球房价最难负担的城市。

住房需求旺盛与空间面积有限的矛盾，使得香港的人均城市道路面积非常小，仅为 6.17 平方米/人，而珠海的人均城市道路面积为 28.58 平方米/人，深圳为 26.04 平方米/人，中国人均城市道路面积为 15.78 平方米/人，均高于香港的人均水平。

3. 资源环境

香港 2019 年的城市绿地面积为 55.44 公顷/万人，与中国城市平均值（52.39 公顷/万人）相近。

相较于大部分中国内地城市，香港的空气质量更胜一筹。香港 2019 年的 PM2.5 年均值为 20.75 微克/立方米，中国城市同年的平均值为 39 微克/立方米，接近香港的两倍。

4. 消耗排放

2019 年香港每万元 GDP 能源消耗量（0.13 吨标准煤）和耗水量（5.41 吨），分别约为内地城市平均值的 1/5 和 1/10。中国内地城市的每万元 GDP 耗水量平均值为 57.27 吨，每万元 GDP 平均标准煤消耗量为 0.66 吨。

5. 治理保护

香港 2019 年的污水处理率为 93.5%，与中国内地城市的平均值（93.64%）相当。香港特区环境保护署制订并签署了 16 项污水处理计划，以便满足岛内的污水处理需求，例如通过建设污水处理基础设施，将污水引

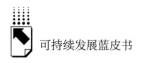

入相应设备，进行集中处理后再排入海洋。这一系列计划的实施与推行，旨在配合香港当前与未来的发展目标。

香港2019年生活垃圾的处理率为100%，与中国内地大多城市水平相当。岛上共有13个封闭式堆填区，绝大部分修复工程已于1997～2006年完成，用以减少对环境产生的潜在负面影响，同时确保配套设施的安全使用。

六　新加坡

1. 经济发展

新加坡拥有564万人口，是一个城邦制岛国，且一直沿用英国议会政府体制。该国一直以来都是整个亚洲乃至全球的贸易中心，其马六甲海峡是全世界最繁忙的贸易港口，地理位置处于中国与印度之间。新加坡的经济增长率较为平稳，2019年的GDP增长率为3.1%（见表6），国内生产总值为2.29万亿元，比北上广深稍低，其中第三产业增加值占GDP的64.39%。新加坡服务业与制造业发展速度较为稳定，因此当地的失业率也相对稳定，仅为2.1%，与珠海市（2.25%）相当，比中国城市平均城镇登记失业率（2.85%）稍低。

表6　2019年新加坡主要可持续发展指标

可持续指标	新加坡	珠海	中国城市平均值
人口（百万人）	5.64	1.89	6.63
GDP（十亿元）	2286.00	291.00	571.00
GDP增长率（%）	3.10	8.00	7.24
第三产业增加值占GDP比重（%）	64.39	49.09	51.09
城镇登记失业率（%）	2.10	2.25	2.85
人均城市道路面积（平方米/人）	15.36	28.58	15.78
房价—人均GDP比	0.19	0.14	0.17
每万人城市绿地面积（公顷/万人）	59.99	111.38	52.39
空气质量PM2.5年均值（微克/立方米）	15.00	27.00	39.00
单位GDP水耗（吨/万元）	1.99	19.42	57.27

可持续指标	新加坡	珠海	中国城市平均值
单位 GDP 能耗(吨标准煤/万元)	0.09	0.39	0.66
污水处理厂集中处理率(%)	93.00	97.32	93.64
生活垃圾无害化处理率(%)	100.00	100.00	98.67

资料来源：Singapore Department of Statistics，2019，Population Trends 2018. Retrieved from https：//www. singstat. gov. sg/－/media/files/publications/population/population2018. pdf.

Statista，2020. 6. 10，https：//www. statista. com/statistics/730312/most－expensive－property－markets－worldwide－by－average－ppsf/.

2. 社会民生

新加坡被称为一个年轻的移民国家，是一个多元化和多种族的社会，主要由第二代和第三代移民组成。新加坡的人均城市道路面积为 15.36 平方米/人，与中国城市的平均水平（15.78 平方米/人）相近。道路基础设施的开发与建设，大量占用了新加坡宝贵的土地面积，早在建设初期，新加坡就将 12% 的国土面积用于道路修建。虽然新加坡人口密度极大，但其道路却并不拥挤。同时新加坡还斥巨资建设公共交通，截至 2015 年，新加坡已运营的轨道线路长达 183 千米，其中地铁占了 84%。新加坡的房价在 2013 年达到峰值，此后一直在下降，但是在 2018 年世界房价排行榜中仍然位居第二，房屋购买力与中国大部分城市相比并不乐观。

3. 资源环境

新加坡享有"花园城市"的美誉，建有 4 个自然保护区、350 多个城市公园，全岛由总面积超过 300 平方千米的公园连接着不同干道。新加坡秉承可持续发展创新理念，通过建设绿色屋顶、层叠的垂直花园与植被墙壁，全方位增加其绿色基础设施面积。相较于中国大多数城市，新加坡的空气质量水平更高。2019 年该国的 PM2.5 年均值仅为 15 微克/立方米，远远低于中国城市平均值（39 微克/立方米）。珠海、深圳等可持续发展综合排名靠前的中国城市，其 PM2.5 年排放量均值为 27 微克/立方米和 24.16 微克/立方米。

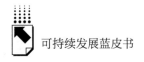
4. 消耗排放

2019 年新加坡每万元 GDP 耗水量为 1.99 吨，远远低于中国城市平均值（每万元 GDP 平均耗水量为 57.27 吨）。几十年前，新加坡面临过严峻的干旱灾害，现如今，新加坡采用多重创新方法，以确保该国充足的水资源供应量。

由于新加坡缺乏丰富的自然资源，其能源成本逐渐上升，其经济竞争力的提高也受到影响。新加坡将提高能源效率作为减少温室气体排放的核心战略之一，2019 年该国单位 GDP 能耗为 0.09 吨标准煤/万元，约为珠海（0.39 吨标准煤/万元）的 1/4，且远低于中国城市的平均值。

5. 治理保护

新加坡 2019 年的污水处理厂集中处理率为 93%，与中国城市的平均值（93.64%）持平，但低于珠海市（97.32%）和深圳市（97.16%）的水平。该国设计并开发了深隧道下水道系统，用深隧道下水道通过重力输送废水，废水被纯化成超洁净的高级再生水之后以供重复利用。近年来，新加坡的固体废弃物产量大幅增加，其中 21% 的生活垃圾被再次回收利用，其余的 79% 被特殊处理后运往垃圾填埋场。

七 图表比较

（一）各城市指标表现

注释：图 2-10 边框为中国城市和国际城市 2019 年度各项指标的最优表现。▨区域对应各项指标中国城市最好表现的汇总。▨区域对应中国城市各项指标的平均表现；▨区域对应图题城市的整体指标表现。

计算：通过将原始数据与为度量找到的最小/最大值之间的绝对差，除以最大值和最小值之间的差来计算表现。

城镇登记失业率、空气质量、单位 GDP 能耗和单位 GDP 水耗见公式（1）。

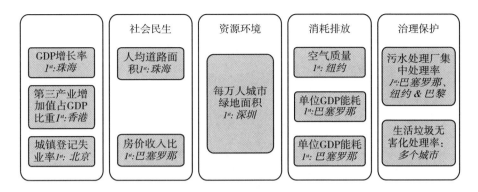

图1　2019年各指标排名第一的城市

$$表现 = \frac{|\,原始数据 - 指标下最大值\,|}{指标下最大值 - 最小值} \qquad (1)$$

其他所有指标，见公式（2）。

$$表现 = \frac{原始数据 - 指标下最大值}{指标下最大值 - 最小值} \qquad (2)$$

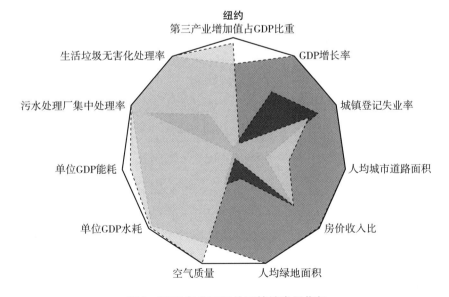

图2　2019年美国纽约可持续发展指标

注：对于所有指标，得分越高（最大部分越接近外圈），城市表现越好、整体水平越高，下同。

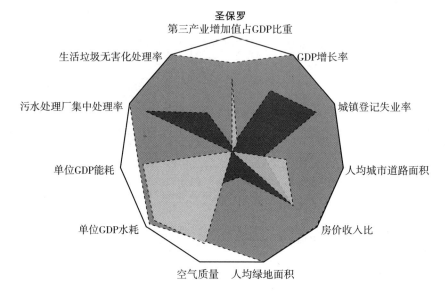

图3　2019年巴西圣保罗可持续发展指标

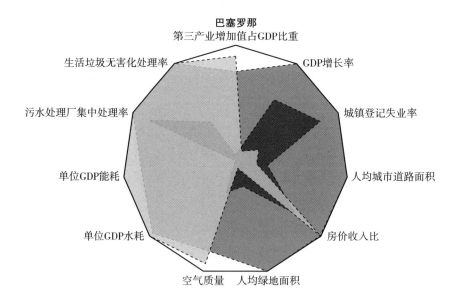

图4　2019年西班牙巴塞罗那可持续发展指标

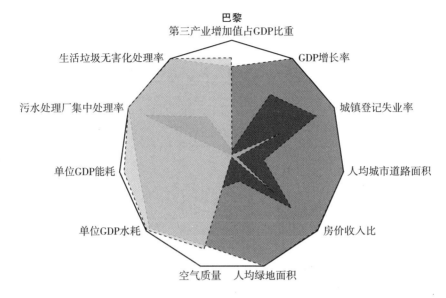

图5　2019 年法国巴黎可持续发展指标

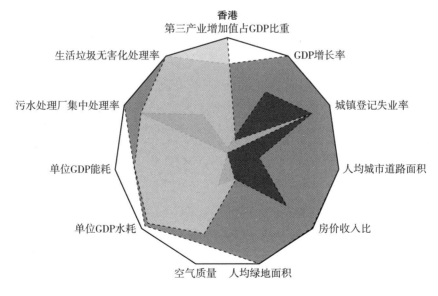

图6　2019 年中国香港可持续发展指标

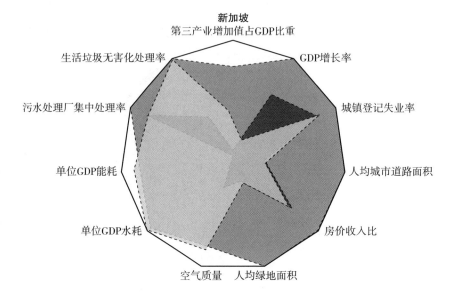

图7 2019年新加坡可持续发展指标

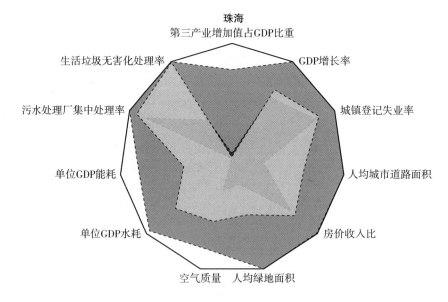

图8 2019年珠海可持续发展指标

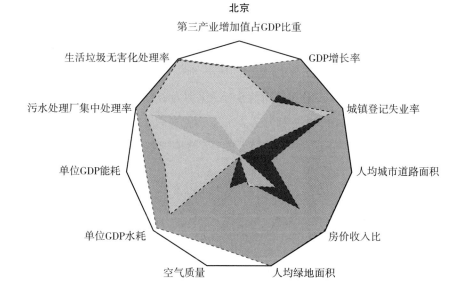

图9　2019年北京可持续发展指标

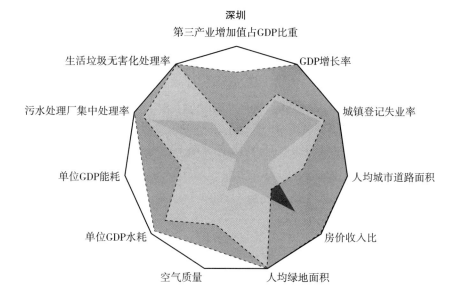

图10　2019年深圳可持续发展指标

（二）分类别比较

1. 经济发展

就经济发展水平来看，2019 年中国城市的 GDP 增长率整体优于本研究所涉及的国际城市（见图 11）：珠海为 8%，深圳为 2.6%，北京为 6.7%。该年度中国城市的平均 GDP 增长率为 7.24%，远高于纽约、巴塞罗那、圣保罗、巴黎与新加坡（均位于 1.86% ~ 3.1%），类似于该年度城镇登记失业率的总体分布（见图 13），中国城市的失业率在 0.39% ~ 4.7%，而其他国际城市的失业率则高于 4.7%（新加坡除外），圣保罗和巴塞罗那更是高达到 11% 以上。

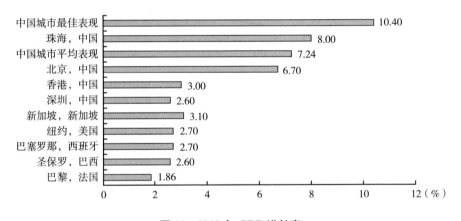

图 11　2019 年 GDP 增长率

相反，第三产业增加值占 GDP 比重呈现不同趋势，2019 年的统计数据显示（见图 12），国际城市的表现略胜一筹（均为 64.39% ~ 90.99%），而除香港之外的中国城市平均值仅为 51.09%，其中珠海为 49.09%，北京为 83.09%，深圳为 58.79%。

2. 社会民生

在社会民生指标中，中国城市与其他国际城市相比，并没有显著差异，但因各个国家与地区对城市道路交通状况的定义以及判断口径不一致，因此各国研究者更为严谨地解释该项指标，使其更客观、全面地反映城市可持续发展水平（见图 14）。就各地居民住房购买力而言，国际城市 2019 年的住房

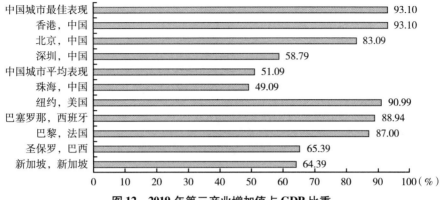

图 12 2019 年第三产业增加值占 GDP 比重

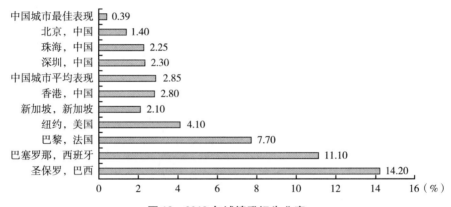

图 13 2019 年城镇登记失业率

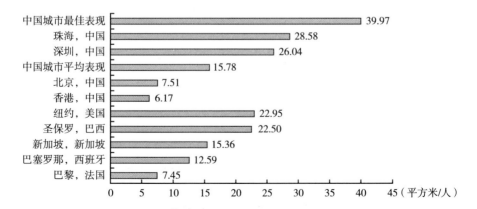

图 14 2019 年人均城市道路面积

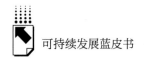

购买力均高于北京与深圳（见图15）。由于纽约有较高的人均 GDP，其房屋购买力（0.16）甚至与中国城市房价—人均 GDP 比平均值（0.17）接近。

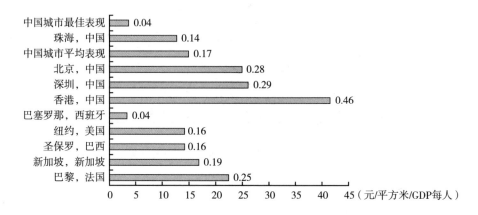

图15　2019 年房价—人均 GDP 比

3. 资源环境

2019 年中国城市绿地可用性明显高于西方城市，中国城市的平均水平也高于除新加坡之外的其他国际城市（见图16）。然而绿地可用性的计算与衡量方法在不同城市间仍存在巨大差异，广泛应用的方法是评估其绿地属性、拥有权与地理位置。

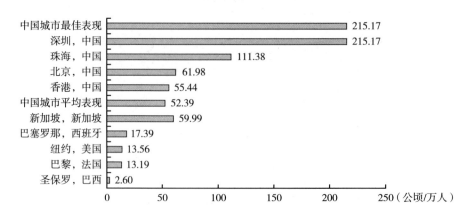

图16　2019 年人均绿地面积

4. 消耗排放

就污染物排放与自然资源消耗而言，与往年相似，2019 年国际城市的水资源利用率远高于中国城市，且其空气质量也优于绝大多数中国城市（见图 17）。除圣保罗之外，其余所有国际城市的单位 GDP 耗水量都小于中国城市（见图 18），国际城市的单位 GDP 能耗指标表现仍然较为突出（见图 19）。

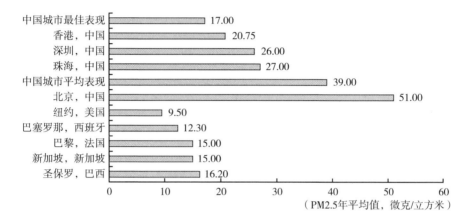

图 17　2019 年空气质量

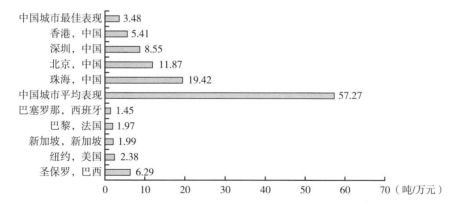

图 18　2019 年单位 GDP 水耗

5. 治理保护

2019 年，除圣保罗以外，其他国际城市均已实现 100% 的生活垃圾无害

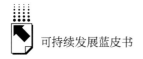

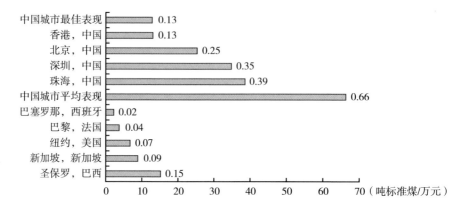

图 19　2019 年单位 GDP 能耗

化处理水平，中国城市的相应现状也在逐步改善和提高（见图 20）。深圳、香港和珠海也已达到 100% 的处理率水平，而中国城市的平均水平只有 99%。纽约、巴塞罗那和巴黎达的污水处理厂集中处理率均已达到 100%（见图 21）。新加坡的污水处理厂处理率约为 93%，仅次于珠海、深圳、北京和香港（依次从 97.32% 97.16%、96.25% 到 93.50%）。巴西圣保罗（60%）比上年（51%）有所提高，但仍然与本研究中其他国际城市差距很大。

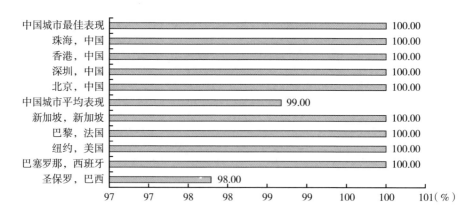

图 20　2019 年生活垃圾无害化处理率

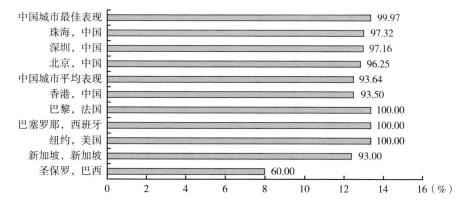

图 21　2019 年污水处理厂集中处理率

综上所述，中国城市的经济发展水平整体上处于世界领先地位，而其他国际城市在节能减排、治理保护与资源再利用等方面表现更为突出，而在社会民生与资源环境两方面，各城市之间并无显著差异。

案 例 篇

Cases

B.9

连接政府和用户，让信息更有温度

——移动互联网地图黑科技战"疫"实录

董振宁　苏岳龙*

摘　要：　作为战"疫"急先锋，互联网地图在此期间内迅速反应，根
据疫情发展的不同阶段，陆续为管理者及民众提供因时制宜
的战"疫"科技，保障人民群众日常生活需求，维护出行管
理精准高效。作为电子地图行业的领军者，高德地图在新冠
肺炎疫情期间，相继上线疫情地图及疫情实时跟踪功能、防
疫检查站交通监控预警系统、北京地铁客流满载查询功能、
武汉医护专车公益服务功能、武汉酒店超市及生鲜服务站信

　*　董振宁，阿里巴巴集团高德地图副总裁，北京交通大学特聘教授，同济大学智能交通运输系
统（ITS）研究中心特聘研究员，研究方向：智慧交通、出行信息服务、导航及位置服务；
苏岳龙，阿里巴巴集团高德地图未来交通研究中心主任，教授级高工，研究方向：时空大数
据分析、城市交通评价和特征分析。

息实时查询功能。复工后，又在全国 300 多个城市上线"安心住酒店"搜索预定功能及"无接触自提餐厅"地图功能，用互联网科技及思维，保障人民群众的日常生产生活有序进行。

关键词： 电子地图　一体化出行服务平台　互联网＋出行　互联网战"疫"

一　连接政府和用户，让信息更有温度

新冠肺炎疫情暴发时值春运，疫情防控管理急需精细化数据支撑，用户就诊、出行急需准确及时的信息服务。2020 年春节期间，高德智慧交通团队启动应急保障机制，或在家中或在工区积极响应，直面政府部门和高德用户，助力城市防疫监测站、医院数据及时准确上线，为城市管理部门提供数据分析报告，全力做好疫情防控信息传递和管理决策支持。

（一）高质高效传递疫情防控信息

通过数据接口对接各省市交通管理部门，保障防疫站点以及路段封闭信息的位置和动态信息准确，涉及 174 城，29 省；与城市公共交通运管部门密切沟通，无缝链接停运线路集动态信息，信息覆盖 30 余重点城市。经典案例图 1 所示，接口获取"道路封闭取消"信息后第一时间在 App 上线，提高用户出行效率〔左图（1）为某友商用户界面，封路信息仍然存在；右图（2）为高德地图用户界面，已经能够为用户正常规划路线〕。

（二）精准支持城市防控管理决策

智慧交通团队围绕城市防控的精细化管理需求，针对城市驾车用户出行、城市进出通道交通流量等数据做趋势分析，充分发挥高德交通数据优势，已

（1）某友商用户界面　　　（2）高德地图用户界面

图1　疫情期间道路动态信息服务（防疫站位置、道路封闭信息等）

经为北京（见图2）、上海、广州、深圳、烟台、武汉、天津、杭州、成都、重庆、郑州、苏州、长沙、西安、石家庄、宁波、汕尾和浙江18个省市交通管理部门提供决策支持，同时每天同步为国家信息中心、广东省公安厅、广州公安局、成都网信办等政府机构提供用于交通出行政策研判的数据支撑。

二　互联网地图对政府的战"疫"配合

案例1：上线成都"检疫站交通监控预警系统"

2020年2月3日，成都市交通运输局联合高德地图、阿里云开发的检疫站交通监控和辅助决策系统正式上线（见图3）。该系统涵盖成都市31个高速、国道、省道路口检疫站，可实时查看检疫站交通拥堵路况，并进行小时级自动统计，辅助对严重拥堵情况进行后端分流决策，有助于提升检疫站交通调度水平。

图 2   高德地图交通大数据对城市防控提供精细化数据分析支撑

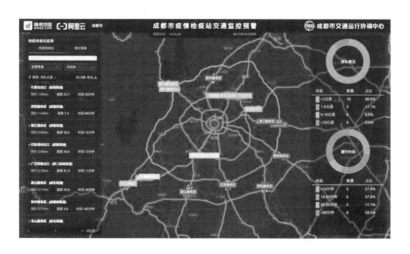

图 3   高德与阿里云联合上线的成都检疫站交通监控预警系统界面

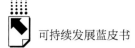

疫情发生以来，成都市在高速公路、国省干道等入境通道设置检疫站（点），对进入成都市的车辆和人员进行检疫检查。根据规定，工作人员需对每台车的驾乘人员进行体温检测和基本信息登记，确保不漏查一车一人。

随着返程高峰的到来，部分检疫站点出现了不同程度的排队或拥堵情况。检疫站交通监控和辅助决策系统上线后，可实时查看各检疫站车辆排行长度、预计通过时间，对于严重拥堵情况进行实时播报，并进行小时级自动统计，辅助决策者对于严重拥堵情况部署后端多点位分流疏导。该系统同时与成都入境通道疫情登记系统联动，分流调控检疫站的通行压力，缩短车辆通行时间。

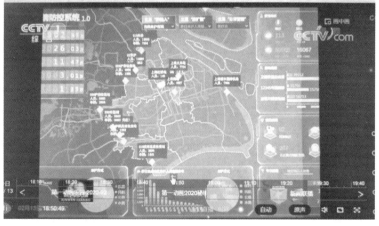

图4 融入高德交通大数据的上海市公安局疫情防控系统

案例2：支持上海"一网统管"防疫复工

上海市公安局指挥大厅的"一网统管"平台通过接入高德实时数据，可对各高速道口的车辆及人员信息进行实时追踪（见图4）。疫情发生以来，"一网统管"平台已获取确诊疑似患者、快递物流等16个维度的3000多万条数据。高德通过以数据为基础、标准地址为核心的互联网数据，支持上海公安局建设智慧公安"一标六实"警用地理信息系统，全力协助疫情期间的各项任务。

案例3："入境登记"功能累积服务36市

高德地图发布的测温点排队提示信息显示，由于返程人员增加，返程车辆集中，各主要城市的疫情检查站迎来明显的交通压力，很容易造成车辆拥堵。如果用户进入检查站后临时进行健康信息登记，无疑将进一步加剧检查站拥堵。

2020年2月6日，高德地图在上海、重庆、郑州、苏州四个城市上线"入境登记"功能（见图5）。用户可以通过高德地图在线完成健康登记，从而减少返程过程中，在各检查站的停留和等待时间。

（1）上海市入沪登记界面　（2）郑州市来郑人员登记界面

图5　高德地图App疫情期间入境登记功能界面

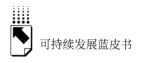

三 互联网地图对终端用户的战"疫"防护

（一）疫情前期－返程出行实时服务

案例 1：发布疫情实时跟踪专题、疫情地图

为了给民众提供最新的疫情数据，及时更新道路交通政策，并提供各方面的出行服务，高德整合功能及资源，上线"疫情实时跟踪"专题页面（见图 6）。

图 6 高德地图 App 新冠肺炎疫情专题页面（截图更新日期为 2 月 11 日）

疫情地图可查询到确诊新冠肺炎患者曾经活动过的场所。市民如因发热需要就诊，还可在高德地图上搜索"发热门诊"或"新型冠状病毒定点医院"，查询附近相关机构，就近就医。在疫情期间，此功能覆盖 297 座城市共计 10145 个发热门诊，同时还增加了 2071 家新型冠状病毒定点救治医院。

为在疫情期间搭乘交通工具的公众提供"同乘查询"功能，涵盖飞机、火车、地铁、客车、公交、出租车、轮船等出行模式，同时还接入患者求助通道，公众可以通过在线提交个人信息，资料会直达相关部门（见图 7）。

图 7　高德地图 App 接入新冠肺炎确诊同程查询功能及求助通道

由于疫情原因，人们的出行受到严重影响，各地的道路及交通政策也时刻在变化。疫情专题页面还提供各地出行政策的滚动播报，包括道路交通、公共出行以及因疫情各地政府所采取的措施等。

案例 2：发布春节期间防疫测温点排队提示

2020 年 2 月 3 日后，各地迎来春运返程客流高峰。为了防控疫情，同时保障交通路网的正常运行，多个城市设立交通检查点，对通行车辆进行停车检查、测温。为此，高德地图发布测温点排队提示，为公众提供出行参考。高德地图交通大数据显示，受疫情影响，全国高速公路车流量从正月初一开始至初八出现大幅下降，节假日期间全国高速公路拥堵大幅缓解，同比去年拥堵缓解 83.2%，整体处于畅通状态，并未出现往年初五、初六回程集中、大范围拥堵现象（见图 8）。

通过高德地图数据监测到的进京的测温点发现，初一到初七北京多数测温点拥堵情况较低，处于拥堵状态的测温点占 20%，缓行状态占比 13%，其余 77% 的进京测温点处于畅通状态。进京最拥堵的高速测温点是大广高速司马台检查站测温点，初一到初七平均拥堵延时指数 7.78，地面进京最

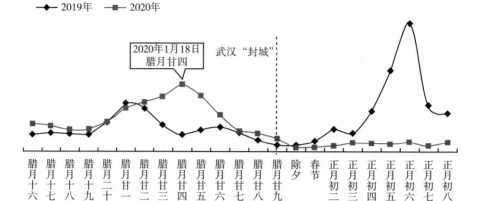

图8　基于高德地图交通大数据的全国高速公路每日拥堵里程占比变化趋势

堵测温点是密云墙子路检查站，平均拥堵延时指数3.20，车流主要来源于承德方向。从初一到初七（2020.1.25~1.31），根据分钟级拥堵指数统计，北京防疫测温站所处路段呈现周期性拥堵特征，白天有明显拥堵情况，初一拥堵最轻，随着时间推移，拥堵趋势逐渐加剧。

通过高德地图数据监测到的上海5个进沪点，有4个处于严重拥堵。其中沪陕高速崇启大桥拥堵延时指数最高达8.46，车流主要来源于南通方向。从初一到初七（2020.1.25~1.31），上海防疫测温站所处路段从初三开始出现拥堵，呈现周期性拥堵特征，白天有明显拥堵情况，2020年1月27日拥堵最严重，与北京不同之处在于，随着时间推移，拥堵趋势逐渐缓和，指数明显下降，初七几乎没有大规模明显拥堵。上海拥堵时长占比最高防疫测温站所处路段位于G15沈海高速上，拥堵时长占比达到38.4%。

（二）疫情期间为武汉推出定制化服务

案例1：为武汉上线超市、酒店、生鲜服务站搜索服务

武汉市商务局在国家商务部指导下，携手高德地图，联合各大商超企业，正式成立抗疫保供联盟，共同为做好民生服务、保障市民生活必需品供给而努力。2020年2月19日，高德地图上线"武汉超市"搜索功能，为武汉市民提供实时查询生活必需品信息功能（见图9）。用户可在线了解附近营业中的商超状态、营业时间及联系方式等。

图9　高德地图武汉超市搜索功能界面

为方便武汉市民采购鸡鱼肉蛋等生活必需品，疫情期间高德地图对"饿了么"在武汉所设置的100个生鲜便利服务站进行了快速标注，武汉市民在高德地图搜索"万吨买菜"、"饿了么买菜"或"饿了么自提点"，即可一键查询服务站信息。当日20时前下单，次日即可到上述服务站自行提取或请外卖小哥安全送上门。

疫情期间，全国各地已陆续启动对在外武汉及湖北游客的集中接待工作，高德地图综合武汉市文化和旅游局等官方机构公布的最新信息，上线了41个城市的128家接待酒店，为滞留在外的湖北游客提供"在外湖北游客酒店"一键查询功能。

案例2：为武汉医护人员上线"医护专车"公益服务

自疫情暴发以来，武汉市的公共交通系统陆续停运，为了能够保障在抗击疫情第一线的医护人员能够安全且高效地出行，高德打车联合武汉当地出行合作伙伴风韵出行共同组织公益志愿者车队，并且于2020年2月1日上线了"医护专车"服务。通过高德打车平台，武汉市的全部医护人员可全天24小时免费呼叫"医护专车"且为其提供全方位的安全防护（见图10）。

图10　高德医护专车的车辆和司机均进行了全面安全防护

高德打车"医护专车"仅为医护人员提供服务，不接待普通乘客，且该服务为免费服务。同时，每台车辆均进行了全面及专业的安全防护，保证车辆严格消毒，为司机进行防疫宣导，并为其配备消毒液、口罩等防护装备。从外省紧急调配的全身防护服，全力保障司乘健康。

（三）疫情后期－为全国复工复产提供全面支持

案例1：发布驾车活力复工指数报告、高德出行暖报

在疫情防控的同时，多地逐渐进入有序复工的状态。公共交通启动日常运营，CBD 开始有了人流，路上奔驰的车辆也比春节时期多了起来。每个人都在企盼城市快点恢复正常的运转。对于一座城市来说，道路是它的血管。想知道城市如今"恢复"得如何，少不了对其交通活力展开监测和分析。2020 年 2 月 24 日，高德地图发布《驾车活力复工指数分析报告》，从驾车活力来透视城市复工的程度。通过实际导航的人数，可以较为真切地反映城市中驾车出行的流量。驾车活力复工指数以去年同期的驾车活力为100% 的参考线，对比展现当下城市驾车活力的恢复程度（见图 11）。

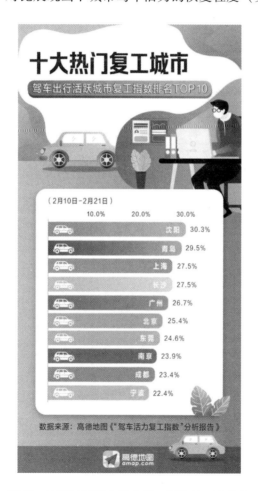

图 11　高德地图驾车活力复工指数 Top10 排名

从 2 月 10 日至 21 日整体看：复工指数最高的是沈阳，达 30.3%，驾车出行已恢复平日的三成；意料之中，武汉复工指数最低，为 7.2%。另外，复工指数并未呈现南北或东西区域差异化的规律，例如在复工指数的后五席，既有东部的杭州、中部的郑州，也有西南的重庆和西北的西安。

案例 2：上线"返程直通车"一站式服务

2 月 3 日以后，全国多地陆续复工复产，春运返程人群逐渐增多。为了在抗击疫情的关键时期更好地服务返程用户，2 月 14 日，高德地图上线"返程直通车"一站式服务，通过疫情信息提醒、防疫检查站及高速收费站实时车流信息、返程人员信息在线登记等多项功能，帮助自驾返程用户更好地规划行程，减少返程途中在疫情检查站的停留和等待时间，让旅途更加省心、安心（见图 12）。

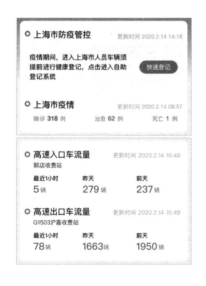

图 12　高德地图上线"返程直通车"一站式服务

案例 3：为北京市民提供实时查询地铁客流满载情况功能

2020 年 2 月 13 日，高德地图 App 为北京市民上线"地铁客流满载情况"查询功能，可以实时查询地铁线路承载人员情况及拥挤程度，通过人员拥挤度动态图标展示，简洁明了（见图13）。

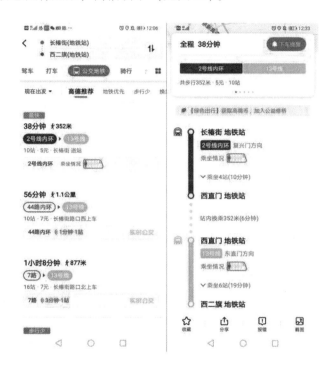

图 13　高德地图 App 疫情期间上线地铁客流满载查询功能
（左图：路线规划页；右图：线路详情页）

案例 4：在 300 余个城市提供酒店安心住和无接触餐厅信息

为了给全国的复工复产提供支持，高德联合包括华住酒店集团、首旅如家、锦江酒店、东呈国际集团，格林酒店集团、香格里拉酒店集团、凯悦酒店集团和希尔顿欢朋中国酒店在内的八大酒店集团，为大众提供"安心住酒店"信息服务（见图14）。

同时，为了让复工人员吃得放心，高德地图还对口碑提供的全国300多个城市近10万家餐厅设置了搜索分类，用户可以查看附近哪些餐厅已经恢复"正常营业"，哪些餐厅"可自提"，获得外出到店就餐指引。

图 14　高德地图 App 疫情期间上线安心住酒店及无接触餐厅查询功能

B.10
新基建夯实数字时代可持续发展基石

摘 要： 以数据为新生产资料的的数字经济时代自然需要与之相配套
的新基建。新基建的本质就是面向数字时代，全面支撑以
"数字中国"建设为目标的新型基础设施。本文提出了包含
经典基础设施的数字化升级、新商业产业基础设施、新社会
服务基础设施和数字政府治理基础设施的新基建架构体系，
分析了数字基建不同于经典基础设施的特征，以及从可持续
发展角度阐述新基建的四方面特殊价值。最后介绍了阿里巴
巴对新基建的理解和实践，以及对新基建落地的思考和展望。

关键词： 新基建 数字基建 新基建架构体系 阿里巴巴新基建实践

一 新基建的新内涵

基础设施需要和同时代的生产模式相匹配，水利和驰道是农业时代的基
础设施，公路、铁路、港口和电网等是工业时代的基础设施。以数据为新生
产资料的数字经济时代自然需要与之相配套的新基建。随着数字经济的发展
壮大，提高新型基础设施水平正成为我国经济、社会和生活发展的刚需，此
次科技抗"疫"更加凸显了加快新基建的迫切需求。

2020 年伊始，中共中央和国务院多次对新型基础设施建设做出密集部署。2

---

* 杨军，阿里研究院高级专家，研究方向：数字经济和数字技术、数字政府与智慧城市等。

月 14 日，中央全面深化改革委员会第十二次会议上指出，基础设施是经济社会
发展的重要支撑，要以整体优化、协同融合为导向，统筹存量和增量、传统和
新型基础设施发展，打造集约高效、经济适用、智能绿色、安全可靠的现代化
基础设施体系。3 月 4 日，中共中央政治局常务委员会召开会议强调：精准有序
扎实推动复工复产，把疫情造成的损失降到最低限度；要加大公共卫生服务，
应急物资保障领域投入，加快推进国家规划已明确的重大工程和基础设施建设，
加快 5G 网络、数据中心等新型基础设施建设进度；要注重调动民间投资积极性。

关于经典基础设施的边界学界尚无统一认识。主流观点认为可以包括经
济基础设施和社会基础设施两大基本类型。经济基础设施主要包括能源、交
通运输、电信、农业、林业、水利、城市建设和生态环保等促进经济发展的
基础设施。社会基础设施主要包括医疗卫生、基础教育、保障性安居工程、
养老、科技、文化、体育、旅游等公共服务设施。

新基建的本质就是面向数字时代，全面支撑以"数字中国"建设为目
标的新型基础设施。数字基础设施是新基建的核心特征。从经典基础设施的
内涵来看，面向数字时代的新型基础设施可以涵盖经典基础设施的升级、新
的数字基础设施和新基建的软环境三部分，如图 1 所示。

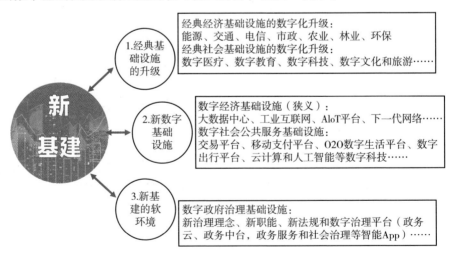

图1　新基建内涵与组成

其中，经典基础设施的升级包括经济基础设施和社会基础设施的升级，例如 5G、特高压、新型城际高铁和轨道交通、新能源充电桩等。新数字基础设施包括新出现的通用赋能基础设施，例如大数据中心、工业互联网、AIoT 平台等，以及新社会服务数字基础设施，例如交易平台、移动支付平台、O2O 数字生活平台、数字出行平台等。新基建的软环境是新的基础设施治理理念、新法规和数字治理平台，例如政务云、政务中台、政务服务和社会治理等智能 App 等。

新型基础设施运行于经典基础设施之上，二者密切联系、相互制约、相互依存，共同发挥整体性作用才能服务于数字生活、数字产业和商业、数字治理的发展需要，为整个数字中国的发展提供基础性服务。因此从"数字中国"的内涵出发，可以提出如图 2 所示的新基建的"四梁八柱"架构体系。

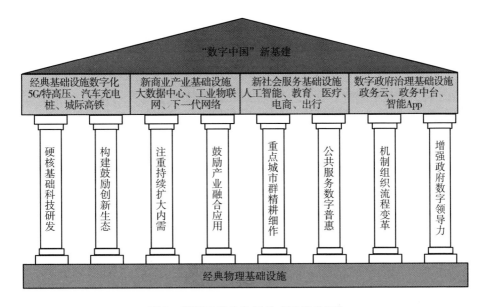

图 2　新基建架构体系的"四梁八柱"

其中，"经典基础设施的数字化升级"支撑整个"数字中国"的物理基础设施底座。"新商业产业基础设施"支撑数字经济发展、商业模式创新和

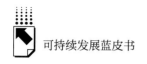
产业数字化转型。"新社会服务基础设施"支撑数字社会更加普惠，实现"小美与大好"和数字科技自主可控。"数字政府治理基础设施"支撑数字政府治理体系和治理能力更加智能。

二 新基建的新特征

以数字基建为典型代表的新基建与经典基建最显著的区别在于，数字基建中流动的是数字世界的比特，经典基建中运输的是物理世界中的原子。数字基建不同于经典基建的新特征见表1。

表1 数字基建不同于经典基建的新特征

类别	数字基建	经典基建
服务对象	数字经济	工业经济
建设对象	数字孪生世界	物理世界
驱动力量	依赖智能化服务的创新索引	靠经济发展的前期资本拉动
建设模式	大平台	大工程
建设主体	全社会多元主体	政府和国企
运行方式	多种数字技术深度融合的有机体	独立实施
管理方式	多元主体协同治理	行政管理为主的模式
价值体现	"连接"和"赋能"人、物和组织	连接物理空间为主
经济影响	靠输出服务赋能经济增长为主，乘数效应更加明显	靠资本拉动经济增长为主
实施保障	对制度和人才变革有更高要求	管理协调

在建设对象上，数字基建的使命是建设数字孪生世界。未来物理世界中的各种事物都将可以通过数字孪生技术"投射"到数字世界中，物理世界和数字世界之间建立准实时"映射"，将物理世界和数字世界互联互通和互动操作。

在驱动力量上，数字基建的需求来自"因数而智"的数字化服务，随着数字产业和商业、数字化生活和数字治理的不断创新，对数字基建的共享化提出了越来越迫切的需求。

在建设模式上，数字基建更多采用数字化平台的方式来推动，例如工业互联网平台、云计算平台和人工智能开放创新平台等。通过平台来带动产业链利益相关方形成自组织协作的生态圈。

在建设主体上，与经典基建以国家资金和国家企业为主的方式不同，目前的数字基建平台以社会资本和市场商业主体为主。

在运行方式上，公路和铁路等经典基建单独就能够发挥作用，而数字基建需要以多种数字技术深度融合的有机体的方式才能发挥作用。例如如果没有商业成功的电子商务平台、物流服务平台和支付平台，大规模建设的大数据中心和云计算平台将无用武之地。

在管理方式上，需要探索多元主体参与、协同共治的创新方式来管理新基建，在优先保障创新效率前提下辅助行政管理的手段来兼顾社会公平。

在价值体现上，新基建中流动的主要是数据比特，因此其新价值是通过数据连接赋能人、物和组织协同创新来体现，通过更便捷高效的数据流动来提升物理世界中的资源配置效率。

在对经济影响上，经典基建通过大量的固定资产投资和工程建设能够直接拉动经济增长。数字基建更多的是"无形"的数字资产，投资规模和就业规模的影响有限，但是其赋能特性决定了数字基建对其他行业的"乘数效应"更加明显，例如网上开店相比实体店能够节省更多的经营性成本，方便将货物卖到世界各地，带来更多的商业机会。

三　新基建对于可持续发展的新价值

新基建是疫情后加速经济复苏的一个重要抓手，更是为高质量发展铺下的一条可持续发展的"未来之路"。数字经济是未来大国竞争的主战场。数字经济竞争离不开新基础设施的建设。美国、欧盟、日韩等发达国家和地区也高度重视对5G、人工智能、工业互联网、物联网、产业互联网等新型基础设施布局，以谋求未来国际竞争优势地位。

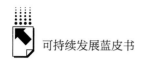
基础设施建设具有所谓"乘数效应"，即能带来几倍于投资额的社会总需求和国民收入。一个国家或地区的基础设施是否完善，是其经济是否可以长期持续稳定发展的重要基础。

从面向可持续发展的角度来看，新基建具有四方面的特殊价值。第一，新基建是夯实自主创新、安全可控和迈向高质量发展的新科技支撑之基。第二，新基建是拉动新材料、新工艺、新装备和新人才等要素的投入，夯实产业发展新动能之基。第三，新基建是为数字商业提供新市场和新场景，夯实数字商业新模式和新业态之基。第四，新基建是基于数字化平台的集成管理，夯实数字政府公共治理之基。

新基建是面向数字时代的刚需，对中华民族伟大复兴意义深远。此次科技抗"疫"更加凸显了加快新基建的迫切需求，经济快速复苏，拉动新消费需要新基建。新基建既是新基础设施，又是新兴产业，既拉动投资加快经济复苏，同时又将赋能数字商业、数字生活和数字治理的持续创新，间接带动供给侧和需求侧的数字化变革。

四　阿里巴巴集团的数字基建实践

阿里巴巴作为数字经济的创新者，多年来在数字基建方面有持续的思考和行动。早在2010年，马云就提出阿里巴巴要做电子商务的水电煤，做合作伙伴不愿做的事情。2015年，马云提出了新五通一平："是否通新零售，是否通新制造，是否通新金融，是否通新技术，是否通新能源。一平，即是否能够提供一个公平创业的环境和竞争的环境。"这些都可以看作数字基建的思考雏形和初步探索。

2020年3月20日，阿里巴巴集团董事局主席兼首席执行官张勇在《人民日报》发表署名文章。文中提出：作为新基建的重要组成部分，数字基建将为提升中小企业竞争力、消费驱动经济增长、创造更多就业机会等方面提供坚实支撑；新基建作为新兴产业，一端连接着巨大的投资与需求，另一端连着不断升级的消费市场，必将成为未来中国经济社会繁荣发展的重要支撑。

从新基建"四梁八柱"的体系架构来看，阿里巴巴集团不同团队在经典基础设施的数字化升级、新商业产业基础设施、新社会服务基础设施和数字政府治理基础设施四个方面都在开展相关的实践和创新（见图3）。

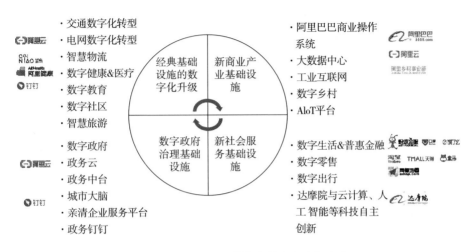

图3　阿里巴巴集团的数字基建实践与方案

在经典基础设施的数字化升级方面，阿里云通过数据智能技术助力浙江电力等多省电网公司的数字化转型，赋能浦东机场、青岛港、南方航空、杭州湾大桥、江苏高速等交通行业的数字化升级。菜鸟打造的智慧物流基础设施，成为整个物流行业数字化转型的引擎，通过大数据技术基础设施、末端基础设施、供应链基础设施、智慧物流基础设施提升全社会物流配送效率。阿里健康建设的区域医疗云、药品追溯系统和流通网络是数字健康领域的新基建实践。

在新商业产业基础设施方面：阿里巴巴集合全集团力量打造的阿里巴巴商业操作系统（ABOS）为企业数智化转型提供新的架构，通过端到端数字化和全域数据智能，构建持续增长、高效运营的数智化企业。阿里云通过遍布全球的数据中心构建全社会的计算和网络基础设施，推出工业互联网平台supET助力中小型工业企业的数字化转型，并打造智能物联网（AIoT）的基础设施的智能平台，实现人、物、云在数字世界的智能融合。数字乡村团队

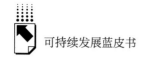

整合数字化生产、数字化流通、数字化营销、数字化服务和数字治理能力建设乡村振兴的数字基础设施。

在社会服务基础设施方面：蚂蚁金服多年来一直在致力于移动支付和金融科技基础设施的打造，促进数字生活的全球普惠，升级数字生活的开放平台，打造服务业数字化的新基建；高德地图为市民提供出行服务，为政府提供辅助决策，为企业构建数据平台，建设数字出行的基础设施。在数字科技创新方面，达摩院聚焦核心人工智能、区块链、量子计算等技术突破，布局未来科技，"飞天"云计算操作系统2018年获得中国电子学会颁发的首个科技进步特等奖。

在数字政府治理基础设施方面：阿里云打造了"一朵政务云、两中台（数据中台＋业务中台）、N个智能应用、2个服务端（公众/企业服务端和政务移动办公端）"的"12N2"的数字政府基础设施，助力省级政府的数字化转型；推出了"城市大脑"，作为城市的数字基础设施，助力国内外23个城市的出行、治理和民生服务的数字化转型。

新基建虽然在抗疫关键期进入公众视野，但实际上早已随着数字时代和数字经济"润物细无声"，在生产生活和社会治理方面不断进行创新实践。在新基建的一些领域，阿里巴巴集团积累了新基建的发展经验和技术方案。

相比传统基础设施，新基建的价值凸显，更加依赖丰富和繁荣的数字经济发展场景和产业生态，只有促进数据要素参与价值创造，才能发挥数字基建的"数字红利"。打造有利于新基建稳定发展的政策环境，鼓励互联网平台等市场主体参与新基建，对新基建战略的实施效果至关重要。

五　科技抗疫对落地新基建的启示与展望

新冠肺炎疫情为2020年春运期间的中国大流动按下了"暂缓键"，对国民经济和社会治理产生了重大影响。与2003年的非典疫情相比，互联网和数字技术成为这次抗击疫情的有力变量，并发挥了重要作用。以互联网平台为代表的数字经济的基础设施也成为科技战"疫"不可或缺的力量。数字技术正是利用跨越时空限制的"非接触"效应，在科技抗疫的过程中，能够提升疫情防控的全流程、多角色和多场景的协同效率。在信息传递高效化、防疫抗疫精准化、生活服务便捷化和公益物资协同化等方面，数字技术在对抗疫情中展现出突出价值（见图4）。

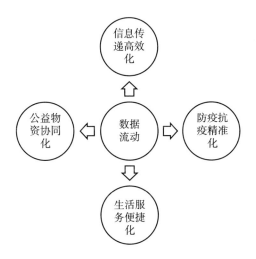

图4　数字技术在对抗疫情中的突出价值

在此次抗击疫情的战役中，经典基础设施、新商业和产业基础设施、新社会服务基础设施（电商和新零售）和数字政府治理接触设施（疫情防控平台、社区疫情防控小程序）等新基建都发挥了重要作用，也凸显出对新基建进一步升级的迫切需求。此次抗疫成为检验经典基建能力和体验新基建能力的一堂公开课，同时要打赢抗疫和复工两场战役，各级政府必须用好新基建。

落实新基建既要考虑到基础设施的共性规律和特征，又要兼顾到数字基建的特殊性。首先新基建具有超前建设性和收益远期性。基础设施建设需要适度超前，为产业发展预留一定空间，新基建的投资回收周期长，项目本身需要很长时间才能获得收益。其次新基建具有专业性和平台性的特征。基础设施项目要稳定运行，对技术及管理运营经验要求高。平台特性使成本效率最大化，服务标准一致化。平台化的社会企业成为新基建的参与主力。最后

215

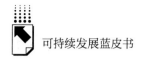

新基建具有普惠性和公共性特征。新基建关乎社会公共资源的均衡配置和经济普惠发展，相关政策的制定，往往会成为社会公众高度关注的公共政策热点问题。

"中国之治"是基础设施长期稳定投入的制度保障。新基建的七大领域都是我国多年投入、具有积累和一定领先性的科技方向。在电子商务、物流和汽车等方面，中国是全球最大的统一市场。中国有全球最大规模的数字化生活人群（手机网民数量超过 8 亿人）。中国具有世界领先的互联网平台和数字化转型实践。因此，如何充分发挥好这些推动新基建的独特优势，将是新基建成功落地的重要命题。

2020 年是中华民族伟大复兴重任承上启下的关键一年，新基建使命艰巨。2020 年是"十三五"最后一年，是脱贫攻坚的收官之年，是实现小康社会、第一个百年奋斗目标之年，是中国经济总量已跨过百万亿美元大关、人均 GDP 突破 1 万美元、超越美国成为全球最大消费市场的第一年。

新基建将是中国迈向高收入经济体、赢下数字时代发展先机的胜负手。新基建短期有助于扩大需求、稳增长、稳就业，长期有助于释放增长潜力、改善民生福利、提升治理能力。新基建的大文章在新基建所承载的数字经济，抓住新基建带来的发展机遇，并且与国民经济的数字化、智能化的升级相叠加，将为整个中国经济在全球数字化浪潮中历史性转型期的竞争力重塑发挥重要作用。

参考文献

张勇：《新型基础设施建设拓展创新发展空间》，《人民日报》2020 年 3 月 20 日。
安筱鹏：《我们是否在用工业经济的逻辑，思考数字经济的"新基建"?》阿里研究院，2020 年 4 月 14 日。

B.11
深圳：向海而生，打造可持续发展"蓝色引擎"

任平生*

摘　要： 经过40年快速发展的深圳，面临着拓展可持续发展空间的挑战。发展海洋经济，是从中央到深圳都共同认可的深圳可持续发展新领域之一。深圳在构建以海洋经济为主体的全方位可持续发展新动能时，既依托了近海的优良地理区位优势，又结合在高科技创新、金融等领域的传统优势，同时兼顾教育、旅游等多领域协同，是一种"扬长补短"的综合性可持续发展模式。目前来看，虽然深圳拥有建设全球海洋中心城市这一政策优势，但为了提升其整体管理能力及积极参加全球海洋治理，深圳有必要采取各项措施，实现海洋经济的跨越式发展，构建起独特且有竞争力的海洋科技创新体制，在南海开发和环南海区域发展中承担更多的责任。整体来看，深圳有创新意识，更愿意接纳新的东西。相比政策加持，深圳应进一步发扬其"特区精神"，在海洋经济发展过程中进一步发扬自我发展意识和创新能力。

关键词： 深圳海洋经济　经济可持续发展　综合发展模式

* 任平生，《财经》区域经济与产业研究院研究员，国务院发展研究中心副编审，研究领域：公共政策、宏观经济、区域经济与产业研究。

2020 年，深圳特区迎来设立 40 周年的发展节点。在过去的改革开放历程中，深圳既积累起高科技产业、资金、人才、创新资源等多方面的优势，亦面临着如何延续"敢想敢试敢干"的特区精神，以新突破、新动能为抓手，拓展可持续发展的新空间。近年来深圳各界也普遍有危机意识：正是因为抓住了一系列机遇，例如在电子、通信等行业占有独特的技术优势，深圳才取得了今天的城市地位；但深圳的产业发展并非高枕无忧，必须抓住新的产业机遇，通过自身努力使产业的发展嵌套进新趋势当中。

目前，除了来自中央层面的一系列宏观政策利好，海洋经济则是深圳预判后尤为重视的两个事关未来可持续增长的新领域之一（另一个为航天）。为把握机遇，海洋产业被列为深圳七大战略性新兴产业之一；在与城市未来发展有关的四大战略定位当中，深圳亦将建设全球性海洋中心城市列入其中。不仅如此，发展海洋经济产业，也被纳入深圳可持续发展的城市总体规划当中。

与传统意义上对于海洋经济的狭隘理解不同，中央对深圳的相关政策提出了一系列事关其产业、金融、科研与教育等多方面的发展举措，"支持深圳加快建设全球海洋中心城市，按程序组建海洋大学和国家深海科考中心，探索设立国际海洋开发银行。"① 这实际也是深圳近年来"向海"寻求可持续发展的核心特点：既倚托其近海的优良地理区位优势，又结合其在高科技创新、金融等领域的传统优势，同时兼顾教育、旅游等多领域协同，是一种"扬长补短"的综合性可持续发展模式。

为助力推动全球海洋中心城市建设，为深圳海洋经济发展提供新动能，深圳正在研究起草《深圳市海洋发展总体规划（2020～2035）》。该规划的内容，包括发展目标、评价体系、空间布局、管控要点和重点措施。此前，深圳市委、市政府还审议通过了《关于勇当海洋强国尖兵加快建设全球海

---

① 相关表述引自 2019 年 8 月《中共中央国务院关于支持深圳建设中国特色社会主义先行示范区的意见》。

洋中心城市的决定》，规划到 2035 年，重点提升深圳在亚太地区海洋领域的影响力，基本建成全球海洋中心城市①。

一 深圳发展海洋经济的后发优势

深圳拥有丰富的海洋资源，积极发展海洋经济是深圳近年来产业结构调整的方向之一，发展海洋经济也有助于加强深圳在粤港澳大湾区中的影响作用。

从历史角度来看，中国长期以来存在"重陆轻海"现象，仅从"兴渔盐之利、仗舟楫之便"的视角看待海洋。随着中国同周边国家与地区的经贸关系不断发生变化，以及中国对海洋资源开发的不断重视，中国对海洋的重视程度不断提升。建设"海洋强国"，是中国近年来一系列涉海规划及政策的主旨思想。从全球经验来看，世界海洋经济强国近年来大多处于海洋产业结构从"资源开发型"向"海洋服务型"转变阶段。

（一）沿海城市呈现竞争态势

在《全国海洋经济发展"十三五"规划》中，体现这些变化的内容主要有两条：其一是大幅增加了有关发展海洋服务业的内容，包括提出要针对海洋旅游业、航运服务业、涉海金融服务业等领域进行规划；其二则是提出要建设"全球海洋中心城市"，"推进深圳、上海等城市建设全球海洋中心城市，在投融资、服务贸易、商务旅游等方面进一步提升对外开放水平和国际影响力"②。

普遍而言，海洋经济包括两大方面：海洋产业和相关经济活动。中国海洋产业主要涵盖海洋油气业、海洋生物医药业、海洋资源开发利用等一系列

---

① 相关表述引自 2018 年 9 月深圳市《关于勇当海洋强国尖兵 加快建设全球海洋中心城市的决定》及实施方案。

② 相关表述引自 2017 年 5 月由国家发展改革委、国家海洋局公布的《全国海洋经济发展"十三五"规划》。

的部门。其中，海洋石油工业、滨海旅游业、现代海洋渔业和海洋交通运输业，被普遍认为是"四大海洋支柱产业"；而相关的经济活动则包括海洋调查、海洋环境保护、海洋预警预报等。因此，壮大海洋经济，破除海洋瓶颈，加快新动力转换是新时期发展的需求，也是扩大国内有效需求、拉动国民经济持续增长的重要有效途径。

多重利好之下，海洋经济正在成为中国经济高质量发展的"蓝色引擎"。2020年5月9日，自然资源部海洋战略规划与经济司发布的《2019年中国海洋经济统计公报》显示：2019年全国海洋生产总值89415亿元，比上年增长6.2%，海洋生产总值占国内生产总值的比重为9.0%，占沿海地区生产总值的比重为17.1%。其中，海洋第一产业增加值3729亿元，第二产业增加值31987亿元，第三产业增加值53700亿元，分别占海洋生产总值的4.2%、35.8%和60.0%。中国海洋生产总值十年间翻了一番，海洋经济结构持续优化，内生动力也在不断增强①。

在多重背景共同推动下，中国多个沿海城市纷纷向建设全球海洋中心城市这一构想迈进。截至2020年6月，提出建设海洋城市目标的城市包括深圳、上海、天津、大连、青岛、宁波等。在学界普遍看来，这些城市可以分为"老牌"及"新兴"两类海洋城市，前者以上海、青岛为代表，后者则以深圳、宁波为代表。这些城市谋划的发展方式各有特色与定位。

（二）深圳海洋经济的独特性

对于日益成长为华南乃至全国创新桥头堡的深圳而言，被称为"中国硅谷"可谓实至名归。但被国家层面推举建设全球海洋中心城市，对于其他不少沿海城市来说，可能并不觉得那么"服气"。

从地理条件看，深圳的优势是作为位于珠江出海口的全国经济中心城市和国家"一带一路"建设重要城市，深圳东部临大鹏湾，西部连接珠江口，

---

① 相关表述引自2020年5月自然资源部海洋战略规划与经济司发布的《2019年中国海洋经济统计公报》。

向南连接中国香港特区，位置处于南海和太平洋之间，其海岸线长度为257千米左右。

但令深圳海洋产业界担心的是：其相关产业基础及规划准备并不充足，在海洋科研和教育方面不足，缺少国际性多边涉海机构等。

在过去数年中，国家在出台涉海政策时对深圳保持了"偏爱"：2015年11月，国家海洋局明确提出"以深圳为试点、创建基于生态系统的国家海洋综合管理示范区"；2016年5月，国家旅游局同意在深圳蛇口区域设立"中国邮轮旅游发展实验区"；2016年11月，国家海洋局又批复深圳为全国首个海洋综合管理示范区。

按照中国社会科学院能源安全研究中心研究员张春宇的解读：在国家"海洋强国"战略和"一带一路"建设背景下，需要一个既有雄厚经济实力，又有发展海洋经济先天优势的城市，同时具备自贸区、保税区等叠加的制度优势、创新优势、区位优势、后发优势，通过其示范和带动作用，引领全国海洋经济共同发展。

基于未来可持续发展的角度，为了实现开发与保护相结合，深圳正在从"海陆一体"的角度切入海洋经济发展的多个领域。在发展传统优势产业的同时，也加大力量培育新兴海洋经济产业。

二 深圳发挥市场体制机制优势，实施政策创新

无论是海洋经济规模还是海洋科技领域，深圳并不占优势。但产业而非单纯区位，未来而非以往，应是深圳频获"政策礼包"的重要因素。此外，在不少业界人士眼中，深圳在发展海洋经济时的起点虽然较低，但近年来却抓住了两个核心要点，一个是"让市场说话"，另一个则是结合其现有的产业优势。

（一）深圳涉海企业发展概况

深圳目前的涉海企业有7000多家，2018年海洋生产总值约2327亿元

（到 2020 年预计达 3000 亿元），同比增长 4.63%，占全市 GDP 9.6%；此外，深圳港已连续多年成为全球第三大集装箱港。到 2019 年时：深圳已具备相对完整的海洋产业基础，形成以海洋电子信息、海洋高端智能装备、海洋生物医药、邮轮游艇等四个产业领域为主导的海洋未来产业；设立海洋产业发展基金，打造海洋高端智能装备和前海海洋现代服务业两大千亿级产业集群；建设前海海洋高端服务业集聚区、海洋新兴产业基地等高端海洋产业园区；拥有招商重工、中集集团、盐田港等一批大型涉海企业①。

华为及中集集团，或可形成佐证：例如，经过多年努力，华为交付的项目已遍布了亚、非、拉、欧各州，累计部署了大量海底通信光缆，在全球海洋通信领域打破了美、欧、日的垄断，占有了珍贵的一席之地。

近年来，深圳结合其科技创新、通信产业等优势，正在找到其在海洋经济发展方面的新突破点。例如：走过近 40 个春秋的中集集团如今已成为"中国制造"的一张名片。中集集团大力推动制造及物流体系的智能化改造，筹划整合旗下多家优质企业。

由中集来福士海洋工程公司完成的 D90 超深水半潜式钻井平台"蓝鲸 1 号"，该平台在南海作业区域参与了国家（可燃冰）勘探。此外，中集来福士还交付了海洋牧场项目，拓展挪威深海养殖业务、海上发电船业务②。

（二）协调政府与市场关系，为海洋经济发展打通"瓶颈"

站在深圳角度看，虽然海洋经济在整体经济中的占比不高，但是企业的活力和后劲确实挺足。不仅如此，其产业发展往往是全球 TOP 类的企业在各类产业端的各个环节进行推动，政府做得更多的是资源统筹与配合等服务工作。

2013 年海洋产业被列入深圳市未来产业。当年出台的《深圳市海洋产

---

① 前瞻产业研究院：《2019 年深圳海洋经济行业市场现状及发展前景分析》报告。
② 中集集团新闻：《中国首次试采海底可燃冰成功中集"蓝鲸 1 号"承担重任》，2019。

业发展规划（2013～2020年）》则提出：每年财政将安排专项资金，重点优先发展海洋电子信息、海洋装备、海洋生物、邮轮游艇等四个产业领域，积极培育海水淡化、天然气水合物（可燃冰）、深海矿产、海藻生物质能等海洋资源利用产业①。

这些项目中有不少已进入开花结果的收获期。从第二、第三产业来看，深圳既有高端海洋装备制造，又有太子湾的邮轮母港；从第一产业来说，深圳的远洋捕捞业其实也在发展。比如之前深圳是不做金枪鱼捕捞的，但是因推出了一系列财政帮扶政策，就有公司愿意来经营，现在基本上把广东的市场都覆盖掉了。

在这一过程中，深圳既有的金融及人才优势，亦在为其相关产业门类的发展增添外部环境助力。以海洋金融为例：因涉及各类高风险、高收益的业务门类，进入门槛很高；以往资本愿意涌入互联网金融等赚快钱的领域，但随着整体环境的变化，随着前海自贸区的建设，已经有越来越多的资本和金融企业开始关注海洋金融。

针对上述一系列短板，深圳亦在有意识地进行弥补。短期来看，短板不可能变成长板。但为了真正增加深圳海洋经济的全球性实力，深圳正在采取一系列措施，通过构建产业化生态，转而促进其在海洋基础研究方面水平的提升，进而给产业发展带来持续的推动力。而长期来看，市场化发展与资本市场的建设，是深圳发展海洋经济的优势。部分在其他老牌海洋城市里出现的研究成果，最终是在深圳找到规模化、产业化的落地方式。这些优势能够在一定程度上弥补其短板。

展望未来，值得深圳挖掘和抓住的海洋经济发展机遇在于：其一，如何继续加强自身在将技术成果与金融融合方面持续深入；其二，如何借助粤港澳大湾区发展的国家性政策机遇，真正与香港、澳门地区形成产业、资源联动与互补。

---

① 相关表述引自深圳市人民政府2013年11月25日公布的《深圳市海洋产业发展规划（2013～2020年）》。

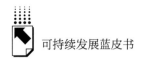

（三）科技创新引领海洋新兴产业成为发展新亮点

深圳是改革开放中成长起来的年轻化国际大都市，深圳在实施粤港澳大湾区国家战略中具有举足轻重的引领地位，开创中国海洋经济发展新局面，助推世界海洋经济共同繁荣发展，深圳肩负着寻路的使命。目前，深圳致力将海博会打造成为国际一流的海洋经济合作交流平台和建设海洋经济创新发展示范城市的抓手，计划未来几年陆续投入上千亿元，逐步汇聚人才、企业与各项资源。

为不断提升其海洋经济方面的实力，深圳也在培育海工装备、海洋电子信息等海洋新兴产业。2019 年以来，深圳涉海企业发展活力不断增强，相关数据显示，2019 年，深圳港口货物吞吐量为 2.58 亿吨，集装箱吞吐量 2576.91 万箱，同比略有增长，在全球排名第四。处在珠江口岸，位于粤港澳大湾区中心区的深圳港，已成为发展深圳海洋经济的重要依托。以中集集团为代表的深圳高端海工装备企业，在海洋工程等业务收入出现大幅增长，2020 年上半年，中集集装箱实现净利润同比增长 535.78%。目前，深圳涉海重点实验室、工程实验室、工程中心、公共技术服务平台等各类创新载体的数量达到了 34 个。

三 为可持续发展补齐短板

2019 年《中共中央国务院关于支持深圳建设中国特色社会主义先行示范区的意见》（以下简称《意见》）提出，支持深圳加快建设全球海洋中心城市，按程序组建海洋大学和国家深海科考中心，探索设立国际海洋开发银行，为深圳建设全球海洋中心城市指明了方向。深圳出台《关于勇当海洋强国尖兵 加快建设全球海洋中心城市的决定》，提出到 2035 年基本建成全球海洋中心城市。目前深圳正全力推动建设全球海洋中心城市，积极构建海洋现代产业体系，推动海陆空间相互融合，助力粤港澳大湾区飞跃发展。深圳目前正在研究起草《深圳市海洋发展总体规划（2020～2035）》（下称

"海洋发展总体规划"），致力建设全球海洋中心城市建设。海洋发展总体规划将提出发展目标、评价体系、空间布局、管控要点和重点措施，为深圳海洋经济发展提供新引擎。

就目前的发展整体态势而言，深圳在发展海洋经济的时候还存在着基础薄弱等一系列困难。比如，与国内其他沿海城市相比，海洋类人才的数量与质量都存在明显短板，海洋产业发展的空间也严重不足。不仅如此，深圳市日益高涨的营商成本，也对海洋产业培育发展造成了一定程度的阻碍。作为应对，深圳为弥补其在海洋人才方面的短板，正在实现制度破题。具体而言，可分为两大渠道：其一是通过各种渠道和方式直接吸引相关人才汇聚深圳，其二则是通过搭建产业平台吸引研发资源及相关人才来深圳。

（一）海洋教育正在突围

按照深圳市制订的具体行动目标，为打造全球海洋中心城市，深圳正全力推进创建一所国际化综合性海洋大学、打造一个全球海洋智库等"十个一"系列工程。按照规划目标，到2035年，深圳将基本建成陆海融合、经济发达、科技创新、生态优美、文化繁荣、保障有力，具有国际吸引力、竞争力、影响力的全球海洋中心城市。

所谓"十个一"工程，是指一所国际化综合性海洋大学、一个海洋科学研究院、一个全球海洋智库、一个深远海综合保障基地、一个国际金枪鱼交易中心、一个以"中国海工"为代表的海洋标杆企业、一家海洋开发银行、一只海洋产业发展基金、一个国际海事法院和一个中国国际海洋经济博览会。

从现有的涉海教育来看，不少相关学校很多是渔业水产改名而来。深圳建设上述海洋大学的目的就是要创新，从国家和国际竞争角度进行建设，所以定位目标都具有战略性和全局性，而不局限于现有的海洋大学序列。

（二）设立"国际海洋开发银行"

《意见》中提及的设立"国际海洋开发银行"，亦被业内普遍认为是给

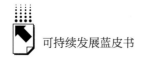
深圳发展海洋经济带来了新的可能性。而海洋经济要真正实现快速提升，必须在研究及金融两方面都取得突破性进展。

就涉海金融领域而言，目前深圳相关部门亦坦承存在薄弱环节，包括专业性的海洋金融机构数量有限、与海洋及特点相结合的金融产品不多、对海洋经济发展的资本市场建设尚未完成、相关的保险机制也未充分发挥支撑作用等。

自然资源部近日已表示①：在深圳前海设立国际海洋开发银行，是推动深圳建设全球海洋中心城市，促进海洋经济高质量发展的务实举措。下一步，将同中国人民银行等业务主管部门，加强与广东、深圳有关方面的沟通，在充分发挥现有开发性、政策性金融机构作用的前提下，指导广东省有关方面开展国际海洋开发银行设立的必要性和可行性研究。

深圳之所以酝酿设立国家海洋开发银行的构想，其目标之一是为了给海洋产业投资提供低成本资金，此外亦希望通过该行进一步提升其在金融核心要素领域里的资源配置能力。目前看，国际上开发性金融机构很多，但似乎并没有类似定位的开发银行。综合各方建议看，国际海洋开发银行的探索方向可能也会显得更加市场化。如能成立一个政府和民间共同发起、以各国民营资本为主导的多元化机构，可能会降低合作敏感度，在推动国际经济合作方面产生更好的效果，甚至在开展南海共同开发方面也可能会取得突破性的进展。

四 深圳海洋经济可持续发展的路径特点与启示

深圳近年来"向海"寻求可持续发展的整体性模式是：既倚托近海的优良地理区位优势，又结合在高科技创新、金融等领域的传统优势，同时兼顾教育、旅游等多领域协同，是一种"扬长补短"的综合性可持续发展模式。

---

① 2020年5月，自然资源部就《关于推动将国际海洋开发银行落户深圳》提案的答复。

具体而言，深圳推动建设全球海洋中心城市的路径，拥有如下特点：突出重点，实现海洋经济跨越发展；对标国际，构建海洋科技创新体系；绿色发展，凸显海洋城市文化特色；整合资源，提升海洋综合管理能力；服务国家，积极参与全球海洋治理①。

在这一过程中，深圳也放眼国际，对标伦敦、新加坡，体现出了自身的雄心。深圳希望在海洋经济领域成为中国乃至亚太地区的龙头。将视角拉长到未来二三十年，南海资源和能源很可能成为中国经济社会发展的重要倚仗，深圳也希望在南海开发和环南海区域发展中承担更多的责任。深圳有创新意识，更愿意接纳新的东西。相比政策加持，深圳在海洋经济方面的自我发展意识和创新能力，亦值得期待。

参考文献

焦建：《深圳：从经济特区到先行示范》，《财经》2019 年第 22 期。
刘东民、何帆、张春宇：《中国海洋金融战略》，中国计划出版社，2016。
吴定海：《深圳经济发展报告（2019）》，社会科学文献出版社，2018。
殷克东等：《中国海洋经济发展报告（2015—2018）》，社会科学文献出版社，2018。
中商产业研究院：《深圳海洋经济前景广阔 2019 上半年海洋新兴产业增加值增长 6.7%》，https://www.askci.com/news/chanye/20191012/1407401153656.shtml，最后检索时间：2020 年 7 月 8 日。

---

① 相关内容引述自深圳市哲学社会科学规划 2018 年度课题成果《深圳建设"全球海洋中心城市"的基础优势及建设路径》，作者为中国（深圳）综合开发研究院可持续发展与海洋经济研究所所长胡振宇等。

B.12
昆明：静水流深的可持续发展新路

王南 李强*

摘　要： 课题组跟踪调研了昆明市近年来的发展转型，探寻经济、社会、环境、资源和人类相互协调可持续发展的路径选择，并以昆明市为城市可持续发展样本，从城市生态学、可持续发展理论入手，通过案例分析、实地调研、实证分析，研究提炼昆明可持续发展的内在特色。昆明市找准坐标系、参照物，在大格局中把握地方比较优势、提升城市能级，推进经济高质量发展、政府职能转变、滇池保护治理以及文化创新等领域的探索值得全国其他城市借鉴。

关键词： 经济高质量发展　政府"放管服"改革　滇池治理　文化创新

可持续发展是在经济"野蛮"增长对环境造成巨大破坏以后，人类反思环境和经济发展关系逐步形成的发展理念。可持续发展理念致力于将人类、社会、自然环境和经济作为有机整体，全盘统筹考虑，通过调整发展思路、战略布局、经济结构，约束人类行为方式，寄望发展绿色、和谐、可持续，发展结构更平衡。

伴随城市扩建和都市圈扩容，部分城市的发展隐患逐渐显露出来，产业

* 王南，《财经》区域经济与产业研究院特聘研究员，国务院发展研究中心副编审，研究方向：公共政策、宏观经济、区域经济与产业研究；李强，《财经》区域经济与产业研究院特聘研究员，研究方向：公共政策、宏观经济、区域经济与产业研究。

效能与资源消耗失调、生态环境恶化、居民道德滑坡等，城市发展与人民群众美好生活需要不充分不平衡的矛盾非常突出。反思过去快速增长中积累的矛盾与问题，必须对城市发展路径进行创新与升级，即以可持续发展思想统领城市的未来发展路径，在纠偏中探索创新，逐步适应高质量发展要求。在"十四五"期间，发展更应该强调资源环境容量和城市综合承载能力，实现经济、社会、文化、环境和人统筹协调的可持续发展。

昆明市一度经历"大拆大建大折腾"的运动式管理，近年来渐渐体现"把基础搞对"、一锤接着一锤敲、一茬接着一茬干、一张蓝图绘到底、潜移默化久久为功的治理风格和效果。2015 年 1 月，习近平总书记到云南考察，提出"一个跨越、三个定位、五个着力"的要求，希望云南主动服务和融入国家发展战略，闯出一条跨越式发展的路子，谱写好中国梦的云南篇章。

昆明根据新时代更加注重可持续发展的要求，在对自身经济、环境质量状况深入研究基础上，确定发展思路、制定经济政策、实施宏观调控，擘画区域性国际中心城市的"时间表"和"路线图"，高标准推进市域治理现代化，着力打造一座产业创新、经济繁荣之城，一座兼容并蓄的历史文化名城，一座和谐宜居、绿色健康的世界春城花都。

一　通过经济高质量发展提升城市能级

眼界决定境界，思路决定出路，格局决定结局。地方发展要在大的格局中把握举措，主动服务和融入国家发展战略，必须回答时代之问、责任之问、使命之问、担当之问。昆明要成为"一带一路"和长江经济带建设的重要支点，辐射南亚、东南亚的区域性国际中心城市，必须在以下方面拿出合格答卷：加快转型升级、提高质量效益，发展首善经济，提升城市能级；深化改革创新、扩大对外开放，彰显首善民生，让群众有更多的获得感；擦亮春城品牌、建设美丽家园，打造首善环境；加强公共服务、增进群众福祉，实现首善民生；健全体制机制、战胜风险挑战，做到首善治理；改善政

治生态、提升工作水平、展示首善作为等。

昆明领导班子深入调查研究后，从政治、环境、发展等方面入手，构建可持续发展的生态系统。昆明主政者认为，一个地方政治生态出了问题，政府公信力会受影响，基层干部疑虑困惑、无所适从，各自只想各自的"门前雪"，谁还去想国家进步的"瓦上霜"？社会认同感会减弱，企业的投资信心也会大受影响。

可持续发展要求人与自然和谐共生。天蓝地绿、空气清新的自然环境，优美整洁的生活环境，不仅是人的生活需要，也是产业发展的基础。在抓好山水林田湖治理保护的同时，要下决心改变传统的"消耗型经济"，大力发展绿色经济、循环经济、低碳经济。

发展生态更多考量的是市域治理能力。创新是第一动力、协调是内生特点、绿色是普遍形态、开放是必由之路、共享是根本目的的新发展理念必须成为行动的先导。考核评价指标体系也必须相应调整，重心逐步从关注规模、速度转换到可持续发展。

新发展理念的效果和底力正在体现出来。2015年至2019年，昆明市GDP年均增长8.3%，在全国已公布23个省会城市中排名第7位。2019年GDP达到6475亿元，在全国27个省会城市中排名第12位，较2018年的第17位前进5位。一般公共预算收入占GDP比重9.7%，在全国已公布的19个省会城市中居第6位，税收收入增速、增收规模居全国省会城市前列，说明经济含金量趋好。

三次产业结构由2015年的4.7∶40.0∶50.3调整到2019年的4.2∶32.1∶63.7，三次产业比重突破60%，提高了8.4个百分点，在已公布的18个省会城市中排第8位。绿色发展、开放发展、共享发展等方面排名靠前，分别居第3、7、8位。

二 "放管服"改革让政府成为"店小二"

昆明市对标上海、北京、杭州等行政审批改革先进城市，近年来持续深化"放管服"改革和职能转变，着力审批服务便民利企、提高效率，积极探索知识价值参与分配，进一步落实科技成果转化、知识产权保护等措施。

政府机构改革力度加大。根据 2020 年昆明市政府工作报告，市政府工作部门由 46 个精简到 38 个，精简比例达到 17.4%，直属事业单位从 11 个精简为 6 个。强化服务意识，奔着问题去，拿出硬招来，真刀真枪解决不会担当、不愿担当、不敢担当的陈规陋习，当好服务企业和群众的"店小二"。查找影响和制约发展、群众最急最优最盼的问题，开展专项整治、逐一落实。同时通过媒体和引入第三方评估机构，对各个职能部门的工作效率和干部作风进行明察暗访。

"放管服"改革持续发力，承接省级行政许可事项 6 项，下放行政审批事项 22 项、取消 6 项。为优化营商环境，昆明市坚持问题导向，认真倾听群众和企业呼声，全面清理各级政府部门行政审批和公共服务过程中索要的各类证明、盖章等材料，吸引各类创新资源向昆明聚集。

昆明推进实施营商环境十大提升行动，开展营商环境"红黑榜"考核评价工作，"2+N"制度体系基本形成，招投标指标跻身全国前列。"一网四中心"建设和"七办"服务模式获评 2019 年中国地方政府竞争力"智慧为民"十佳案例。昆明在全国省会及副省级以上城市信用监测排名中跃升至第 18 位。昆明税务在 2019 年全国纳税人满意度调查中排名第 4。公共资源交易监管机制获国务院通报表扬。

昆明市通过制定和推进教育、医疗、文化、体育等领域的公共服务标准，提高昆明公共服务水平，致力于让经济和社会发展成果更多惠及人民群众，荣登央视《中国经济生活大调查》"十大美好城市榜"第 5 位。

三 治理保护久久为功

"汪汪积水光连空，重叠细纹晴漾红。"滇池作为高原"母亲湖"，养育了世世代代的昆明人民，舒适宜人的气候和独具魅力的五百里滇池美景、湖光山色，在历史上留下无数美丽传说，引得无数文人墨客为之倾倒。

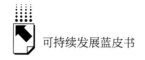
"50 年代淘米洗菜、60 年代摸虾做菜、70 年代游泳痛快、80 年代水质变坏、90 年代风光不再——这曾是滇池水质的真实写照。"到 20 世纪 90 年代初，滇池成为我国污染最严重的湖泊之一，昔日的"高原明珠"魅力日渐消退。国务院发展研究中心主办的《中国经济时报》曾刊登纪实报道，通过滇池这面镜子，映照出野蛮开发和粗放式增长方式的严重后果。

"滇池本来是云南特别是昆明的一颗明珠，现在反而成了昆明乃至云南的一块伤疤，损失实在太大了。"2015 年 1 月，习近平总书记考察云南，语重心长告诫当地干部群众："在生态环境保护上，一定要算大账、不能只算小账，要算长远账、不能只算眼前账，要算整体账、不能只算局部账，要算综合账、不能只算单项账，不能因小失大、顾此失彼、寅吃卯粮、急功近利。"要求"把保护生态环境作为生存之基、发展之本，为子孙后代留下可持续发展的绿色银行"。

以破坏环境为代价搞经济增长的老路走不下去了，必须痛下决心、改弦更张。昆明市在深入调查研究基础上，提出"量水发展、以水定城"的理念，把滇池治理纳入城市治理体系，委托高校、科研院所组织开展了科学论证，制定了"科学治滇、系统治滇、集约治滇、依法治滇"的规划和"技术上综合、管理上严格、治理上广泛"的原则，坚持以生态保护红线、环境质量底线、资源利用上线为约束条件，将环境容量和城市综合承载能力作为确定城市定位和规模的基本依据，切实减轻滇池流域生态环境压力。

"到 2035 年，滇池流域规划人口控制在 536 万人，都市区人口控制在 763 万人。"要把滇池的自然生态重新建设好、打造好，必须把滇池治理纳入城市治理体系，不能让它超过周边的承载力限制。按照"谁达标、谁受益，谁超标、谁补偿"的原则，出台实施《昆明市滇池流域河道生态补偿办法》及配套文件，使河道上下游形成合力共同治理。

推进滇池治理三年攻坚行动，使昆明被列为全国第二批城市黑臭水体治理示范城市；实施清水入滇微改造工程，抓好"上截中疏下泄"等重点项目建设，滇池全湖水质保持Ⅳ类，滇池流域水环境、生态环境和水资源状况显著改善，为1988 年建立滇池水质数据监测库 30 年以来的最好水质。阳宗海水质稳定保持Ⅲ类，南滇池湿地公园被评为"国家湿地公园"，"高原明珠"正在重新焕发昔日的光彩。

与此同时，长江、珠江流域生态保护取得进展，河道断面水质优良率为"十三五"以来最好水平；加快发展绿色新兴产业，切实降低资源能源消耗，农村自然村生活垃圾100%治理，昆明空气质量居全国省会城市前5名。

四　文明是城市辐射力的根本

教育在经济社会发展中具有基础性、先导性和全局性作用。没有教育的优先，就没有经济社会发展的领先；没有教育事业的辉煌，就没有经济建设和各项事业的辉煌。

昆明主政者认为，真正的软实力是文化，而基础是教育。小孩上学需要有好学校，老人看病需要有好医院，中年人日常活动需要有点文化追求，这些基础设施、公共产品、公共服务，就是政府应该做的，是政府的职责、天职。从某种意义上讲，事关社会和谐、价值观导向，比抓产业更重要。

坚持开放办教育，主动对接发达地区优质教育资源，大力引入优质学校到昆明办学，大力引入优秀教师到昆明施展才华，推动实施名校、名师、名长"三名工程"……昆明专人盯着解决教育不均衡的问题，一方面名校强化教育水平，另一方面政策引导均衡，主城各区至少引进两所名校，其余各县区至少引进一所名校，迅速提高教育的质量和水平。

政府有形之手要更好地发挥作用：规划建设优先安排、财政投入优先保障、公共资源优先满足；各级政府教育财政拨款的增长应当高于财政经常性收入的增长，并按在校人数平均的教育费用逐步增长，保证教师工资和学生人均公用经费逐步增长。

看病难、看病贵，城乡医疗资源分布不均，曾经是昆明市老百姓的"痛点"。为加快补齐这一民生短板，昆明市大力引进国际、国内优质医疗资源如阜外医院、安贞医院、朝阳医院、儿童医院，妇幼医院、港澳医院等。昆明还建成了涵盖519家医疗机构的医疗联合体，医保实现跨省异地就

医即时结算，成为国家医养结合试点城市。

发力教育、医卫的同时，还要培育文化根基。文化无处不在，但不是空穴来风，要通盘考虑，真正可持续发展，根深叶茂，做到即便主政者变化，这些东西照样开花结果。

针对部分市民还没有养成文明卫生、遵守秩序的良好习惯，还存在车窗抛物、乱扔废弃物、随意翻越护栏、闯红灯、公共场合大声喧哗等不文明现象，昆明组织"我为文明昆明代言""礼让斑马线"等80余项主题活动，着力打造"便民行动""爱心行动"等六大"春城志愿服务品牌"。

通过创建全国文明城市，切实改变城市的面貌、改变干部的作风，不在于"得牌"，而是让老百姓受益，不是让城市"受奖"，而是让党员干部受锤炼。用一些群众的话说，创建全国文明城市是一场洗礼、一场灵魂深处的革命，精气神改变了，环境干净了，城市文明了，真正体现了为民创建、创建惠民的成效。

文化激励是根本性的，比制度更重要。在昆明市政办事大厅，设置有温馨的书屋和宽敞的浏览空间；昆明书屋还开到南亚、东南亚等地区，政府设立工作委员会专门负责这项工作。在产业园和文化创意区，有专门的电视剧小语种翻译中心，利用留学生专门向南亚、东南亚辐射。

昆明要做一个区域性国际中心城市，必须加强对外文化交流合作，同步提升城市的文化影响力。通过和南亚、东南亚地区经贸、科技、人文联系越来越紧密，实现优势互补，合作共赢。

文化也要体现大格局：和南亚、东南亚经济一体化是一个自然历史的进程，国家极力推进南南合作，随着与南亚、东南亚的各种交通跟进，联合越紧，发挥的作用可能越来越大。

经济一体化，最重要的是文化，就是人文的交流。强化云南、昆明的国际教育，面向南亚、东南亚，把那些先富起来的孩子吸引到昆明上学，都培养成昆明的铁杆粉丝，人文相通，这才是真正的软实力，就是通过教育、文化，要想办法请进来、培育特色、走出去。

以医疗、康养为中心，以教育为中心，经济上又互补，美誉度、影响力自然增强。加强联系，优势互补，区域形成一体化，区域性国际中心城市的地位自然而然就体现出来，这是以文化人的题中应有之义。

昆明加快文化"走出去"步伐，致力于建设中国西部最具竞争力的文化创意之都，先后被列为国家文化和科技融合示范基地、国家文化消费试点城市、全国十大最具文化影响力城市、国家文化出口基地等，正在显现区域性国际文化交流中心的雏形。

五 昆明可持续发展之路的启示

必须以创新解决可持续发展的第一动力问题，打造一流的创新创业环境，积极引进人才，探索推进应用场景式科技创新。昆明根据基础性、原创性研究优势并不突出的特点，将创新重点放在前沿科技成果的应用探索，围绕区块链、5G、大健康、人工智能、智慧医疗、智慧城市等方面，与相关企业合作推出科技应用场景试点项目平台，引导产业融合发展，逐步提升昆明的科技创新水平，是可持续发展的战略选择。

必须以协调解决可持续发展中的不平衡、不充分问题。针对区域发展不平衡、城乡发展差距较大、民营经济占比低成长慢等问题，在做大做强主城核心区都市经济的同时，扶持发展生态涵养区生态经济，加快推进新型城镇化、农业现代化，推动主城区与新城区融合、都市区与远郊区融合、城镇与乡村融合，全面提高区域发展的协调水平。

必须以绿色解决可持续发展的人与环境和谐共生问题。昆明打好污染防治攻坚战，决胜滇池保护治理"三年攻坚"，深入推进大气污染防治，加强城市扬尘整治，全面实行建筑工地网格化包保监管，确保环境空气质量稳定达到国家二级标准，积极申报国家级生态产品价值实现的试点城市，打造全国绿色发展示范区。

开放是解决内外联动的必由之路。抓住自贸实验区昆明片区建设重大机遇，全面提升开放型经济水平，提升外向型经济发展水平，对接融入长三角、珠三角、粤港澳大湾区和成渝经济圈。巩固南亚、东南亚外贸传统市

场，积极拓展"一带一路"市场，不断扩大高新技术产品、高原特色农产品、磷化工产品等出口优势，确保外贸平稳运行。

共享是社会公平正义的最终目的。昆明贯彻中央关于建立健全基本公共服务标准体系的指导意见，结合自身建设区域性国际中心城市的实际需要，研究制定并推进教、医、文、体等全方位的公共服务标准，提升公共服务水平，让人民群众有更多幸福感、获得感。昆明可持续发展探索的样本意义值得总结，未来图景值得期待。

参考文献

陈豪：《奋力谱写中国梦的云南篇章》，《求是》2020 年第 1 期。

王南、李强：《必须主动服务和融入国家发展战略》，《中国经济时报》2019 年 1 月 10 日。

昆明市委政研室：《昆明经济发展质量比较分析》，内部文件，2019 年 7 月 16 日。

王喜良：《政府工作报告》，2020 年 5 月 15 日，昆明市第十四届人民代表大会第五次会议，《昆明日报》2020 年 5 月 21 日，第 1 版。

B.13
温州："两个健康"引领民营经济可持续发展

邹碧颖*

摘　要： 改革开放后，浙江温州的民营企业发展迅速，成为带动当地经济发展的重要动力源泉。而眼下，民营经济的廉价劳动力优势渐失、二代顺利接班困难、新旧动能亟待转换，成为温州实现可持续发展面临的严峻挑战。为此，温州市委、市政府提出创建新时代"两个健康"先行区予以引导应对。本文对温州市"两个健康"政策文件进行了梳理，介绍了温州市为撬动民营经济参与城市建设所采取的机制举措，并结合实践案例，总结了民营经济在温州经济、社会、环境等领域发挥积极作用的经验与成果。研究表明，温州市并未采取由政府大包大揽、全面主导城市发展的执政方式，而是充分信任、尊重、支持民间资本，以政府的力量撬动市场的力量，让民营企业在助力温州可持续发展中扮演了重要角色，从而让城市发展释放出更大动能。

关键词： "两个健康"　民营经济　产业升级

温州的发展史，是一部风云激荡的民营经济成长史。改革开放40多年

---

* 邹碧颖，《财经》区域经济与产业研究院副研究员，新闻与传播专业硕士，研究方向：对外贸易、区域经济。

来，温州人拿出"敢为人先"的闯荡精神，推动民营经济从无到有、从弱到强，同苏南模式、东莞模式、晋江模式一道，形成了中国县域经济发展的四大模式，从而享誉全国。如今，温州超过 80% 的 GDP、近 90% 的税收、92% 以上的工业增加值、95% 以上的外贸出口由民营经济贡献，占企业总数 99% 以上的民营企业为 93% 以上的就业人员提供了工作岗位。然而，温州原有的发展要素正面临着弱化或消失的危险，民营经济面临着二代接班、模式创新、技术变革、产业升级等现实挑战，不断叩问着温州实现可持续发展的潜力和能力。

推动民营经济可持续发展，不仅关乎温州整个城市的前途与命运，也是中国民营经济发展历程中待解的时代命题。2018 年起，温州开始创建全国唯一的新时代"两个健康"先行区，由政府统筹实施政策，引导民营企业与民营企业家在经济发展方面参与推动新旧产业动能转换，在社会治理方面参与社会公共服务共建，同时将服务型治理保护思路嵌入企业发展中，为以民营经济为主导的城市实现可持续发展贡献了独特的"温州样本"。

一 "两个健康"的背景与撬动点

（一）"两个健康"的建设背景

"两个健康"即促进非公有制经济健康发展和非公有制经济人士健康成长。2016 年 3 月 4 日，习近平总书记看望出席全国政协十二届四次会议的民建、工商联委员联组会时，专门就坚持中国基本经济制度问题发表了重要讲话，首次系统阐述了"两个健康"主要内涵。2017 年 10 月 31 日，"两个健康"被正式写入党的十九大报告，明确提出"要构建亲清新型政商关系，促进非公有制经济健康发展和非公有制经济人士健康成长"。[①]

在改革开放 40 周年、浙江省"八八战略"实施 15 周年的重要历史节

---

① 方世南：《构建亲清新型政商关系》，《光明日报》2018 年 8 月 29 日。

点，温州积极贯彻落实中央领导讲话精神，开始谋划建设新时代"两个健康"先行区。2018 年 8 月，中央统战部、全国工商联正式批准同意温州市创建全国首个新时代"两个健康"先行区，鼓励其探索更多具有可借鉴可复制的经验。2018 年 9 月，《温州市创建新时代"两个健康"先行区的总体方案》编制完成，针对推动民营企业家健康成长提出 8 条主要任务，针对推动民营经济健康发展提出 22 条主要任务。温州的创建目标被设定为：力争通过 3 年左右的努力，使营商环境达到国内领先水平；到 2025 年，基本建立起适应新时代需要的富有地方特色的现代化经济体系。

2018 年 10 月，中共温州市委、温州市人民政府印发了《温州市创建新时代"两个健康"发展先行区的总体方案》，并推出了加快推进新时代"两个健康"先行区创建十大举措。11 月，《关于创建新时代"两个健康"先行区加快民营经济高质量发展的实施意见》出台，制定了 41 条意见，提出通过 3~5 年的努力，温州要实现质效提升、结构优化、动能转换、绿色发展、协调共享、风险防范六大发展指标总体水平明显提升。通过 10 年左右的努力，确立"民营经济看温州"的标杆形象，把温州打造成为面向"两个一百年"、具有国际竞争力的新时代民营经济之都。① 同月，《温州市创建新时代"两个健康"先行区加快民营经济高质量发展相关政策和具体措施》印发，提出 80 条新政，随后被细化为 146 项具体责任清单。

（二）"两个健康"的撬动点

受益于重商文化、宗族传统与发达的商品经济，温州形成了健全、完善的民间社会。改革开放以来，温州始终没有停止过探索在政府和市场中取得平衡、让二者的机制与作用实现有机互补。而站在新时代背景下，要推动产业动能转换、促进社会民生发展、建设绿水青山的城市，除了政府的统筹规划，同样离不开民间力量的积极参与。民营企业与民营企业家正是温州实现

---

① 中共温州市委、温州市人民政府：《关于创建新时代"两个健康"先行区加快民营经济高质量发展的实施意见》，《温州日报》2018 年 11 月 13 日。

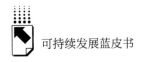
经济、社会、环境可持续发展的两个重要撬动点。

1. 撬动点一：制度保障对民营企业家"高看一眼"

（1）给企业家尽可能多的礼遇尊荣。改革开放初期，"温州八大王"事件曾给民营经济浇过冷水。为鼓励民营企业家诚实劳动、大胆创业，2018年底，温州市人大常委会全票赞同，立法通过将每年11月1日设立为"民营企业家节"。不仅如此，温州还投入近20亿元，在市区核心地段建设5万平方米的世界温州人家园和民营经济博物馆。在政策制定过程中，温州市政府充分考虑民营企业家的感受，出台相关文件保证民营企业家顺畅的议政机制，通过"政企圆桌会议"等形式让民营企业家的意见获得充分表达，温州10多个重要涉企政策的出台均参考或采纳了企业家的建议。2019年首届民营企业家节期间，温州市四套班子成员根据挂钩联系安排走访企业，送去鲜花、贺信、"温州民营企业家节"首日封、"温州民营企业家节"纪念徽章、惠企政策口袋书，建立起走访慰问有重大贡献知名企业家制度。

（2）搭建平台推动政企"亲清共成长"。从中国首个注册个体工商户章华妹到如今突破百万户的市场主体，温州市政府在促进民营经济发展过程中给予了充足的包容与支持。建设"两个健康"先行区后，温州创办"民营经济学院"，推出超过40个班次，培训学员超过3000人；率先成立民营企业家"新时代讲习团"，举办"亲清政商学堂""青蓝新学"等培训，邀请正泰集团董事长南存辉等具有号召力的温州民营企业家进行授课，让领域不同、身份多样、经历各异的企业家和党政干部同上一个班，促进经验交流。此外，温州第一代企业家中有八成人期望子女接手企业，但事实上，仅有三成子女愿意接班，为此温州实施"青蓝接力培养行动"，让"创二代"一起参加培训、相互启发感染，促进民营企业文化传承。同时，温州选派首批54名新生代企业家赴市发改委、市经信局、市科技局、市商务局、市综合行政执法局等涉企部门挂职，换个视角感受政商关系。

（3）构建政企双向互动清朗环境。为了改变温州熟人社会下"不按规则找熟人办事"的路径依赖，温州创新推出政商交往"正面清单"、"负面清单"和清廉民企建设"引导清单"各7条，让3.5万名领导干部在《反对不按规则办事行为承诺书》上签下名字。开展"万名干部进万企"和"百会万企评议涉企部门"活动，让干部变身企业服务员进行"一对一"帮扶，组建起财税金融、规划建设等10个专业协调服务组，针对企业个性问题提供政务服务，累计排摸问题超过3500个，综合化解率达35.1%；与市长热线12345整合搭建企业维权服务平台，设立"企业维权接待日"，实现企业维权"最多跑一次"。①

（4）为企业家干事创业保驾护航。企业家的健康状况危机、资金链断裂等风险会对企业的稳健发展造成严重威胁，为此温州建立企业家紧急事态应对制度，实行重大涉企案件风险报告制度，通过政府依法和适时适度的介入，防止因企业家对危机处置不当而引发严重的企业危机，威胁社会稳定。全面推行涉企柔性执法制度，温州梳理3000多项涉企轻微违法行为首次不罚，实现执法"尺度"和"温度"相统一。为破除企业家创新创业的后顾之忧，2019年，温州市法院还办结当地某破产企业股东的个人债务集中清理案件，推动全国首例"个人破产"试点破冰。

2. 撬动点二：破解民营企业发展中的"急难愁盼"

（1）缓解企业融资难、融资贵问题。为助推民营企业特别是小微企业跨越"融资的高山"，温州创新实施"融资畅通工程"，从拓宽来源、破除阻隔、降低成本、提升效率、帮扶纾困等方面出实策，成功帮扶具备发展前景的70家"白名单"企业渡过难关。引导银行发起不盲目抽贷、不乱收费用等"六不"倡议，推出"无还本续贷"、企业共有厂房"按份额抵押贷款"、融资担保基金和上市企业稳健发展基金等融资新政，建设"金融大脑"预判预控金融风险，银行不良率由2012年最高时的4.68%降至2019年的0.94%，防范和化解金融风险工作成效位居浙江省第一。

（2）惠企政策方便兑现、刚性兑现。温州创新开发惠企政策"直通车"，开展温州历史上最大力度的产业政策大清理，全面清理不顺应发展趋

---

① 郭钰杉：《〈新时代"两个健康"先行区创建工作报告〉发布》，《中华工商时报》2019年11月4日。

势、不符合产业规律、不适应现实需要、不具备兑现条件、不明确兑现流程的条款，将原有 178 个政策重新整合成工业、农业、服务业、开放型经济、人才 5 个新政。同步开发全市统一的产业政策网上兑现系统，实现了政府主动推送政策、上网办理、当年当季兑现。截至 2019 年底，温州全市产业政策奖励兑现系统共受理申请 9103 件、兑付奖励 22.5 亿元。

（3）大幅减轻企业税费负担。2019 年新一轮降本减负政策"30 条"中，9 条属浙江省独创，全年为企业减负 223 亿元。此外，温州持续推进涉企事务"最多跑一次"改革，围绕企业发展全生命周期中的商事登记、场地获得、员工招聘、生产经营、权益维护、清产注销 6 个关键阶段的 17 件高频事项，进行"一件事"改革，同步推行"帮企云""易企办"，提升企业网上办事的便利化程度。通过企业开办一日结、企业注销便利化行动、涉企证照异地通办等措施，基本实现在"最多 90 天"内审批一般企业投资。

（4）畅通民间资金投资渠道。温州的民间社会较为健全完善，民营企业家参与社会治理的积极性高。为此，温州持续深化社会力量办社会改革，坚持政府引领、市场决定，进一步向民间资本敞开大门。通过充分发挥温州民营企业强、民间资本足、民间力量大的独特优势，温州率先打破了民间资本进入关键投资领域的桎梏。2019 年，温州民间项目投资增速 19.5%，比浙江省平均水平高 5.8 个百分点[①]。

二　经济：新旧动能衔接释放产业活力

改革开放后，温州的制造业逐渐形成了以电气、鞋业、服装、汽摩配、泵阀等为代表的劳动力密集型产业。而 40 年过去了，伴随劳动力红利逐渐消失、社会环保要求日益提高、部分产业面临外迁压力，产业转型升级成为温州实现经济可持续发展迫在眉睫的选择。为此，温州市积极推动传统产业智能化改造与品牌化发展，同时加快发展数字经济、新材料等五大战略性新

---

① 温州市政府：《温州创建新时代"两个健康"先行区研究报告》修改稿。

兴产业和休闲旅游，全力推动新旧动能转换。2020年，温州实现地区生产总值6606.1亿元，增长8.2%，一般公共预算收入579亿元，增长12.5%，温州城乡居民人均可支配收入60957元、30211元，分别增长8.7%和9.9%。呈现稳中有进、逆势上扬的良好态势。

（一）推进传统制造业智能化改造

2019年出台的《温州市传统制造业重塑计划》为温州传统产业转型升级定好了路线图。温州的电气产业要对标德国中部太阳谷、江苏南京等地电气产业集群，重点发展中低压电气、高压电气、智能电网设备和太阳能、风能发电设备，培育世界级智能电气产业集群。汽车零部件产业对标美国底特律、浙江宁波等地汽车及零部件产业集群，重点发展汽车电子、关键零部件制造及总成化，打造国内外知名的汽车零部件产业基地。泵阀产业对标江苏苏州等地阀门产业集群，以节能环保、智能控制、高精尖为主攻方向，建设全国重要系统流程装备创新设计和制造基地。

对于电气、汽车零部件、泵阀等传统产业而言，智能化改造是大势所趋。按照"两个健康"部署，温州实施制造业强市、数字经济强市战略和"四换三名"工程，推动生产智能化改造，通过实施数字经济五年倍增计划，推进传统制造业朝着信息化、智能化方向发展。为此，温州对企业一年内生产性设备投资200万元至500万元的技改项目，按设备投资额的10%给予奖励，其中能源高效化、生产清洁化、废弃物循环化绿色改造项目，按12%奖励。列入国家级智能制造试点示范项目的，按项目投资额30%给予不超过1000万元的奖励；列入省级的按项目投资额25%给予不超过500万元的奖励。为加大机器换人力度，温州市经济与信息化局实施规模以上企业智能化改造诊断服务，成立智能化改造服务联盟，组建专家咨询委员会，引进机器人及自动化设备制造商、智能制造解决方案及集成服务商，加强区块链、人工智能等新技术在传统制造业中的应用。

诸如温州电气行业龙头企业正泰集团是温州"两个健康"先行区第一批先行实践基地，其投资2亿多元承担"基于物联网与能效管理的用户端电器设备数字化车间的研制与应用"项目，建成小型断路器和交流接触器两个数字化车间并投入运行，高分通过了国家工信部、浙江省经信委组织的专家验收。该项目给产品生产的每一道工序设计出相应的机器，实现"机器换人"。数字化车间投入运行后，正泰集团的生产成本、车间效率、能源利用率和产品质量等方面都获得显著改善。原来，小型断路器车间的精益生产线需要68名工人，而今每条自动线只需要8名工人。此外，小型断路器产品的成品送检不良率和顾客使用在线不良率均出现较大幅度下降[①]。经过技术优化，小型断路器的零部件的数量从26种45个，变为15种41个，关键部件实现自动化在线生产。而正泰集团仅是一个缩影。2019年，温州新增工业机器人1974台、省级数字化车间13个，技改投资增长15.5%，亩均增加值、传统制造业改造提升指数居浙江省第二。

（二）强化传统制造业品牌力升级

环保需求倒逼温州合成革企业外迁、服装行业产值大幅减少等问题曾于2006年的温州两会上引发温州企业界政协委员的热烈讨论。而按照《温州市传统制造业重塑计划》，温州的服装产业要对标意大利米兰、广东深圳等地服装产业集群，重点发展高端定制服装、商务休闲服、时尚女装、潮流童装等主导产品，推广"制造业＋服务业""品牌＋合伙人"等新型商业提升模式，打响温州"中国服装时尚定制示范城市"区域品牌。温州的鞋业要对标意大利马尔凯、福建泉州等地鞋业产业集群，以品牌化、时尚化、个性化为主攻方向，重点发展中高端鞋类产品，推动"中国鞋都"向"世界鞋都"发展。

对于鞋业、服装业而言，设计力与品牌力是提升产品附加值的关键所在。温州在"两个健康"实施方案中，部署提升企业创新设计能力，通过对标一流的工业设计，推动轻工产业向时尚产业转型，不仅邀请"市长杯"工业设计大赛的获奖者走进奥康等企业进行交流对接，还提出3年新建50

---

① 正泰集团内部材料：《自动化、数字化、智能化 正泰重新定义低压电器行业》。

个工业设计中心的规划。与此同时，温州以打造浙江制造品牌为抓手，不断推进品牌强市战略，引领民营经济转型升级；通过推进"品字标"品牌和企业自主品牌建设，加强区域商标培育，鼓励企业进行跨国品牌并购等方式，将地区性品牌塑造为在中国或世界范围内具有一定分量的品牌。不仅如此，温州对新获得中国质量奖、中国质量奖提名奖、"浙江制造"品牌认证、市长质量奖的企业，还给予 30 万元、50 万元、100 万元等不同阶梯额度的奖励。

森马服饰 2019 年在温州市政府的支持下，投资 20.7 亿元开建时尚智造产业园项目，总用地 235 亩，探索建设产品数字化设计、生产数字化对接、物流数字化配送智能生产模式，助推森马品牌迈向高端。同时，森马服饰全资收购欧洲中高端童装 KIDILIZ 集团，将 CATIMINI 和 Absorba 两大品牌引入中国市场。2019 年，森马服饰实现营业总收入约 193.37 亿元，较上年同期增长 23.01%，营业利润实现同比增长 3.47%，达到 21.52 亿元。2020年，森马服饰获得了 2019 年度温州市新时代"两个健康"先行区创建工作先进集体，很好地回应了时任温州市委副书记徐立毅在 2006 年抛出的"森马之问"：森马服饰是制造业企业还是服务业企业？当时，徐立毅认为，森马服饰的核心竞争力并非在制造环节，还在于设计研发、全产业链采购、供应链管理等服务体系，应当加快实现产品从中低端转向中高端，从单纯制造转向制造服务化，从侧重管理控制转向依靠创新驱动，壮大经济、产业、产品升级换代的空间①。

（三）打造产业大平台发展新经济

"两个健康"的实施意见提出，温州要打造产业大平台，重点围绕"3+12"重大产业平台和省级特色小镇，集中培育数字经济、智能装备、生命健康、新能源智能网联汽车、新材料五大战略性新兴产业，加快"腾笼换鸟"步伐。2019 年，《温州市培育发展五大战略性新兴产业行动计划

---

① 吴勇：《市委书记抛"森马之问"论经济转型》，《温州日报》2016 年 2 月 26 日。

（2019～2021年）》印发，规划瓯江口产业集聚区聚焦培育新能源智能网联汽车、智能装备产业集群，浙南产业集聚区聚焦培育数字经济、智能装备、汽车关键零部件、新材料产业集群，浙南科技城集中打造智能制造、生命健康产业小镇，到2021年，五大战略性新兴产业力争实现总产值5000亿元以上、年均增速保持在15%以上。而2019年，温州已实现招引20亿元以上单体制造业项目6个、亿元以上制造业项目129个、"500强"项目36个、总部回归项目39个，实际利用外资7.6亿美元，回归税收38.9亿元。温州市新增高新技术企业552家、科技型中小企业2213家，新增省级产业创新服务综合体7家、省级以上工业设计中心13个，规模以上工业研发费用占营业收入比重为浙江省最高，R&D经费投入强度达到2.2%左右。

温州市三大产业平台之一的浙南科技城，于2018年11月和上海科博达技术有限公司签署总部项目合作协议，成为首个温商回归该平台的科技总部项目。科博达成立于上海，主攻汽车电子等产品，成功嵌入了全球汽车电子高端产业链体系。科博达技术温州区域总部项目占地约30亩，总投资约2亿元，计划打造成集区域总部、研发与先进制造为一体的科研型总部项目，包括科博达华东实验室、产品制造中心、专家楼及汽车电子检测配套设施，达产后年营业额不低于3亿元，年税收超3000万元。而连同科博达在内，当时共有25个温商总部回归项目落地温州浙南科技城，成为温州民营企业家回归发展、反哺家乡的代表性行动[1]。截至2018年，浙南科技城已集聚浙工大温州研究院等高端研发平台6个、高新技术企业31家、浙江省科技型中小企业160家，累计实现固定资产投资234.63亿元。2020年5月，总投资119亿元的16个项目在浙南科技城集中签约，包括物流设备制造和智能电商产业项目、汽车高端零配件制造和物流产业项目等，再为温州新旧动能转换"添砖加瓦"。

---

[1] 周大正：《25个温商总部回归项目签约落地注册资金近25亿元》，《温州日报》2018年11月8日。

三 社会：引导民营经济参与社会共建

温州的民营经济发展建立在劳动力优势上，但"80后"、"90后"一代的劳动理念与工作诉求已发生很大变化，对安全、关怀和权利的维护成为与其上一代劳动者最大的区别。曾有温州打工者评价，温州乐清是大城市的消费水准，县级市的工资水平，日常生活的理发、饮食、乘车、租房、就餐等价格与大城市不相上下，学习培训、子女就学等问题难以解决，凸显了温州城市化滞后和公共品供给的不足①。而温州产业转型升级也需要更多优秀人才来温，社会公共服务水平成为决定城市吸引力的重要因素。为此，温州借"两个健康"之机，鼓励民营企业家参与社会办学、办医、办养老、办体育，鼓励普通民众实行有限度的自由经营，为社会生活提供了更大便利与活力。

（一）强化民间资本办学力度

温州民办教育的规模与水平长期在全国居于领先位置。"两个健康"先行区创建十大举措提出，支持引导民间资本参与投资基础设施和非营利性公益项目，通过合理的投资回报机制，放大民办教育、医疗、体育养老等改革试点效应。随后，温州升级民办教育"1+9"新政，在营利性民办学校用地政策、民办学校分类管理、优质民办教育品牌项目奖补、教育投融资、现有民办学校出资者的奖励和补偿、教师保障和激励制度、监督管理七方面进行创新，通过财政扶持措施优化民办教育，与此同时，加大力度引进市外优质民办教育品牌项目。2019年，温州新增社会力量办教育投资21亿元，本土老牌民办学校也得到进一步整合扩大，已组建温州瑾瑜教育集团、温州御格教育集团、温州米蓓尔教育集团等十四大教育集团，北京师范大学附属学校、乐清荆山公学、永嘉慧中公学等一批优质品牌项目也在温落地。目前，温州民办教育承担了全市1/3的教育任务。

---

① 王守根：《保持我市制造业竞争优势的若干思考》，温州市乐清政府2019年提供的内部材料。

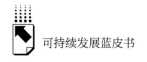
（二）超前降低社会办医门槛

2019 年，温州在《关于支持社会力量提供多层次多样化医疗服务的实施意见》中，推出二十条新政鼓励民营资本入局医疗产业、供给更多就医资源。相关政策提出不再限制个体诊所的数量和布局，而要加快发展全科医疗、特色专科、精准医学、医养融合、平台服务、中医药服务、智慧健康七种社会办医类型；明确允许社会力量与公立医院合办医疗机构，引导符合条件的社会办医疗机构参与医联体、医共体建设；同时，把全科诊所纳入基层医疗卫生服务体系，提供家庭医生签约服务。[①] 为了促进社会办医疗机构与公立医疗机构均衡发展，新政还提出二者在转诊、收付费、医保定点、信息共享等方面享有同等政策。此外，温州还对社会办医项目给予投资奖励和贴息补助，对新获评综合等级和国家级、省级、市级的重点学科、重点专科、重点实验室的，给予 10 万元至 200 万元不等的奖励。[②] 2019 年，温州滨海医院作为全市首个申请"两证合一"的医疗机构建成开业，苍南县率先引入 3 家社会办医疗机构参与医共体建设，采取公建民营、民办公助等形式引入民办机构参与医养结合服务，打造康宁医院精神专科、温州和平国际医院高端医疗、南塘中医药示范街区等社会办医示范项目 5 个。2019 年，温州在建社会办医项目 19 个，完成投资 6.6 亿元。目前，民办医院占温州医院的 2/3。

（三）鼓励有限度的自由经营

"双定三减"工作被列入了温州 2019 年"两个健康"十大重点项目。"双定三减"经营区即在指定时间和指定范围内开展的特定行业的经营活动试行有限度的自由经营，同时减少或免除审批的登记材料、时间和流程。考虑到温州手工业发达、手艺人众多，为此，温州市政府设立传统小吃、临时

---

① 孙余丹、李丹：《温州推出新政二十条"敞开大门"社会办医疗》，《温州日报》2019 年 7 月 24 日。
② 王艳琼：《温州为社会办医开"良方"》，《浙江日报》2019 年 7 月 24 日。

性小集市、自种自销、家电维修、非物质文化遗产传承等 8 种"三定三减"经营区，鼓励老百姓在经营区内通过摆摊等成本相对较低的经营模式，充分发挥出特长技能，在拓宽个人谋生途径的同时，促进当地的历史经典产业、传统手工业、便民服务业发展，让更多人获益。同时，温州还规划建设一批小吃街、特色街、专业街等，通过尽量提供免费技能培训等服务，帮助普通民众创业就业。温州鹿城以"五马历史文化街区"和"章华妹服装辅料市场"为创建载体，凸显老城区的商业文化底蕴；温州瓯海以"国家大学科技园"凸显时尚智造；温州龙湾以"薪火工坊"展现"互联网＋"元素；而在洞头设立海岛和台商特色"双定三减"经营区，温州为台商登记和经营提供优质服务。截至 2019 年 9 月底，温州"双定三减"经营区达 24 个，入驻经营户 2150 家，免于办理工商登记、通过备案入园的经营户 840 户，举办各类主题活动 52 场次。通过"双定三减"，温州成为浙江省第二个市场主体破百万家的地市，每天新设市场主体 520 家、企业 150 家。

四 环境：服务思路推动企业环保转型

温州是国家园林城市、国家森林城市，境内山清水秀，旅游景区面积占区域面积约 1/4，森林覆盖率达 60%。近年来，为在护航民营企业健康发展与保护生态环境中找到平衡，温州对企业创新实行柔性环境监管制度、推广"环保管家"服务模式、通过建设小微企业园淘汰高污染企业，以高标准建设美丽温州，城乡面貌明显改观。浙江省统计局于 2019 年底公布的《2018年浙江省生态文明建设年度评价》显示，2018 年温州绿色发展指数为 80.4，在浙江省排名第三，连续三年实现排名提升。

（一）实行柔性环境监管制度

为促进民营企业健康发展，温州探索实践柔性环境监管制度。在执法层面，温州由监管型执法向服务型执法转变，全面梳理环境违法案件 10 万元以上罚款、涉行政拘留和刑事犯罪等环保法条，编制环境执法口袋书，分发

上市、拟上市、领军型和高成长型企业，引导企业知法、懂法、守法。对于生态环境领域涉企依法不予行政处罚的轻微行政违法行为，温州政府在网上公开目录清单实行告诫提醒和容错纠错，督促指导企业及时改正。

此外，温州在条件成熟的重点工业园区推行企业"积分制"日常环境管理制度，引导企业规范生产现场、加强污染防治、健全环保制度，实现企业"标准化、规范化"管理。温州还推进绿色企业认证，对污染物排放总量大、环境风险高、生态环境影响大、属于执法重点监管的企业进行综合考评，每年选定一批科技含量高、经济效益好、资源消耗低、环境污染少、环境与经济"双赢"的企业，认定为绿色企业，在环保行政许可、专项资金补助、绿色信贷等多方面予以支持。反之，将环境行为较差、信用不良、失信企业纳入省市公共信用服务平台管理，认证为黑色企业，在行政审批、融资授信、政府采购等管理工作中予以限制，实现"一处失信，处处受限"。

（二）推广"环保管家"服务模式

温州的工业园区与民营企业数量相对较多且类型多样，其中制革、包装印刷、电镀、印染、钢管、造纸等属于高污染行业，日常环保管理工作量较大，容易出现污染问题。为此，温州推广"环保管家"模式，鼓励发展环境服务业，鼓励有条件的企业或工业园区聘请第三方专业环保服务公司作为"环保管家"，向企业或园区提供监测、监理、环保设施建设运营、污染治理等一体化环保服务。诸如温州瓯海电镀园区率先引入环保管家，以"绿色咨询＋环境监测＋绿色评价＋绿色金融"等服务为主线，搭建从前期、设计、施工、试生产、运行、退役全过程的环保服务管理平台，主要服务内容涉及环保法规、治理保护等咨询，土壤、设备等监测，产品、供应链等评价，以及环保核查、风险评估等涉金融事项。[①] 实行"环保管家"以后，仅废气污染防治方面，瓯海电镀园区电镀企业因违反环境法律法规的案件由3

---

① 陈秋杰：《瓯海首推"环保管家"私人医生式服务加速企业转型升级》，浙江在线，http：//epmap. zjol. com. cn/yc14990/201806/t20180605_ 7469387. shtml，最后检索时间：2020 年9 月23 日。

年来的 23 件降至 0 件。诸如温州宇顺电镀有限公司是一家专业从事汽车轮毂电镀加工的企业，其轮毂抛光粉尘存在较高的环境安全隐患，该企业根据环保管家的建议，投资 1000 万元转型升级为高档眼镜电镀加工，污水、废气、固废的排放量减半，年生产总值提升了近 1000 万元。而 2019 年，在温州市 12 个县市区和 1 个功能区的 13 个重点园区，共计 2634 家企业已签约"环保管家"。①

（三）建设小微园改变"散乱污"

温州的制造业从家庭作坊起步，经营规模小、管理水平低、环保配套设施不足，严重影响温州生态环境的改善与提升。创建"两个健康"先行区后，温州加快推进小微企业创业园建设，鼓励拆建与翻新相结合，将建成时间较久、配套设施落后、存在消防安全隐患的旧厂房进行拆建、翻新，淘汰"低、小、散"、高耗能、高污染小微企业，引导低消耗、低排放、高附加值、高成长型项目和"专精特新"、科技型、创新型小微企业入园。诸如温州柳市镇苏吕村在 2013 年前还是铁皮瓦搭建的老工业区，不仅经济效益每况愈下，垃圾随意堆放、恶臭熏天的问题非常严重。对此，苏吕村拆旧新建苏吕小微园，优化园区环境，配套员工食堂、宿舍，到 2019 年已吸纳超过 45 家科技型、环保型企业入驻，全区总产值达 15 亿元，村集体收入从 270 万元升到 2000 多万元②。而温州苍蓝县加快建设 12 个专业小微园，包括 7 个印刷专业小微园和 3 个再生棉纺小微园，可供 1000 多家包装印刷企业入驻生产，能容纳再生棉纺企业 100 余家。据统计，2019 年温州在制鞋等七大行业完成整治 13506 家企业，8325 家企业（作坊）关停淘汰，4975 家企业建设配套污染物处理设施，处理设施建设率由整治前的 13% 提升至 93%，大幅度减少污染排放。与此同时，温州加码政策规划到 2021 年新建小微企业园 100 个以上，创成一批省级以上绿色工厂、绿色产品、绿色园区，实现

---

① 温州生态与环境局：《温州"环保管家"服务模式试点总结报告》。
② 温州柳市镇苏吕村：《腾笼换能谋巨变 业强宜居新苏吕》。

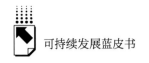

单位工业增加值能耗、废水排放量、用水量年均分别下降 3.3%、2%、5%以上。

五　启示

温州启动的新时代"两个健康"先行区建设成功引领当地经济指标上升。2019 年温州地区经济总量进入全国"30 强俱乐部"，比上年提升 5 位，排名超过沈阳、石家庄、哈尔滨等省会城市，人均 GDP 首次突破 1 万美元，民营经济在工业、投资、出口和税收等方面指标都得到不同程度的提升。2019 年，在全国 297 个城市的营商环境排名中，温州位列第 26 位，小微企业环境满意度列浙江省第一，温州创建新时代"两个健康"先行区还获得了 2019 年度的中国改革年度十大案例奖。

温州经验的成功之处在于，政府在统筹规划城市发展的过程中，没有采取行政力量大包大揽以主导经济、社会、环境的发展，而是充分调动了支撑城市健康运转的重要"细胞"——企业。通过塑造宽容的营商环境，政府给予民间资本足够的信任、支持与引导，不仅通过建立专属节日、博物馆、走访慰问等方式表明了公权力对民营企业家的尊重，还尝试新生代企业家到政府部门挂职、万名干部进万企等方式增进政府与企业间的沟通了解，同时试水个人破产与个人债务集中清理等具有突破意义的制度，着力破除民营企业在融资渠道、税费缴纳、优惠政策兑付等方面遇到的问题，给予民营企业家持续投入实体经济的信心，由此解决了"谁来推动城市实现可持续发展"的动能问题。

在充分调动民营企业积极性的基础上，温州市出台各领域的实策，重点围绕电气、汽车零部件、泵阀等传统产业的智能化改造提供了技术与项目支持，围绕鞋业、服装业等传统产业的设计力与品牌力提升给予了标准化引导与品牌塑造奖励，同时利用温商回乡投资的机会大力发展新的产业园区，培育新能源智能网联汽车、智能装备、生命健康、数字经济、新材料五大战略性新兴产业，在加固传统产业根基的同时稳步推进产业"腾笼换鸟"，打牢了经济可持续发展的基础。针对教育、医疗、生活等资源不足的问题，温州市政府在引导民间资本办学、办医、开设便民摊位等方面降低门槛，给予用地支持、财政补贴等扶持政策，不仅弥补了公办资源与现有设施的不足，也为民营经济的发展腾挪出更大空间。而针对民营企业的环保改造自发动力不足的问题，温州市一方面坚决淘汰"低、小、散"、高耗能的企业，新建小微园引进环保型企业予以替代，另一方面推行柔性执法、"环保管家"等方式，给予企业节能减排、环境保护的专业建议，通过政策的"刚柔并济"，从而兼顾了经济发展与环境保护的要求。

纵观温州，民营企业数量之多，当属全国典型。而温州民营企业面临的产业转型升级路径不明、社会公共服务不足以满足民众需求、环保节能减排压力重等问题，其实也正是全国许多城市实现经济、社会、环境可持续发展所面临的共性问题。温州的实践经验表明，实现城市的可持续发展其实并非仅仅是政府一家的任务，更需要全社会共同努力。而通过找准撬动城市发展的关键动能，凝聚民间力量、精准施策，地方政府完全可以探索出一条让城市实现经济、社会、环境可持续发展的长期路径。

参考文献

王健、王春光、金浩：《温州蓝皮书：2019 年温州经济社会形势分析与预测》，社会科学文献出版社，2019。

王永昌：《潮起温州思考录——纪念改革开放 40 周年》，浙江大学出版社，2018。

《中共温州市委　温州市人民政府关于创建新时代"两个健康"先行区加快民营经济高质量发展的实施意见》，《温州日报》2018 年 11 月 13 日。

温州市环境保护设计科学研究院：《温州"环保管家"服务模式试点总结报告》，2018 年 12 月。

温州市政府：《温州创建新时代"两个健康"先行区研究报告》修改稿。

B.14
织里镇：从"扁担街"到"童装之都"

—— 解读浙江湖州织里镇可持续发展的"治"与"理"

张明丽*

摘　要： 本文结合可持续发展要求经济、社会与环境协调发展的内涵，
简要回顾浙江省湖州市织里镇对可持续发展进行的探索。通
过回溯其改革前情况、改革方法、改革后成果，呈现一个童
装名镇从"不可持续之路"转型到"可持续之路"的过程。
转型过程中，织里镇把握住了"人、产、城"这三大发展要
素之间的规律，突破性地寻找到破解难题的系列方法，通过
整改"三合一"建筑、精细化管理垃圾分类、进行社会治理
综合改革，在保有"富民经济"的同时，也保证了环境整
洁、社会和谐。织里镇"治"与"理"的经验，对其他城市
迈向可持续发展之路有参照和借鉴意义。

关键词： 童装产业　社会治理　枫桥经验　由乱到治转型升级

坐落于太湖南岸的织里镇，是浙江省湖州市民营经济最具活力、经济发
展最为快速、人民生活最为富有的地区之一。① 改革开放 40 多年来，织里

---

* 张明丽，《财经》区域经济与产业研究院助理研究员，翻译、文学学士，研究方向：宏观
经济与区域经济。

① 蒋萍、刘海波：《"扁担街"里拼出一个童装名镇》，《文汇报》2018 年 10 月 21 日，第 8
版。

镇从一条 0.58 平方千米的"扁担街"，发展成为区域面积 25 平方千米、常住人口 45 万人、地区生产总值 332.65 亿元的现代化城镇。

从产业发展要素的角度看，织里镇并不占据优势。其一，它缺乏自然资源；其二，它不邻近超大城市；其三，它缺乏高新技术。但织里人却凭借着敢想敢为、开明开放、创新创强的精神在童装领域形成了产业集聚，并不断实现产业升级，走出了一条内生型的经济发展之路。目前，织里已经成为国内最大的成熟童装市场，有童装户 1.3 万余家，电商企业 8700 余家，年产各类童装 14.5 亿件（套），年销售额超 600 亿元，占据国内童装市场的 50%，拥有"男生女生""布衣草人"等童装类国家、省市著名商标 47 个，各类童装设计师 5000 余名。

经济增长与环境保护和谐共存，被视为城市高质量发展的必由之路。如何在产业发展壮大的同时，能够健康长久地维持下去以造福千秋万代？织里曾经历过转型阵痛，经济发展使得人口在短时间内聚集，为城市管理带来挑战。2006 年"两把大火"和 2011 年"10·26"群体性事件，让织里镇意识到，产业发展起来，管理也要跟上，经济跑得快，不能以牺牲环境作为代价。随后，织里积极思考"人、产、城"这三大发展要素之间矛盾运动的规律，创造性地找寻到一系列破解难题的方法。纵观织里的发展史，其在转型调整过程中对产业发展和社会综合治理模式进行的深度探索，是城市产业发展中难得的可持续发展样本。

近年来，浙江省湖州市织里镇的义皋村、伍浦村、庙兜村等水乡村落在美丽乡村建设中突出"一村一品"，利用滨湖风光、溇港资源和乡村文化，打造各具特色的水乡民宿，促进美丽经济的发展，助力农民增收。研究织里镇的"治"与"理"，对其他城市迈向可持续发展之路亦有借鉴意义。

一 先行者遭遇发展之痛

明清时期，位于太湖之滨的织里多产桑蚕，"户户皆绣机"是当地的独有特色。20 世纪 80 年代初，织里镇几乎家家户户都会做纺织品，有着"在

家一台洋机绣枕套，在外一人挑担跑买卖"之说。

改革开放后，织里人从家庭小作坊起步，凭借"一根扁担打天下"的信念，形成了以童装产业为核心的产业结构。1992 年 8 月，湖州市政府批准成立织里经济开放区，给予其范围广泛的发展自主权，将包括土地、规划等影响经济发展的诸多市级审批权限下放；1995 年，织里镇被国家体改委等 11 个部委批准列为全国小城镇综合改革试点单位，赋予部分县级经济管理权限。①

随后，很多走南闯北的织里人从外地返乡开始创业，随之而来的是，众多童装企业在织里汇聚，形成了"生产在一家一户，规模在千家万户"的业态。织里童装进入黄金发展期。与此同时，生产安全、环境卫生、社会治理等问题初现，一定程度上阻碍了发展步伐。

（一）"三合一"建筑埋下雷点

出于节约成本的目的，织里的家庭式作坊采用"三合一"的生产方式（住所、生产车间、交易场所在同一连通空间内，底层为办公室和仓库，中间楼层为生产车间，顶层作为居住场所），这样兼具商业、生产和居住功能的建筑符合特定时期内经济发展需求，但童装企业日常生产环节往往产生大量的碎布角料，埋下了巨大安全隐患。2006 年 9 月 14 日和 10 月 21 日，织里分别发生了两次重大火灾，共导致 23 人死亡。

（二）垃圾堆积与产业发展相伴相生

童装产业加速扩张，所产生的废旧布料垃圾远超当地清洁处理能力。织里日均产生垃圾 500 吨左右，高峰期接近 700 吨。2018 年，织里镇生产童装 14 亿件，年产生的废旧布料等垃圾近 3.5 万吨，占整个织里镇垃圾总量 20%。全镇环卫工人 950 人左右，大多为自聘临时工式的外地人，每人每年

---

① 蒋萍、刘海波：《"扁担街"里拼出一个童装名镇》，《文汇报》2018 年 10 月 21 日，第 8 版。

需清扫超过 200 吨垃圾。在当地，素有"人多、车多、垃圾多"和"遍地是黄金，遍地是垃圾"的说法。

（三）社会治理力量捉襟见肘

产业迅猛发展、经济快速增长吸引人口迅速在织里集聚。2003 年，织里镇流动登记人口数量为 4.9 万余人，到 2004 年直接拉升至 14.2 万余人，并首次超过本地户籍人口数量。如今织里中心镇区人口达 45 万人，密度是浙江省的 30 多倍。全镇编制内干部不到 200 人，社会治理经验欠缺、力度不足的问题初步显露，当地出现了人口登记率和信息准确率低、警力配比失衡、街面巡控缺失的情况。同时，经济快速发展，背后隐藏的社会矛盾有了爆发式呈现。在一段时间内，书记、镇长一天要接待十几批群众，主要涉及拆迁、企业纠纷等。2011 年 10 月 26 日，织里镇发生了因税而起的群体性事件。

二 再改革破解发展难题

直面发展之问，是经济社会推进过程中避不开的难题，如何妥善处理将极为考验地方政府的管理能力。两把大火后，一度有声音说要砍掉织里镇的童装产业。在放弃童装产业、以绝后患与迎难而上、全面整改之间，织里选择了后者，没有因噎废食，而是着手开启了童装转型升级的征途，实现从中低端金字塔形向中高端橄榄型、从"半条腿"到"两条腿"、从传统销售为主到线上线下互动的跨越式转变。

织里问题的本质是：在特定时期内，迅速增长的城市体与原有行政管理体制机制不相适应的发展矛盾。经过调整，织里找到"产、城、人"的融合发展之道，城市管理水平突飞猛进，产业发展更快更强，整体呈现出正向、可持续的发展态势。

（一）整改"三合一"，生产生活水平分离

为消除安全隐患、完善基础服务设施、改善卫生环境条件，结合"三

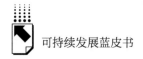
合一"产业空间自身特点，首先，织里将"三合一"建筑的商业、生产和居住功能进行拆分，逐步引导其向商业居住或商业生产"二合一"进行转变，远期则将生产功能全部迁入产业园区。其次，对"三合一"建筑周边的消防安全隐患进行全面排查，整饬建筑主体，增加绿地和公共空间，改善市政管道、道路交通等基础设施。

在消防安全监管上，34个行政村划分出232个网格，每个网格配合专职消防安全监管员，解决了过去1名社区工作人员需用1个月才能走访完网格内的童装企业，安全隐患不易及时被发现的问题，实现了消防安全监管无盲点。

（二）精细化管理垃圾分类

2014年开始，织里环卫工作采取属地管理模式，街道环卫站延伸了精细化保洁，做到垃圾日产日清，基本消除卫生死角。针对生活垃圾与布条废料混投的问题，织里采用了布条袋装化＋设置集泊点的处理方法。在"源头减量、全面处置、结合实际、分类施策"原则的指引下，织里镇设置了300个布条垃圾堆放点，让布条垃圾也实施定点投放。针对居民分类意识不强的问题，当地形成了政府和企业联手，从源头宣传抓起，城管执法配合，一线工人分拣的"三位一体"格局。通过近一年的实践，镇上童装生产企业主的自觉性有了很大提高，城管执法部门通过人性化执法，也使童装企业从被动到主动配合废旧布料分类，并自觉把收集的废旧布料放置在规定的收集点。数据显示，2019年织里镇分类出布条垃圾3.3万吨，同比增加1.23万吨，增加率达60%。

（三）社会治理综合改革破解"大人穿童装"之难

迅速聚集的人口让织里体会到管理上"小马拉大车""大人穿童装"之难。过去，织里的行政编制配备没有考虑流动人口因素，纯粹与户籍人口挂钩，造成一座45万人的城镇仅有200个行政编制，镇级行政部门只有管辖权，没有执法权，"看得见管不着"的困局时有发生。

2014年1月，湖州市、吴兴区两级党委和政府经深入调研，决定在织里镇推行行政管理体制机制改革。织里镇创新建立4个二级街道、2个办事处，重点承担城市管理、新居民服务等职能。另外，实行强镇扩权，建立9个实体化运作的区行政职能局织里分局，被给予县级管理权限与相应配备，实现力量下沉。[①]

经过探索，织里建立了与社会发展相适应的社会治理体系，形成了"镇社共管、居民自治、全科网络、扁平治理"的社会治理模式。全镇21个社区，343个网格，社区网格管理人员509人，行政执法队员420多名。每个全科网格分别配备网格长1名、网格警长1名、执法人员1名、兼职网格员2名，将公安、消防、安监、执法、环卫、市政、交通管理等全部"入格"，实现各个条线管理只能与全科网格的无缝对接，发挥出十分明显的成效。

（四）新时代枫桥经验为经济发展保驾护航

家庭作坊式经营带来较多劳资纠纷，以往处理矛盾方式一般依靠报警、劳动争议调解委员会调解、劳动仲裁部门仲裁来解决，过程烦琐，效率低下。2002年，织里镇政府成立了织里镇人民调解办公室，采用4＋N的工作机制，"4"是公安、劳动保障、综治信访、法律咨询4个部门，"N"是包含商企卫队、平安公益联盟、商会组织、联建部门、平安大姐等在内的多家公益组织。4＋N共同调解，实现了矛盾纠纷解决"一站式"服务。成立以来，该中心已经成功调解各类矛盾2000余起，为当事人挽回经济损失近4000万元。

在织里镇矛盾调处中心，悬挂着标语"小事不出村，大事不出镇，矛盾不上交"，同时，这也是枫桥经验的核心要义。20世纪60年代初，浙江省绍兴市诸暨县（现诸暨市）枫桥镇干部群众创造了"发动和依靠群众，

---

① 陈江：《小城市社会治理模式创新研究——以湖州市吴兴区织里镇为例》，《公安学刊》（浙江警察学院学报）2015年第5期，第14～19页。

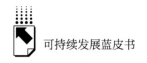

坚持矛盾不上交，就地解决。实现捕人少，治安好"的"枫桥经验"。织里在总结提升推广新时代"枫桥经验"的基础上，构建形成了"1个矛盾纠纷调处化解中心＋织南、织北2个调处分中心＋6个办事处的社会矛盾调处工作站＋21个社区34个行政村的社会矛盾调处工作室＋168个全科网格内发现和识别风险"的多层次调解组织网络，构筑了和谐社会的坚实基础。

一旦有矛盾出现，群众可通过网格上报、群众来访、举报、来电等多种方式反映。一般矛盾放在网格、村、社区直接解决，村、社区解决不了的由办事处和南北两分中心解决，办事处和南北两分中心解决不了的进中心解决，第一时间将问题在基层化解，确保反映问题"最多跑一地"，化解矛盾"最多跑一站"，高效的矛盾化解机制为织里经济的大发展、大繁荣保驾护航。

三 迈向高质量可持续发展

经历了发展阵痛与改革难题，站在新的历史方位，织里在谋划未来5～10年发展路线时，更加注重"产、城、人"融合发展，以增强产业核心竞争力和可持续发展为导向，为高质量发展蓄力。

（一）产：创新转型，存量增量同步提质

城市发展的基础在于产业，有了产业带动，城镇才有发展动力源。浙江省委提出"八八战略"，再一次为织里提供了变革的历史机遇。织里人充分发挥块状特色产业优势，着力解决产业层次不高、低小散乱的问题。如今，以新兴产业为引领、先进制造业为支撑的现代绿色产业体系初步形成，织里进入了产业转型升级期。

1. 存量提升：提高现有产业品质

童装产业的生产环节利润只有15%左右，80%以上的利润产生在前端的研发和后端的营销环节。近年来，织里积极推进童装产业升级，着力提升

设计和销售能力，努力抢占价值链高点，从"微笑曲线"两端找利润。[①]

一是"四换三名"推进"三七开"。"布衣草人"是织里享誉全国的知名童装品牌之一，被盛誉为"童装界的LV"。"布衣草人"起家时只有5台缝纫机，后来发展至300多名员工，生产工人占七成，销售人员和设计师只有三成，是典型的劳动密集型企业。现在，企业内部结构已调整为"三成搞生产、七成设计师"。这样的结构性调整为"布衣草人"带来了新成绩，公司放重点于设计研发和网络销售，将生产外包，目前年营业额超亿元，毛利率达25%。企业乐于转型的背后，是政府强有力的公共平台支撑。2012年以来，织里镇结合浙江省"四换三名"工程的推进，实施童装设计中心、质检中心和电子商务孵化中心三大公共服务平台建设，累计投资近5000万元。

二是对外推广加强品牌建设。织里通过成立湖州一路带进出口有限公司，以童装产业为整体开展对外宣传推介和产品促销，为中小微童装企业搭建起出口贸易的平台。随着电子商务兴起，依托规模庞大的传统童装业，织里镇与阿里巴巴集团共同打造阿里巴巴·织里产业带，成为中国首家入驻阿里巴巴产业集群平台的产业带，引导企业抱团入驻，提升整体品牌知名度与市场竞争力。建立品牌企业培育库，重点培养排定的100家童装品牌企业。

2. 增量优化：培育战略新兴产业

培育新材料、新能源、新装备等新兴产业是织里产业升级的重要方向。对于已有的新兴产业企业，织里给予资金和用地上的政策支持，想办法留住优质企业，促进新兴产业由点到线，形成集群发展。另外，织里坚持引建优质项目，以电子信息、智能装备、现代服务业等产业为重点，正在引进一批投资强度大、科技含量高、带动能力强的龙头项目。3年内计划引进亿元以上项目30个，其中百亿元级项目实现了零的突破，智能制造和绿色制造占比60%以上。

---

① 张霄：《织里发展纪实：小童装织成大产业》，《今日中国》2018年第10期。

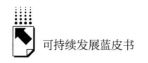

（二）城：智慧大脑优化"智理"，"城市大脑"管理城市

在社会治理领域，织里也进行了转型升级，实行"机器换人"，启动"智慧织里"项目，通过加强 5G 网络、光网、专网、云平台等基础设施建设，实施"智慧安防""智慧消防""智慧安监""智慧人口管理"等子项目，为社会治理植入"城市大脑"，大数据分析为政府决策提供科学依据，探索全面迈入现代化小康社会治理之路。

过去，如果消防安全出现问题，需要基层消防监管员手动上报、发整改通知单。如今可以随时拍照上传至智慧安监系统，后台即刻收到，实时进行处理。目前，织里的网格监管员已收集完毕管区内所有信息，建立了基础消防安全数据库并实时更新。同时，当地消防部门研发并推广应用了"智慧监管"、"智能预警"、"智慧用电"和"智慧用水"四大系统，实现火灾事故的"精确预警"、"精确防范"、"精确处置"和"精确指挥"。例如"智慧用电"系统可跟踪监测电气线路的温度、电流、剩余电流，一旦温度过高便会自动发出提示，8 秒钟之内企业主的手机便会收到短信提醒。①

"智慧人口管理"系统开通业主自主申报功能，用手机即可完成指纹识别、图像抓拍、身份证读取等工作，新居民管理工作更加高效。此外，重点公共场所都接入监控平台，实现网上巡逻、探头站岗，增加群众安全感。

"智理"优化了织里的"治"与"理"，"智慧织里"带来的显著成果是，近 5 年，地区刑事案件年平均降幅达 18%，智慧消防使全镇市政消防栓完好率达 98.79%，企业用电隐患综合下降了 37.9%，消防灭火救援效能提升近 20%，"智慧织里"项目被列为浙江省政府 20 个智慧城市建设示范试点项目之一，被省内的桐庐、江西上饶等多地复制推广。

（三）人：人本经济促进可持续融合发展

人本经济强调人是经济发展的动力，而经济发展的目的又是满足人的需

---

① 裴建林、杨新立、沈哲婷、朱立奇：《小城治理有了新"织法"》，《湖州日报》2019 年 5 月 14 日，第 9 版。

262

要。作为调动内生活力的核心主体，织里镇始终坚持人本经济的思想，满足人民"好起来"的发展需求，建立可持续的融合发展模式。

1. 优化人才结构激发产业活力

人才结构升级是产业升级的重要条件和驱动力之一。织里积极帮助企业筑巢引凤，促进人才结构调整。其一是以优惠政策吸引人才。2013 年，织里投资 2000 万元打造了全国首家童装设计中心，承诺入驻企业只需带来设计人才，其他环节所需配套服务均由中心提供。[①] 织里正在实施的第三轮"南太湖精英计划"承诺，首年入驻童装设计中心的高端人才可以享受房租减免和物业费减半的政策，考核优秀者还能享受更多优惠。其二是多渠道引进和培育人才。一方面，加强产学研联动，与院校达成战略合作，引进优质人才，织里镇与杭州职业技术学院拟共同筹建中国童装学院，为织里童装产业培养高契合度的人才，破解童装产业人才难题。另一方面，搭建"院校合作—院校输送人才—培训后输往童装企业"的电商人才培训模式，全年培训对象 5000 余人次。[②] 其三是促进岗位结构调整，通过产业转型升级和城市功能提升，吸引更多高端人才，以产城"更新"实现人口"更新"，其结果是，初级劳动力占比下降，老员工积极转型。

2. 构建新型营商环境

相较于外向型经济，内生型经济往往缺少非常明确的发展规划来引导产业发展，政府主导性相对较弱。织里镇充分调动内生活力，以营造良好的市场环境为目标，以创优便利化营商环境为突破口，全面推动涉企审批再提质、企业办事再提速、群众的满意度再提升。深化"最多跑一次"改革，确保 100% 事项实现部门综合窗口"无差别全科受理"。抓好项目追踪，实现开工前审批"最多 90 天"并全流程代办。持续推进"三服务"活动常态化，强化服务企业意识，抓好政策快速落地，做好联系企业机制，及时反馈解决企业发展中的问题。

---

① 张霄：《织里发展纪实：小童装织成大产业》，《今日中国》2018 年第 10 期，第 44～47 页。
② 欧阳浩、乔振友、蒋立杰：《织里：致富之理——解读改革致富的织里样本》，《解放军报》2018 年 9 月 9 日，第 1 版。

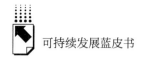
同时，织里镇新推出的"积分入学"政策，有效保障了适龄学生的上学需求；就医异地结算保障了新居民可以即时报销；对房屋设置最高限价，让每一个居民都能在织里买房安家。

四　浙江湖州织里镇"治"与"理"的启示

可持续发展指"既满足当代人的需要，又不对后代人满足其需要的能力构成危害"。如果从1972年斯德哥尔摩人类环境大会算起，全球可持续发展进程已经走过了近50年的历程。伴随着可持续发展理念的深入人心，世界各国都将其纳入自己的发展战略蓝图中。[①] 中国也将可持续发展上升为国家战略，并在推进的过程中不断调整、改进，力求找到一条与中国发展模式相匹配的可持续发展路径。

"发展出题目，改革做文章"，经济增长与环境保护两个目标之间具有的潜在冲突，使得在一定时期内顾此失彼的情况时有发生。研究织里样本的意义在于，在追求经济发展的过程中，织里也曾面临过安全监管、环境卫生整治、城市集体发展等一系列问题。但当地党委、政府在现有制度框架体系内结合实际、主动作为、积极探索，开创了"产、城、人"互促互进的良好局面，完成了从穷乡僻壤到"童装之都"，从"三进三提"（生产进园区、生活进社区、交易进街区，提质、提效、提品位）到"新兴产业高地"的蜕变。最终，织里既保留了"富民经济"，又不损害子孙后代的利益。其实事求是、与时俱进的"治""理"方式，对其他城市迈向可持续发展之路有着参照和借鉴意义。

回顾进程，总结经验，思考规律，织里样本可以从一个侧面反映出中国改革开放40多年的发展变化，同时也启发人们深入思考，进入新时代后应如何为全球可持续发展贡献中国智慧。

---

① 陈迎：《可持续发展：中国改革开放40年的历程与启示》，《人民论坛·学术前沿》2018年第20期，第58~64页。

参考文献

戴洋、姚致祥、孙启邦、何静：《湖州市织里镇的产业转型升级与城市更新的关系研究》，《小城镇建设》2020 年第 3 期，第 33～40 页。

马剑、岳德亮、李劲峰、刘丽琴：《织里绣出美好生活》，《瞭望》2019 年第 29 期。

南太湖社会治理研究院：《织里之治——全面小康后社会治理密码》，中国农业出版社，2020。

裘立华、马剑、吴帅帅：《从改革"轻骑兵"到发展"模范生"——改革开放 40 年"织里样本"观察》，http：//www. xinhuanet. com//2018－09/10/c_ 1123406690. htm，最后检索时间：2020 年 7 月 13 日。

王洁涵：《"流浪"布条找到"家"织里废旧布料精准分类显成效》，《湖州日报》2019 年 3 月 22 日。

《"织里样本"核心是解放思想求实创新——访中国人民大学新闻学院教授宋建武》，《文汇报》2018 年 10 月 21 日，第 8 版。

附　　录

Appendices

B.15

附录一　中国可持续发展评价
指标体系设计与应用

一　可持续发展的测度

我们构建的中国可持续发展指标体系（China Sustainable Development Indicator System，CSDIS），以主题领域为主要形式，设计一套新的指标体系，以主题领域为主要形式，同时考虑领域之间的因果关系。这个框架由五个主题构成（见图1）。五个主题分别是：经济发展、社会民生、资源环境、消耗排放和治理保护。其中可持续发展中最常见的三个主题社会（社会民生）、经济（经济发展）和自然（资源与环境）都包含进来，在此基础上，针对自然主题，增加两个因果或者关联主题：消耗排放与保护治理。环境与资源描述的是自然存量，包括了资源环境的质量和水平。消耗排放是人类的生产和消费活动对自然的消耗和负面影响，是自然存量的减少。治理保护是人类社会为治理和保护大自然所做出的努力，是自然存量的增加。社会民生的增长和资源环境的不断改善又属于人类社会发展的动力。经济的稳定增长是保障社会福利、可持续治理的前提和基础。

图1　中国可持续发展指标关系示意

构建这样一个指标体系，我们希望达到三个方面的目标。一是能够支撑中国参与全球可持续发展的国际承诺，为中国更好地参与全球治理保护提供决策依据。二是对中国宏观经济发展的可持续程度进行监测和评估，为国家制定宏观经济政策和战略规划提供决策支持。三是对省、市的可持续发展状况进行考察和考核，为健全政绩考核制度提供帮助。

二　中国可持续发展指标体系构架的思想

1. 秉承"共同但有区别的责任"原则

1992 年的《里约环境与发展宣言》（Rio Declaration），提出了可持续发展的 27 项原则。经过 20 多年的实践和认知，这些原则大部分已经形成各国共识。但其中有一条原则，在近年来受到一些国家刻意的忽视。原则七指出："各国应本着全球伙伴精神，为保存、保护和恢复地球生态系统的健康和完整进行合作。鉴于导致全球环境退化的各种不同因素，各国负有共同的但是又有差别的责任。发达国家承认，鉴于他们的社会给全球环境带来的压力，以及他们所掌握的技术和财力资源，他们在追求可持续发展的国际努力中负有责任。"共同但有区别的责任在这次会议上被明确地提出来，作为一项国际环境法基本原则被正式确立。尽管《巴黎协定》也体现了发达国家和发展中国家的区分，但在减排责任上的划分不是太明确。CSDIS的设计和使用需要秉承共同但有区别的责任这一原则。例如，CSDIS包括了温室气体方面的相关指标，这些指标既有效率指标，如能源强度，二氧化碳强度，也有总量指标，如能源消费总量，碳排放总量。作为一个发展中国家，中国通过总量指标来约束经济社会发展行为，这充分展现了中国政府和人民在应对全球变化这个全球共同性问题上的巨大决心和诚意。但是，在这些指标的目标设定上，需要充分考虑中国是一个发展中国家的事实。

2. 着眼于从"效率控制"到"容量控制"①

气候变化、环境污染、生态破坏已对人类的健康和经济社会发展提出了严峻的挑战。在中国，由于摆脱贫困、缩小城乡居民收入和区域发展差距的任务繁重，这一挑战就显得更加迫切和明显。同时，中国还受到发展能力与水平、自然资源禀赋条件的制约。《中共中央国务院关于加快推进生态文明建设的意见》是一部体现中国可持续发展理念的纲领性文件。文件有一个重要的内容，可看作对改善政府管理的刚性要求，即"严守资源环境生态红线。树立底线思维"。同时，要配套建立起"领导干部任期生态文明建设责任制，完善目标责任考核和问责制度"。要建立起一整套与之配套的指标和绩效考核体系，需要将现行的标准控制向总量、质量和容量控制渐次推进。即标准控制→总量控制→质量控制→容量控制。考虑到评估对象的横向可比较性，CSDIS所选择的基础指标，大部分是标准指标，也有一些总量指标。为了在应用过程中，可以发挥质量控制和容量控制的作用，CSDIS纳入了一些涉及资源和环境生态红线的关键指标，还有在可持续治理领域能够发挥关键约束作用的指标。

---

① 本部分节选自张大卫《不断改善政府管理促进可持续供应链发展》，"可持续发展政策与实践——促进可持续供应链的发展"论坛，2015年5月8日。

3. 反映"可持续性生产"与"可持续性消费"

从 18 世纪 60 年代的工业革命到现在，已经过去了 250 多年的时间，而人类真正关注并一致行动起来保护环境，才二三十年的时间，如果从 1962 年《寂静的春天》出版算起，也才 50 多年。也就是说，在工业化的大部分时间里，我们都是不考虑资源环境约束和代价的生产和消费。在这样的背景下，从 20 世纪 70 年代开始，人类进入了全球生态超载状态，人类的生态足迹超出了地球生物承载力，在 2010 年人类的生态足迹已经大到需要 1.5 个地球才能提供人类所需要的生物承载力的程度[1]。在投资和出口拉动型的经济模式中，中国面临着巨大的来自生产端的资源环境压力[2]。但是，从长远看，随着中国经济内需型转型和持续中高速增长，消费端面临的生态压力将逐步增大。在 CSDIS 设计中，充分考虑了可持续性生产和可持续性消费。比如人类的影响里，既有生产活动的影响指标，又有消费活动指标。在可持续治理方面也是这样，既有生产方面的治理投入、目标和行动，也有消费方面的约束。

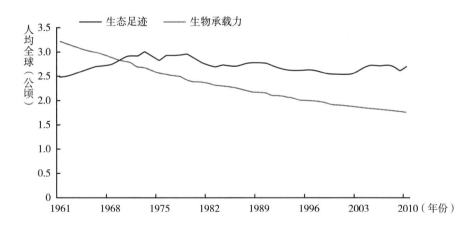

图 2　1961~2010 年全球人均生态赤字状况

资料来源：WWF：《中国生态足迹报告 2015》。

---

[1]　WWF：《中国生态足迹报告 2015》。

[2]　CCIEE – WWF：《超越 GDP——中国省级绿色经济指数研究报告 2012》。

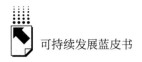

4. 反映"增长"和"治理"两轮驱动

在 CSDIS 里，"稳定的经济增长"和"可持续治理"是两个核心主题。如果没有稳定的经济增长，社会福利水平将难以保障，也没有更多的能力来做生态修复和环境保护的工作。同时，要认识到可持续治理与经济增长是相辅相成的。研究表明，单纯依靠 GDP 的增加很难推动绿色经济综合指数的上升，经济发展带来的资源环境压力更趋紧迫，生产端和消费端产生的压力阻碍绿色经济沿着原来的轨道前进（见图 3）。可持续治理是人类对自然的正反馈，是积极的影响，不仅是成本投入，也是增长的重要动力。

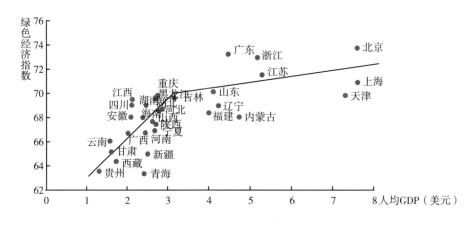

图 3　人均 GDP 与绿色经济指数

资料来源：CCIEE－WWF：《超越 GDP——中国省级绿色经济指标体系研究报告 2012》。

5. 体现"人"与"自然"和谐发展

工业革命以来，随着科学技术水平的不断发展，人类认识自然和改造自然的能力持续提高，享用了巨大的自然的馈赠，但是，对自然的破坏也达到相当严重的程度。可持续发展最终的表现是人类和自然的共同发展。在这样的发展模式下，人类社会福利不断提高，自然环境日益改善，不但传统的生产资本积累不断增加，自然资本也能持续得到投入。在 CSDIS 里，人的发展包含了社会福利增加和经济稳定的增长，自然的发展体现在资源的高效利用、生态得到修复、环境得到治理和保护。

6. 既"立足当下"又"面向未来"

可持续发展是一个长期的过程，不是一时一地的项目，而是全局性、战略性、共同性的巨大工程。因此在 CSDIS 指标的选取中，既要立足当下，着眼于当前能够做、必须要的事情，同时也要放眼未来，考虑一些将来可以做、应当做的事情。比如，在指标选取中，为了评估对象的横向比较，需要选取的指标可测量、可报告和可核查。同时，一些指标按照现在的统计口径无法获得，但我们认为比较重要，具有代表性，通过一定的努力未来可以获得，也将其也纳入 CSDIS。

三　可持续发展指标体系设计

1. 前提与基础——经济发展

经济发展是实现可持续发展的前提和基础。可持续的经济发展包含三个方面：稳定的经济增长，结构优化升级和创新驱动发展（见表1）。稳定的经济增长是人类社会发展的根本保障。结构优化升级不但是经济健康发展的需要，本身也是对资源环境利益模式的转变。创新驱动不但要成为经济持续增长的动力源泉，也为人类更加有效、合理、恰当的利益自然资本提供了技术和手段。稳定增长包括 GDP 增长率、城镇登记失业率、全员劳动生产率三个指标。这几个指标也是反映一国或地区经济发展水平及健康程度的重要指标。结构优化方面，主要体现服务业，高技术产业以及消费对经济的拉动作用。创新驱动从研发投入、科技人员数量、高技术产值、专利数量等几个方面来刻画。

2. 美好生活的向往——社会民生

社会民生包含了四类指标，分别是教育文化、社会保障、卫生健康和均等程度（见表2）。在社会公平方面，除了传统的基尼系数来测度全面居民的收入差距，还考虑了贫困发生率来测度贫困人口的比重。在教育文化方面，主要考虑国家财政经费的投入和每万人普通本科在校生人数，同时，引入人均图书藏量，来刻画大众文化普及程度。社会保障则考虑了基本社会保障覆盖率和社会保障方面的财政支出情况。卫生健康主要反映人口平均预期寿命、卫生支出和卫生人力资源三个方面。

表1 经济发展

一级指标（权重）	二级指标	三级指标	单位	指标数
经济发展（15分）	创新驱动	科技进步贡献率	%	1
		研究与试验发展经费支出与GDP比例	%	2
		每万人有效发明专利拥有量	件	3
	结构优化	高技术产业主营业务收入与GDP比例	%	4
		信息产业增加值与GDP比例	%	5
		第三产业增加值占GDP比例	%	6
	稳定增长	GDP增长率	%	7
		城镇登记失业率	%	8
		全员劳动生产率	元/人	9

表2 社会民生

一级指标（权重）	二级指标	三级指标	单位	指标数
社会民生（15分）	教育文化	国家财政教育经费占GDP比重	%	1
		每万人普通本科在校生人数	人	2
		人均图书藏量	本/人	3
	社会保障	基本社会保障覆盖率	%	4
		人均社会保障财政支出	元	5
	卫生健康	人口平均预期寿命	岁	6
		卫生总费用占GDP比重	%	7
		每万人拥有卫生技术人员数	人	8
	均等程度	贫困发生率	%	9
		基尼系数*		10

注：*代表目前难以获得数据，但期望未来加入的指标。

3. 坚守生态红线——资源环境

资源环境指标（见表3）主要描述当前自然界的一个状况，包含数量、质量和环境。资源方面，涵盖了主要的可量化评估的资源，包括森林、草原、湿地、土地、矿藏、海洋、水等，同时把自然保护区作为一个重要资源类别纳入。除了传统的自然领地，城市环境作为人类活动的重要场所，也作为环境考察的一个指标。需要说明的是，作为某个国家或者地区，可能没有一些自然资源，比如内陆地区，没有海洋资源，但我们这里将其纳入，是为了更加全面地刻画可持续发展对自然保护的需求，在具体指标体系的应用中，可做一些技术上的处理，来保证不同地区横向比较的公平性。

表3 资源环境

一级指标（权重）	二级指标	三级指标	单位	指标数
资源环境（20分）	国土资源	人均碳汇*	吨二氧化碳	1
		人均森林面积	公顷/万人	2
		人均耕地面积	公顷/万人	3
		人均湿地面积	公顷/万人	4
	水环境	人均水资源量	立方米/人	5
		全国河流流域一二三类水质断面占比	%	6
	大气环境	地级及以上城市空气质量达标天数比例	%	7
	生物多样性	生物多样性指数*		8

注：*代表目前难以获得数据，但期望未来加入的指标。

4. 日益增长的消费与生产——消耗排放

消耗排放（见表4）主要反映人的生产和生活活动对资源的消耗、污染物和废弃物排放、温室气体排放等方面。资源的消耗包括对土地、水、能源的消耗。污染物的排放包括了固体废物、废水和废气。生活垃圾作为单独一个指标，主要反映人的消费对环境的影响。温室气体作为人类对自然影响的一个重要部分纳入，包含了非化石能源占一次能源比例、碳排放强度及碳排放总量三个指标。

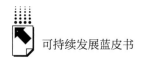

表4 消耗排放

一级指标（权重）	二级指标	三级指标	单位	指标数
消耗排放（25分）	土地消耗 水消耗 能源消耗	单位建成区面积二、三产业增加值	万元/平方千米	1
		单位工业增加值水耗	立方米/万元	2
		单位GDP能耗	吨标煤/万元	3
	主要污染物排放	单位GDP主要污染物排放（单位化学需氧量排放、氨氮、二氧化硫、氮氧化物）	吨/万元	4
			吨/万元	5
			吨/万元	6
			吨/万元	7
	工业危险废物产生量	单位GDP危险废物排放	吨/万元	8
	温室气体排放	非化石能源占一次能源比例	%	9
		碳排放强度*	吨二氧化碳/万元	10
		碳排放总量	万吨二氧化碳	11

注：*代表目前难以获得数据，但期望未来加入的指标。

5.决策与行动——治理保护

治理保护是实现人类对自然正影响的主要手段。治理包括资金上的投入、主要治理保护目标的设定（见表5）。在治理投入上，既考虑了财政上的环保支出，也考虑了整个社会的环境污染治理投资。在治理保护目标方面，在水、空气、固体废物、生活垃圾、温室气体方面均提出了可考察的指标。

四 可持续发展指标体系总体考虑

国家、省、市等不同空间尺度上，个别指标会有调整。从国内来看，对不同主体功能区在目标值设定上也要有差异化考虑。在后面的国内外相关城市的可持续发展实践案例中可以看到，很多城市根据自身的发展状况和禀赋特点，提出了各自不同的可持续发展指标体系。这对于我们下一步设计区域

表5 治理保护

一级指标（权重）	二级指标	三级指标	单位	指标数
治理保护（25分）	治理投入	生态建设资金投入与GDP比*	%	1
		环境保护支出与财政支出比	%	2
		环境污染治理投资与固定资产投资比	%	3
	废水利用率*	再生水利用率*	%	4
		污水处理率	%	5
	固体废物处理	工业固体废物综合利用率	%	6
	危险废物处理	工业危险废物处置率	%	7
	垃圾处理	生活垃圾无害化处理率	%	8
	废气处理	废气处理率*		9
	减少温室气体排放	碳排放强度年下降率*	%	10
		能源强度年下降率	%	11

注：*代表目前难以获得数据，但期望未来加入的指标。

性的可持续发展指标体系提供了很好的借鉴。一些指标，还找不到可靠的统计来源，这除了需要做大量的工作，来做好统计指标的设定与采集，也需要相关部门的配合。在后续工作中，还会进一步完善。例如，一些指标可能由于相关性较强，可以合并或者用一个指标来代替。还将重点研究生物承载力、自然资产负债表等一些相关研究最新成果，选择一些指标作为容量指标纳入CSDIS，以更好地体现"容量控制"思想。同时，还要进一步深入研究联合国可持续发展目标（SDG），在设计理念和具体关键指标的选择上期望能够更好地与之对接。

指标解释：

（1）科技进步贡献率：指广义技术进步对经济增长的贡献份额，它反映在经济增长中投资、劳动和科技三大要素作用的相对关系。其基本含义是扣除了资本和劳动后科技等因素对经济增长的贡献份额。

表6　中国可持续发展指标体系（CSDIS）

一级指标（权重）	二级指标	三级指标	单位	指标数
经济发展（15分）	创新驱动	科技进步贡献率	%	1
		研究与试验发展经费支出与GDP比例	%	2
		每万人有效发明专利拥有量	件	3
	结构优化	高技术产业主营业务收入与GDP比例	%	4
		信息产业增加值与GDP比例	%	5
		第三产业增加值占GDP比例	%	6
	稳定增长	GDP增长率	%	7
		城镇登记失业率	%	8
		全员劳动生产率	元/人	9
社会民生（15分）	教育文化	国家财政教育经费占GDP比重	%	10
		万人普通本科在校生人数	人	11
		人均图书藏量	本/人	12
	社会保障	基本社会保障覆盖率	%	13
		人均社会保障财政支出	元	14
	卫生健康	人口平均预期寿命	岁	15
		卫生总费用占GDP比重	%	16
		每万人拥有卫生技术人员数	人	17
	均等程度	贫困发生率	%	18
		基尼系数*		19
资源环境（20分）	国土资源	人均碳汇*	吨二氧化碳	20
		人均森林面积	公顷/万人	21
		人均耕地面积	公顷/万人	22
		人均湿地面积	公顷/万人	23
	水环境	人均水资源量	立方米/人	24
		全国河流流域一二三类水质断面占比	%	25
	大气环境	地级及以上城市空气质量达标天数比例	%	26
	生物多样性	生物多样性指数*		27
消耗排放（25分）	土地消耗水消耗能源消耗	单位建成区面积二、三产业增加值	万元/平方千米	28
		单位工业增加值水耗	立方米/万元	29
		单位GDP能耗	吨标煤/万元	30

一级指标（权重）	二级指标	三级指标	单位	指标数
消耗排放（25 分）	主要污染物排放	单位 GDP 主要污染物排放（单位化学需氧量排放、氨氮、二氧化硫、氮氧化物）	吨/万元	31
			吨/万元	32
			吨/万元	33
			吨/万元	34
	工业危险废物产生量	单位 GDP 危险废物排放	吨/万元	35
	温室气体排放	非化石能源占一次能源比例	%	36
		碳排放强度*	吨二氧化碳/万元	37
治理保护（25 分）	治理投入	生态建设资金投入与 GDP 比*	%	38
		环境保护支出与财政支出比	%	39
		环境污染治理投资与固定资产投资比	%	40
	废水利用率*	再生水利用率*	%	41
		污水处理率	%	42
	固体废物处理	工业固体废物综合利用率	%	43
	危险废物处理	工业危险废物处置率	%	44
	垃圾处理	生活垃圾无害化处理率	%	45
	废气处理	废气处理率*		46
	减少温室气体排放	碳排放强度年下降率*	%	47
		能源强度年下降率	%	48

注：*代表目前难以获得数据，但期望未来加入的指标。

（2）研究与试验发展经费支出与 GDP 比例：指研究与试验发展（R&D）经费支出占地区生产总值（GDP）的比率。R&D 是"科学研究与试验发展"的英文缩写。其含义是指在科学技术领域，为增加知识总量，以及运用这些知识去创造新的应用进行的系统的创造性的活动，包括基础研究、应用研究和试验发展三类活动。

（3）每万人发明专利拥有量：是指每万人拥有经国内外知识产权行政部门授权且在有效期内的发明专利件数，是衡量一个国家或地区科研产出质

量和市场应用水平的综合指标。

（4）高技术产业主营业务收入与 GDP 比例：根据国家统计局《高技术产业（制造业）分类（2013）》，高技术产业（制造业）是指国民经济行业中 R&D 投入强度（即 R&D 经费支出占主营业务收入的比重）相对较高的制造业行业，包括：医药制造，航空、航天器及设备制造，电子及通信设备制造，计算机及办公设备制造，医疗仪器设备及仪器仪表制造，信息化学品制造六大类。

（5）信息产业增加值与 GDP 比例：按照国家统计局界定，信息相关产业主要是指与电子信息相关联的各种活动的集合。信息相关产业主要活动包括：电子通信设备的生产、销售和租赁活动；计算机设备的生产、销售和租赁活动；用于观察、测量和记录事物现象的电子设备、元件的生产活动；电子信息的传播服务；电子信息的加工、处理和管理服务；可通过电子技术进行加工、制作、传播和管理的信息文化产品的服务①。

（6）第三产业增加值占 GDP 比例：按照国家统计局《三次产业划分规定（2012）》界定，第三产业指除第一产业和第二产业外的其他各业，其中第一产业包括农、林、牧、渔业，第二产业包括采矿业、制造业、电力、热力、燃气及水生产和供应业、建筑业。

（7）GDP 增长率：国内生产总值（GDP）增长率是指 GDP 的年度增长率，需用按可比价格计算的国内生产总值来计算。

（8）城镇登记失业率：在报告期末城镇登记失业人数占期末城镇从业人员总数与期末实有城镇登记失业人数之和的比重。分子是登记的失业人数，分母是从业的人数与登记失业人数之和。城镇登记失业人员是指有非农业户口，在一定的劳动年龄内（16 岁以上及男 50 岁以下、女 45 岁以下），有劳动能力，无业而要求就业，并在当地就业服务机构进行求职登记的人员。

（9）全员劳动生产率：全员劳动生产率指根据产品的价值量指标计算

---

① 国家统计局：《统计上划分信息相关产业暂行规定》，2012 年 5 月 2 日，http：//www. stats - sh. gov. cn/tjfw/201103/94586. htm。

的平均每一个从业人员在单位时间内的产品生产量。全员劳动生产率有各种测算方式，按照统计局的计算方法，即为国内生产总值与全部就业人员的比率。

（10）国家财政教育经费占 GDP 比重：国家财政教育经费主要包括公共财政预算教育经费，各级政府征收用于教育的税费，企业办学中的企业拨款，校办产业和社会服务收入用于教育的经费等。

（11）每万人普通本科在校生人数：普通本科在校生指普通本科高等学校的在校生。

（12）人均图书藏量：图书藏量指公共图书馆总藏量。

（13）基本社会保障覆盖率：按国家统计局推出的《全面建设小康社会统计监测方案》中的计算方法，指已参加基本养老保险和基本医疗保险人口占政策规定应参加人口的比重。计算公式为：基本社会保险覆盖率＝已参加基本养老保险的人数/应参加基本养老保险的人数×50％ +已参加基本医疗保险的人数/应参加基本医疗保险的人数×50％，官方各个省份的基本社会保险覆盖率都用的这个公式。

（14）人均社会保障财政支出：社会保障支出是指政府通过财政向由于各种原因而暂时或永久性丧失劳动能力、失去工作机会或生活面临困难的社会成员提供基本生活保障的支出。

（15）人口平均预期寿命：是指假若当前的分年龄死亡率保持不变，同一时期出生的人预期能继续生存的平均年数。它以当前分年龄死亡率为基础计算，但实际上，死亡率是不断变化的，因此，平均预期寿命是一个假定的指标。这个指标与性别、年龄、种族有着紧密的联系，因此常常需要分别计算。平均预期寿命是我们最常用的预期寿命指标，它表明了新出生人口平均预期可存活的年数，是度量人口健康状况的一个重要指标。

（16）卫生总费用占 GDP 比重：卫生总费用是指一个国家或地区在一定时期内（通常是一年）全社会用于医疗卫生服务所消耗的资金总额，是以货币作为综合计量手段。卫生总费用是由政府卫生支出、社会卫生支出和个人卫生支出三部分构成，从全社会角度反映卫生资金的全部运动过程，分析

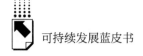

与评价卫生资金的筹集、分配和使用效果。卫生总费用标志一个国家整体对卫生领域的投入高低，作为国际通行指标，卫生总费用被认为是了解一个国家卫生状况的有效途径之一，按照世卫组织的要求，发展中国家卫生总费用占 GDP 总费用不低于 5%。

（17）每万人拥有卫生技术人员数：卫生技术人员又称医务人员或护士，指卫生事业机构支付工资的全部职工中现任职务为卫生技术工作的专业人员，包括中医师、西医师、中西医结合高级医师、护师、中药师、西药师、检验师、其他技师、中医士、西医士、护士、助产士、中药剂士、西药剂士、检验士、其他技士、其他中医、护理员、中药剂员、西药剂员、检验员和其他初级卫生技术人员。

（18）贫困发生率：指贫困人口占全部总人口的比率，它反映地区贫困的广度。

（19）基尼系数：基尼系数是 1943 年美国经济学家阿尔伯特·赫希曼根据劳伦茨曲线所定义的判断收入分配公平程度的指标。基尼系数是比例数值，在 0～1，是国际上用来综合考察居民内部收入分配差异状况的一个重要分析指标。

（20）人均碳汇：碳汇，一般是指从空气中清除二氧化碳的过程、活动、机制，包括森林碳汇、草地碳汇、耕地碳汇等。

（21）人均森林面积：在一个地区或国家内，某一个时期按人口平均每个人占有的森林面积。

（22）人均耕地面积：在一个地区或国家内，某一个时期按人口平均每个人占有的耕地面积。

（23）人均湿地面积：在一个地区或国家内，某一个时期按人口平均每个人占有的湿地面积。

（24）人均水资源量：在一个地区（流域）内，某一个时期按人口平均每个人占有的水资源量。

（25）全国河流流域一二三类水质断面占比：依据《地表水环境质量标准》（GB 3838－2002）表 1 中除水温、总氮、粪大肠菌群外的 21 项指标标准限值，分别评价各项指标水质类别，按照单因子方法取水质类别最高者作为断面水质类别。Ⅰ、Ⅱ类水质可用于饮用水源一级保护区、珍稀水生生物栖息地、鱼虾类产卵场、仔稚幼鱼的索饵场等；Ⅲ类水质可用于饮用水源二级保护区、鱼虾类越冬场、洄游通道、水产养殖区、游泳区；Ⅳ类水质可用于一般工业用水和人体非直接接触的娱乐用水；Ⅴ类水质可用于农业用水及一般景观用水；劣Ⅴ类水质除调节局部气候外，几乎无使用功能。

（26）地级及以上城市空气质量达标天数比例：一年当中市区环境空气质量达标天数的占比。

（27）生物多样性指数：应用数理统计方法求得表示生物群落的种类和数量的数值，用以评价环境质量。20 世纪 50 年代，为了进行环境质量的生物学评价，开始研究生物群落，并运用信息理论的多样性指数进行析。多样性是群落的主要特征。在清洁的条件下，生物的种类多，个体数相对稳定。

（28）单位建成区面积二、三产业增加值：区域第二产业和第三产业增加值与区域建成区面积的比。

（29）单位工业增加值水耗：地区工业水耗与地区工业增加值比。

（30）单位 GDP 能耗：单位 GDP 能耗是反映能源消费水平和节能降耗状况的主要指标，一次能源供应总量与国内生产总值（GDP）的比率，是一个能源利用效率指标。该指标说明一个地区经济活动中对能源的利用程度，反映经济结构和能源利用效率的变化。

（31～34）单位 GDP 主要污染物排放：是单位 GDP 化学需氧量、单位 GDP 氨氮、单位 GDP 二氧化硫、单位 GDP 氮氧化物等值的综合计算数。

（35）单位 GDP 危险废物排放：根据《中华人民共和国固体废物污染防治法》的规定，危险废物是指列入国家危险废物名录或者根据国家规定的危险废物鉴别标准和鉴别方法认定的具有危险特性的废物。这里的危险废物排放指的是排放量，即工业事故导致的排放量。

（36）非化石能源占一次能源比例：非化石能源包括当前的新能源及可再生能源，含核能、风能、太阳能、水能、生物质能、地热能、海洋能等可再生能源。发展非化石能源，提高其在总能源消费中的比重，能够有效降低

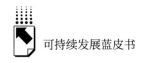

温室气体排放量，保护生态环境，降低能源可持续供应的风险。

（37）碳排放强度：碳排放强度是指每单位国民生产总值的增长所带来的二氧化碳排放量。该指标主要是用来衡量一国经济同碳排放量之间的关系，如果一国在经济增长的同时，每单位国民生产总值所带来的二氧化碳排放量在下降，那么说明该国就实现了一个低碳的发展模式。

（38）生态建设资金投入与GDP比：对生态文明建设和环境保护所有投入与GDP的比。

（39）环境保护支出与财政支出比：指用于环境污染防治、生态环境保护和建设投资占当年国内生产总值（GDP）的比例。以上海为例，环保投入，是指在上海市行政辖区内污染源治理、生态保护和建设、城市环境基础设施建设、环境管理能力建设等方面的资金投入中，用于形成固定资产的资金和环保设施运转费等。

（40）环境污染治理投资与固定资产投资比：环境污染治理投资包括老工业污染源治理、建设项目"三同时"、城市环境基础设施建设三个部分。例如，2012年，我国环境污染治理投资总额为8253.6亿元，占国内生产总值（GDP）的1.6%，占社会固定资产投资的2.2%，比上年增加37.0%。其中，城市环境基础设施建设投资5062.7亿元，老工业污染源治理投资500.5亿元，建设项目"三同时"投资2690.4亿元，分别占环境污染治理投资总额的61.3%、6.1%、32.6%。

（41）再生水利用率：再生水是指将城市污水经深度处理后得到的可重复利用的水资源。污水中的各种污染物，如有机物、氨、氮等经深度处理后，其指标可以满足农业灌溉、工业回用、市政杂用等不同用途。在目前我国水资源短缺的状况下，开发和利用再生水资源是对城市水资源的重要补充，是提高水资源利用率的重要途径。

（42）污水处理率：经过处理的生活污水、工业废水量占污水排放总量的比重。

（43）工业固体废物综合利用率：指工业固体废物综合利用量占工业固体废物产生量的百分率。计算公式为：工业固体废物综合利用率＝工业固体废物综合利用量÷（工业固体废物产生量＋综合利用往年贮存量）×100%。

（44）工业危险废物处置率：指工业危险废物处理量占工业危险废物产生量的比重。

（45）生活垃圾无害化处理率：是指无害化处理的城市市区生活垃圾数量占市区生活垃圾产生总量的比重。

（46）废气处理率：经过处理的有毒有害的气体量占有毒有害的气体总量的比重。

（47）碳排放强度年下降率：单位 GDP 碳排放量相比上年下降率。

（48）能源强度年下降率：单位 GDP 能源消耗量相比上年下降率。

B.16
附录二 中国省级可持续发展指标说明

一 经济发展

1. 城镇登记失业率

定义：城镇登记失业率。

计量单位：%

资料来源及方法：

- 数据源于国家统计局。

- 该指标为直接获得。

政策相关性：失业者是目前没有工作但有工作能力且正在寻找工作的经济活跃人口。根据定义，如果失业率一直走高，就代表资源分配效率很低。一个城市的失业率是劳动市场反映出来的经济活动最广泛的指标。该指标能表示人口或劳动力的经济活跃程度及能力，其可作为与可持续发展相关的重要社会经济变量，同时也是导致贫穷的主要原因之一。许多衡量可持续发展的体系都一直包含对失业率的衡量。通过衡量失业率，我们可以推断出有多少人能通过税收增加政府收入并促进社会事业及环保活动。

2. GDP 增长率

定义：国民生产总值增长率。

计量单位：%

资料来源及方法：

- 数据源于国家统计局。

- 该指标是用各省份当年的 GDP 指数减去 100 计算得出的。

政策相关性：GDP 是指所有生产商贡献的增加值的总和，代表的是国内生产总值。因此，GDP 仍然是目前最主要的经济指标。在中国，GDP 增长率是衡量地方政府年度成果的主要指标。许多其他可持续发展指标集都包括 GDP 增长率。一般来说，高经济增长率是经济发展的积极迹象，但同时也与较高的能源消耗、自然资源开发和对环境资源的负面影响有关。

3. 第三产业增加值占 GDP 比例

定义：服务业增加值占国民生产总值（GDP）的比例。

计量单位:%

资料来源及方法：

• 数据源于国家统计局。

• 该指标是用各省第三产业增加值除以该省份的年度 GDP 计算得出的。

政策相关性：经济由三大产业构成：第一产业（农业）、第二产业（建筑与制造业）和第三产业（服务业）。鉴于经济发展水平的提高一般与劳动力从农业及其他劳动密集型活动向工业，并最终向服务业流动的情况有关，一个国家的经济发展阶段与就业人口的明显转移相关。由于更多的人员目前在高工资行业工作，所以，这一转移是代表经济发展的指标之一。由于服务业的回报率在输出和就业方面都比农业和制造业要高，所以，中国不断向服务业（包括零售业、酒店、餐饮、信息技术、金融、教育、社会福利工作、娱乐、公共管理等）的转移表明了中国经济的不断发展。

4. 全员劳动生产率

定义：平均受雇人员所对应的 GDP 数额。

计量单位：万元/人

资料来源及方法：

• 数据源于各省、自治区、直辖市的统计年鉴。

• 该指标是用各省份的年度 GDP 除以每个省份平均从业人数计算得出的。

政策相关性：

一个城市的经济能力和经济效率可通过查看该市单位受雇人员 GDP 进

行评估。GDP 衡量的是经济的输出量；全员劳动生产率可以增加社会生产力，减少贫困，实现经济发展。通过将总生产量分配给单位人口或人均，可衡量个人生产率促进经济发展的程度。它表示的是人均收入增长的速度及资源消耗的速率。衡量全员劳动生产率的优点在于可以帮助我们确定获得有经济能力、社会责任心及爱护环境人口所需的工资福利的增加情况。在中国等国家，Kuzent 关于富裕及可持续发展的假设已得到证实。一旦人口生产率提高且收入增加，经济发展与更加持续进步的政策之间存在直接关联。

5. 研究与发展经费支出占 GDP 比例

定义：政府在研究与试验发展方面投入占 GDP 的比例。

计量单位:%

资料来源及方法：

•数据源于《中国科技统计年鉴》。

•该指标是用各省的研究与试验发展经费支出除以年度 GDP 计算得出的。

政策相关性：该指标是指研究与发展经费支出占地区 GDP 的比例。研究与发展是"研究与试验发展"的简称，一般是指新思想及技术的学术性和非学术性研究与发展。它指的是科学技术领域的创新活动，旨在增加知识量，并使用这些知识创造新应用，包括基础研究、应用研究和实验发展。研究与发展经费支出的增加可实现必要的新型技术创新，为中国的农业机械化、制造业及服务性行业提供支持并促进这些行业的发展。由于现代技术可被用于使经济发展更为透明、更易实现，环境更具弹性，社会福利体系得到改进，通过这些新技术可进一步扩大可持续发展目标的三重底线，从而实现生活方式及卫生事业向上发展。增加的研究与发展经费可以创造新领域的就业机会，带来更大的知识储备，支持教育发展，并以对社会问题更加科学的理解方式改进社会文化实践。通过衡量某个省份的该指标，我们可以评估该省份是如何以更为包罗万象的方式来帮助其发展的。

二 社会民生

6. 城乡人均可支配收入比

定义：某省份城镇居民人均可支配收入与农村居民人均可支配收入的比值。

计量单位：%

资料来源及方法：

• 数据源于国家统计局。

• 该指标是用城镇居民人均可支配收入除以农村居民人均可支配收入计算得出的。

政策相关性：农村地区收入的不断增加也说明了该地区经济活动及发展的不断提升。通常，随着工农业发展，农村地区修建越来越多的公路、铁路等，该地区及其居民会变得更加富足，在社会体系及社会福利方面所占的份额也就越大。由于人们的可支配收入增加，他们可以将资金用于孩子的教育，增加医疗保健支出以及对健康、幸福和获得良好教育起到关键作用的基础设施支出。如果与城市地区收入相比，农村地区收入在不断增加，则表示经济结构更加公平，居民可以享受到更加优质的生活。所有这些要素对于实现可持续发展至关重要。一旦人们实现了经济和社会富足，他们接受的良好教育可促使其在环境改善方面做出投入。同时，有了更多的可支配收入，他们可以参与环境保护活动，由于优先考虑事项不同，该活动通常不会在贫困地区执行。于是，可支配收入比指标能以一种定量方式解释经济公平是如何帮助实现可持续发展目标的。

7. 每万人拥有卫生技术人员数

定义：每万人拥有卫生技术人员数。

计量单位：人

资料来源及方法：

• 数据源于国家统计局。

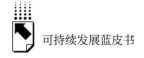
● 该指标为直接获得。

政策相关性：卫生技术人员的分布情况是可持续发展的一个重要指标。许多需求相对较低的发达地区拥有的卫生技术人员数量较多，而许多疾病负担大的欠发达地区必须设法应付卫生技术人员数量不足的问题。中国城市化的发展，许多卫生技术人员由农村转向城市，导致这些人员在农村地区的大量缺失。因此，通过采取具体措施可为城市提供公共卫生服务打造新环境，这会对城市工作者及居民的长期健康起到关键作用。衡量居民人均卫生技术人员数量的另一个方面就是该指标与环境卫生之间的关联程度。该指标可以帮助我们了解对抑制环境退化所需的、更有效的政治及技术措施导致对卫生技术人员以及对创建避免环境污染带来健康问题的可持续健康地区的工作的更大需求。最后，每万人拥有卫生技术人员数还是衡量一个国家经济发展或下滑的一个指标。当经济明显发展时，政府有能力增加医疗支出，而且可使公民平等享受卫生技术人员的服务及医疗护理。所以，该指标向我们说明了中国各地区的发展情况。

8. 互联网宽带覆盖率

定义：利用互联网宽带普及率衡量的互联网宽带覆盖率。

计量单位：%

资料来源及方法：

● 数据源于《中国统计年鉴》。

● 该指标是用互联网宽带接入用户数除以总户数（包括集体户）获得的。

政策相关性：互联网宽带覆盖率代表某省份可接入互联网的人数。在中国，互联网接入受到严格管控，但上网在公众相互交流、参与经济活动及获得福利及娱乐（如医疗保健和接触社会媒体及娱乐）方面发挥着重要作用。由于宽带可实现新产品及服务的创新，打造新市场通道，所以接入互联网可带来宏观经济、微观经济甚至是个人收益。企业利用互联网可获得更加高效、自动化的生产方法，从而降低运作成本。个人利用互联网可获得更多知识，了解对其发展必要的权利和授权。通过衡量一省（或其人民）的互联网接入程度，我们可以衡量该省份及其人民是否能够基本接入对宏观—微观—个人经济发展起关键作用的公用设施，这是衡量可持续发展情况的重要指标。

9. 财政性教育支出占 GDP 比重

定义：政府在教育方面的财政支出占 GDP 的比例。

计量单位:%

资料来源及方法：

• 数据源于国家统计局。

• 该指标是用财政性教育支出除以年度 GDP 计算得出的。

政策相关性：政府财政性教育支出代表政府致力于投资人力资本发展，可用于评估与其他公共投资相比，政府对教育的优先考虑程度如何。基础教育的发展可以增加就业，缓解贫困，而投资中等教育可以增加服务行业的参与度，从而促进经济的发展。联合国认为教育是促进社会各方面可持续发展的催化剂，迫切需要增加教育事业方面的投资。根据世界银行和联合国教科文组织的数据，2018 年中国的识字率高达 97%。尽管识字率看起来很高，但绝大多数受教育群体都受雇于农业和对专业技术及教育有要求的制造业。通过对未来劳动力（15～24 岁的人群，占人口 14% 左右）进行教育投入，政府也在增加更多的可以支持可持续发展地区建设必要的社会文化服务型人才。教育支出可决定一个普通大众是否更有可能在不断发展的服务业中获得高收入工作。这本身就是对经济发展的促进，而且人们的高收入又能以税收及社会服务费形式回到社会中来。受过良好教育的劳动力群体可增加在可持续发展方面拥有更多专长的教育工作者、医疗工作者及法律和经济分析师的数量。

10. 人均社会保障和就业财政支出

定义：政府在社会保障及就业方面的人均财政支出。

计量单位：元/人

资料来源及方法：

• 数据源于国家统计局。

• 该指标是用各省政府在社会保障和就业方面的财政支出除以常住人口计算得出的。

政策相关性：该指标衡量的是社会保障网覆盖的人口数并指明退休后可获得国家养老金的对象。它代表的是在一个富裕的社会里，许多人都可以将资金投入养老金系统和/或政府投入相应资源来对那些在资金投入方面能力有限或无能力的人员提供支持。政府在社会服务方面的支出对于那些处于劣势地位人群来说至关重要，包括低收入家庭、老人、残疾人、病人及失业者。在中国城市化迅速发展的进程中，大量农村劳动力涌向城市，许多实体和企业必须进行结构重组和改革，这就导致了大量人口失业。因此，政府在社会保证和养老金方面的支出就显得非常重要。该指标与失业率和GDP指标一样，代表着中国的社会财富及经济发展情况，可用于确定由于财务障碍，甚至年老或身体残疾原因而无法进入社会企业的人员数，及整体的可持续发展情况。与失业率不同，对社会保障支出的衡量不仅可以揭示目前失业人口的数量，还可表明因缺乏能力而无法对经济发展做出贡献，无法对卫生、教育及环境改善做出贡献，事实上还会导致社会收入减少的人口比例。

11. 公路密度

定义：单位土地面积对应的公路里程数。

计量单位：千米/百平方千米

资料来源及方法：

• 数据源于国家统计局，各省、自治区、直辖市的统计年鉴和政府官网。

• 该指标是用各省份的公路里程数除以对应土地总面积计算得出的。

政策相关性：公路密度是表示某个省份开通公路里程数的指标。由于公路开通量表示的是一个地区物资、知识及文化的交流情况，同时也代表其境内居民的可达性，因此其对一个省的整体发展至关重要。公路密度增加，可通过交易和运输来增加经济活动，同时实现文化观念及知识的交流。公路开通可以使许多农村居民到达经济区，在那里担任劳动者、技术人员/工人，甚至可以交换家庭手工业制品，从而提高了对经济活动的参与度。随着公路面积增加，人们可以享受医院、学校等社会体系资源以及对人们的整体福利必不可少的娱乐基础设施。尽管公路预示着经济及社会发展的美好前景，但公路也会对环境造成直接和间接的负面影响。在公路建设中，水泥的使用会造成大量温室气体的产生、对生物多样性及生态系统的正常运作起关键作用的自然景观的减少、车辆拥堵情况增加，进而产生有害烟雾及空气污染物，增加与碳相关的气候变化。这样，尽管公路面积的增加意味着经济和社会发展的进步，但也预示着负面的环境影响，可以让我们更好地了解一个省可持续发展的情况。

三　资源环境

12. 空气质量指数优良天数

定义：空气质量指数达到优良标准的天数。

计量单位：天

资料来源及方法：

●数据源于《中国统计年鉴》《中国环境统计年鉴》《中国城市统计年鉴》。

●该指标是采用加权平均法，用城市人口数据和城市空气质量指数达到优良标准的天数加权计算得出的。

政策相关性：空气污染是重要的公共健康威胁。在中国，自 1982 年以来开始对环境空气质量进行监管，对总悬浮颗粒物、二氧化硫、二氧化氮、铅和苯并芘的排放加以限制。在 1997 年和 2000 年，分别对该标准做了改进。2012 年，中国发布了一项新的环境空气质量标准，将 PM2.5 列在受限名单中。如果人们长期暴露在高浓度的细微颗粒和其他物质环境中，会对健康造成不利影响（包括死亡），对中低收入人群、儿童及老人等弱势群体的影响尤为严重。由于政府必须在污染减轻设施方面投入资金，并设法应对有空气污染相关疾病治疗需求的较多人群，空气污染还会造成经济成本的增加。通过查看可持续发展的三重底线，空气污染（或满足空气质量标准的天数）可表明在环境保护方面的进步，使我们了解管制手段，同时帮助预测社会福利甚至是经济发展的退化情况。空气质量差和空气污染与肺病、健

康状况不佳及生产力下降直接相关。由于房地产市场疲软、劳动生产率下降、城市经济活动减弱，环境污染甚至会减缓经济发展的速度。

13. 人均水资源量

定义：人均水资源量。

计量单位：立方米/人

资料来源及方法：

• 数据源于国家统计局。

• 该指标是用各省份的水资源总量除以常住人口数得到的。

政策相关性：人均水资源量是指在一定时期内某地区通过降水及地下水重新补充可使每个人获得的地表水径流量，不包括过境水。对水资源的可持续及有效管理至关重要。为提供人口所需的水资源，政府需要对各个部门做出规划。对水资源的适当管理是保证可持续发展、减少贫困及实现公平的重要因素，而且方便使用供水装置与民生改善息息相关。因此，了解个人获取水资源量的增加或减少是非常有益的，它可以向我们表明政府是否拥有经济能力提供用水装置并不惜费用成本对其进行维护。除经济繁荣程度之外，使用水资源还是一项重要的人权，因此该指标可帮助确定享受这一基本权利的人口数。人均水资源，或水资源的增加还预示对环境资源的开发情况，该量化及上面描述的其他量化指标对于了解可持续发展至关重要。

14. 人均绿地面积

定义：城市人均绿地面积。

计量单位：公顷/万人

资料来源及方法：

• 数据源于国家统计局、《中国统计年鉴》。

• 该指标是用森林、湿地和耕地的面积总和除以常住人口数得出的。

政策相关性：世界卫生组织指出，城市绿地面积是社会活动参与、娱乐及民生保障的基础。《中国统计年鉴》定义了绿色工程的总面积，包括公园绿地、生产绿地、受保护的绿地以及附属于各机构的绿地。城市绿地可以过滤空气污染、方便体育运动、改进心理健康。由于城市中心需要投入相应的财力和物力来维持绿地环境，作为维持生物多样性和防治污染及随机事件的乐土，绿地面积的变化预示着一座城市经济重点的变化，会对城市给人们的生活及生态服务带来的社会活力造成正面或负面影响。由于树木可以产生氧气，帮助过滤有害的空气污染（包括空中悬浮颗粒物），所以绿地还具有卫生及环境效益，是保持生物多样性的避风港，还可保证必要及重要生态系统的有效运行。

四　消耗排放

15. 单位二、三产业增加值所占用建成区面积

定义：单位二、三产业增加值所占用的建成区面积。

计量单位：平方千米/十亿元

资料来源及方法：

- 数据源于国家统计局。

- 该指标是用省份建成区面积除以第二、三产业增加值总额得出的。

政策相关性："建成区面积"是指包括人们开发或改造的地点及空间在内的环境，如建筑、公园及交通系统。近年来，公共卫生研究扩大了"建成区"的定义，将健康的食品通道、社区花园及步行与骑行区域包含在内。中国经济主要由三大产业组成：农业、建筑及制造业和服务业。随着向更为专业的行业及技术岗位的不断转变，制造和服务行业企业所需的基础设施也在成比例地增加。每增加1元人民币对应的建成区面积是指这些行业所带来的单位收入对应的工业和商业面积数。该指标可帮助我们了解一个地区的经济发展情况，以及经济发展帮助人们获得享受社会服务的公平机会的方式，同时其还可表示通过景观利用及改造给环境带来的直接影响。

16. 单位GDP氨氮排放

定义：单位GDP对应的氨氮排放量。

计量单位：吨/万元

资料来源及方法：

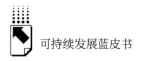

● 数据源于国家统计局。

● 该指标是用各省的氨氮排放总量除以其年度 GDP 得出的。

政策相关性：氨氮排放物是大气中空气污染及温室气体的重要组成部分。氨氮排放会造成各种各样的空气污染问题，从雾霾到酸雨，甚至会严重危害人类健康。氨氮氧化物还是危害极大的温室气体，所带来的温室气体影响是二氧化碳气体的若干倍。随着工业及农业活动的增加，氨氮排放量也在不断增多。尽管经济活动意味着经济增长，但它们还表明负面的环境影响。这些环境影响对经济活动和社会福利而言都是不利的。因为，对环境造成的不利影响越多，各省份就必须在基础设施、医疗保健及应对措施方面增加支出，社会经济繁荣也因此会受到极大阻碍。尽管该指标非常具体，但却陈述了是否存在对经济增长有害的副产品的更为有效的输出/管理方法。

17. 单位 GDP 化学需氧量排放

定义：单位 GDP 对应的化学需氧量排放。

计量单位：吨/万元

资料来源及方法：

● 数据源于国家统计局。

● 该指标是用各省的化学需氧量排放总量除以其年度 GDP 得出的。

政策相关性：化学需氧量（COD）排放量指工业废水中 COD 排放量与生活污水中 COD 排放量之和。化学需氧量指用化学氧化剂氧化水中有机污染物时所需的氧量。一般利用化学氧化剂将废水中可氧化的物质（有机物、亚硝酸盐、亚铁盐、硫化物等）氧化分解，然后根据残留的氧化剂的量计算出氧的消耗量，来表示废水中有机物的含量，反映水体有机物污染程度。COD 值越高，表示水中有机污染物污染越重。化学需氧量（COD）是衡量水在有机物质分解及无机化学物质（如氨氮）氧化过程中消耗氧气的能力。进入水体的化学废物/无机废物越多，分解化学物质所需的氧气也就越多。在农业及工业经济活动不断增加的同时，GDP 也在随之增加，但废物所造成的污染很可能也在增加。尽管经济得到发展，废物却成为制约可持续发展的负面外因。因此，如果 COD 随着 GDP 的增加而增多，中国就必须学习如何以更有效、经济的方式控制其排放量。反之，如果 COD 能够保持在原水平，这就意味着各省份已实现有效及可持续的废物处理及处置了。

18. 单位 GDP 能耗

定义：单位 GDP 能源消耗。

计量单位：吨/万元

资料来源及方法：

●数据源于各省、自治区、直辖市统计年鉴，《中国能源统计年鉴》，年度分省（区、市）万元地区生产总值能耗降低率等指标公报。

●该指标部分数据是未进行计算直接获取的，部分数据是用各省能源消耗总量（单位：吨）除以其年度 GDP 计算得出的。

政策相关性：能源是城镇及城市发展的必要资源。但就可持续发展而言，协调能源的必要性及需求是一项挑战。由于绝大多数能源产生自不可再生来源，需要进行大量的自然资源开采，所以，能源产生及利用会造成严重的环境及健康影响。通过衡量一座城市的人均能源消耗量，我们可以了解关于该城市发展进程的若干问题。一般来讲，对于中国等工业化国家，城市地区的经济增长及发展与较高的人均能源消耗量直接相关。随着对商品及能源需求的增加，对自然资源和不可再生能源（如化石燃料）的开采量也会达到同样多的程度，这样可以较为方便地满足更高需求。这些资源消耗量的增加实际上通过多种方式对一个地区的整体可持续发展造成了不利影响。首先，化石燃料消耗产生的排放物不仅会对与全球变暖相关的长期环境健康造成危害，而且会因短期污染的危害及不利影响而对人类健康及社会发展构成直接影响。作为生产力提高指征的能源消耗量的增加还可表示高度建成的城市区域（参见"单位二、三产业增加值所占用建成区面积"），基础设施和建成区密度的增加使可通行能力增加，但会降低生活质量。由此来看，人均能源消耗量可表示经济发展，但也可作为代表有害的城市扩张及可再生自然资源过度开采的指标之一。

19. 单位 GDP 二氧化硫排放

定义：单位 GDP 对应的二氧化硫排放量。

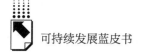

计量单位：吨/万元

资料来源及方法：

• 数据源于国家统计局。

• 该指标是用各省份的二氧化硫总排放量除以其年度 GDP 得出的。

政策相关性：二氧化硫一般是在发电及金属冶炼等工业生产过程中产生的。含硫的燃料（如煤和石油）在燃烧时就会释放二氧化硫。高浓度的二氧化硫与多种健康及环境影响相关，如哮喘及其他呼吸疾病。二氧化硫排放是导致 PM 2.5 浓度较高的罪魁祸首。二氧化硫还能影响能见度，造成雾霾，而雾霾是前些年存在于中国城市的一个较为普遍的问题。高浓度的二氧化硫会对人体健康及环境卫生造成危害。最终，这些排放物会对城市的可持续发展带来负面影响。该指标之所以被采用，是因为它重点指明了：（1）满足日益富裕的不断增多人口需求的工业部门的发展；（2）与二氧化硫污染相关的健康问题及医疗保健相关的支出在不断增加；（3）与二氧化硫相关烟雾排放的增多及空气质量的恶化，导致城市活动受到阻碍。尽管这些变量代表经济增长，但由于卫生质量及城市活动的下降，以及工业活动不利影响的增加，最终阻碍了一个地区的整体可持续发展。

20. 单位 GDP 水耗

定义：单位 GDP 对应的用水量。

计量单位：立方米/万元。

资料来源及方法：

• 数据源于国家统计局。

• 该指标是用各省份的总用水量除以其年度 GDP 得出的。

政策相关性：该指标衡量的是一座城市水资源的利用效率，等于其总用水量除以 GDP。无论城市规模如何，城市都会消耗大量的自然资源，包括水资源。由于水是有限资源，对于健康的生态系统及人类生存至关重要，如果能更加有效地使用水资源，就可以促使城市发展更具持续性。对于全面可持续发展而言，水资源消耗会对环境造成影响，但同时也是经济发展和社会进步的指征。人们有了更强的经济能力之后，就能更方便地使用必要的基础设施，但在对自然资源过度消耗的过程中，也会对环境造成负面影响。

五　治理保护

21. 城市污水处理率

定义：城市污水处理率。

计量单位:%

资料来源及方法：

- 数据源于《中国环境统计年鉴》《2018 年中国城市建设统计年鉴》。

- 该指标是用污水处理总量除以污水排放量得出的。

政策相关性：污水处理率是指报告期内由污水处理厂处理的生活污水与污水量的比值。处理方式包括氧化、生物气体消化及湿地处理系统。中国城市化的加速发展导致水消耗速度加快，反过来又导致城市污水排放量的增加。因此，废水或污水处理是走环境友好发展之路的重要环节。如果废水和废物得不到处理，就会造成多种环境及健康危害。随着中国的经济增长及城市空间的增加，未经处理的生活废物的增多会对可持续发展造成阻碍。通过将该指标应用于框架，可以清晰看到城市发展情况以及与废物相关的直接的社会及环境影响。

22. 生活垃圾无害化处理率

定义：指报告期生活垃圾无害化处理量与生活垃圾产生量的比率。

计量单位:%

资料来源及方法：

- 数据源于国家统计局。

- 该指标为直接获得。

政策相关性：当生活垃圾被丢入垃圾场或水道时，会对环境卫生造成严重影响并构成对社区的危害（特别是城市人口密集的地方）。无害化处理的目的是在废物送入环境之前，从生活废物中清除所有固体和有害的废物元素。从性质上来看，这种将这些元素送入环境的方式是纯有机、无污染且可进行生物降解的。随着中国城市人口的不断增加，赚取高额工资的人口的需求也在不断增加，自然资源的开采数量和所产生的废物量直接相关。这反过来会对环境寿命产生重大的不利影响，而且由于污染加剧，还会严重影响城市空间。如果该等废物的处理量增加，城市水道及绿地被污染的可能性就会降低，并会减轻直接影响城市空间社会福利的污染对人口健康的负面影响。该指标还详细衡量了城市居住压力是如何阻碍或加快可持续发展的。

23. 一般工业固体废物综合利用率

定义：一般工业固体废物的综合利用率。

计量单位:%

资料来源及方法：

•数据源于《中国统计年鉴》。

•该指标是用各省一般工业固体废物综合利用量除以一般工业固体废物产生量得出的。

政策相关性：一般工业固体废物产生量指未被列入《国家危险废物名录》或者根据国家规定的危险废物鉴别标准（GB5085）、固体废物浸出毒性浸出方法（GB5086）及固体废物浸出毒性测定方法（GB/T 15555）鉴别方法判定不具有危险特性的工业固体废物。一般工业固体废物综合利用量指报告期内企业通过回收、加工、循环、交换等方式，从固体废物中提取或者使其转化为可以利用的资源、能源和其他原材料的固体废物量（包括当年利用的往年工业固体废物累计贮存量）。由于在工业生产中会产生成吨的固体废物，对某些废物的回收再利用可降低自然资源的消耗程度，减少成本并减轻固体废物处理对环境的影响。由于工业化的不断发展，中国制造业不断占据农业的地位。随着人口不断增长及中产阶级的需求不断增加，工业对自然资源的开采及废物产出不断扩大。这些固体废物再利用量的增加可抵消之前的废物产出，并降低因废物而带来的环境和城市压力，从而促进城市的可持续发展并减少自然资源的开采量。

24. 能源强度年下降率

定义：单位 GDP 对应的能源强度下降率。

计量单位：%

资料来源及方法：

• 数据源于各个省、自治区、直辖市的统计年鉴，及分省（区、市）万元地区生产总值能耗降低率等指标公报。

• 该指标 2015 ~ 2018 年数据是未进行计算直接获得的，部分数据是利用下列公式计算得出的：（1 – GDP 的能源消耗强度）/（1/GDP 增长率 + 1）。

政策相关性：能源强度下降可使能源系统更有效，从而保证能源输出高于能源消耗，且人均资源利用率保持稳定，即使人口出现增长。在加利福尼亚，有一个名为"罗森菲尔德效应"的现象，这是一个经验事实而非理论：自 20 世纪 70 年代到 21 世纪中期，加利福尼亚的人均用电量一直保持平稳，尽管整个国家的人均用电量增加了将近 50%。例如，1974 年冰箱问世时，该冰箱产品耗电量是 2001 年所生产冰箱的四倍。由于电器效率更高，可以节省更多的能源，因此降低了电器运行所需的人均电费。如果中国的各省份通过技术改进来提高所有能源系统的效率，经济发展和人口增长就不会构成潜在的负面环境影响。能源系统有效性的提高意味着公用设施组织及个人的能源成本降低，进而减少公共支出。这样来看，能源强度下降指标有助于衡量一个省份在提高能源基础设施效率方面的进展，是降低环境及自然资源消耗的指征之一。

25. 危险废物处理率

定义：工业危险废物处理率。

计量单位：%

资料来源及方法：

• 数据源于《中国统计年鉴》。

• 该指标是用各省份处理的危险废物总量除以其产生的危险废物总量得出的。

政策相关性：危险废物是指因其毒性、传染性、放射性或可燃性等属性

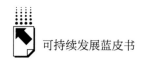
对人类、其他生物体或环境的健康构成实际危险或潜在危害的废物。该等废物的处置对于保持清洁、健康的环境至关重要，危险废物的产出减少预示着一个国家工业活动的减少、工业流程中清洁生产的引入、消费者习惯的改变或国家危险废物法律的变化。对环境无害的危险废物管理系统的引进意味着降低了危险废物的暴露程度，从而对健康及环境风险也减小了。该指标可用于衡量一个省份实施废物管理以及执行有效的长期政策从而实现更佳的社会公平及环境正义性的方式。

26. 财政性节能环保支出占 GDP 比重

定义：政府的财政性节能环保支出占 GDP 的比重。

计量单位:%

资料来源及方法：

● 数据源于国家统计局。

● 该指标是用各省的财政性节能环保支出除以其年度 GDP 得到的。

政策相关性：节能环保支出包括在环境管理、监控、污染控制、生态保护、植树造林、能源效率方面的支出及对可再生能源的投资。环境保护是可持续发展的重要组成部分。随着中国城市化的发展，产生了许多环境问题，包括空气污染、水污染及水土流失。这些问题不仅危害公众健康，而且自然资源的消耗会限制未来的经济发展。正如我们之前提到的，Kuzent 关于富裕及可持续发展的假设在中国等国得以证明。因此，如果环保支出增加，则表示对环保工作的倾向增加。从长远来看，环保支出是一项有利的投资。因为，随着环境弹性及寿命的增加，环境得到更加有效的保护，能够再生并提供自然资源、生态系统服务，进而防止造成随机及灾难性的环境事件。

参考文献

Apergis, Nicholas, and Ilhan Ozturk. Testing environmental Kuznets curve hypothesis in Asian countries. Ecological Indicators 52（2015）：16 – 22. Arcadis.（2015）. Sustainable

Cities Index 2015.

　　Chen, H. , Jia, B. , & Lau, S. S. Y. （2008）. Sustainable urban form for Chinese compact cities: Challenges of a rapid urbanized economy. *Habitat international*, 32 （1）, 28 – 40.

　　Duan, H. , et al. （2008）. Hazardous waste generation and management in China: A review. *Journal of Hazardous Materials*, 158 （2）, 221 – 227.

　　Gregg, Jay S. , Robert J. Andres, and Gregg Marland （2008）. China: Emissions pattern of the world leader in CO2 emissions from fossil fuel consumption and cement production. Geophysical Research Letters 35. 8.

　　He, W. , et al. （2006）. WEEE recovery strategies and the WEEE treatment status in China. *Journal of Hazardous Materials*, 136 （3）, 502 – 512.

　　International Labour Office （ILO）. 2015. Universal Pension Coverage: People's Republic of China.

　　Lee, V. , Mikkelsen, L. , Srikantharajah, J. & Cohen, L. （2012）. Strategies for Enhancing the Built Environment to Support Healthy Eating and Active Living. Prevention Institute.

　　Li, X. & Pan, J. （Eds. ）（2012）. China Green Development Index Report 2012. Springer Current Chinese Economic Report Series.

　　Liu, Tingting, et al. Urban household solid waste generation and collection in Beijing, China. *Resources, Conservation and Recycling*, 104 （2015）: 31 – 37.

　　Steemers, Koen. Energy and the city: density, buildings and transport. *Energy and buildings*35. 1 （2003）: 3 – 14.

　　Tamazian, A. , Chousa, J. P. , & Vadlamannati, K. C. （2009）. Does higher economic and financial development lead to environmental degradation: evidence from BRIC countries. *Energy Policy*, 37 （1）, 246 – 253.

　　United Nations. （2007）. Indicators of Sustainable Development: Guidelines and Methodologies. Third Edition.

　　United Nations. （2017）. Sustainable Development Knowledge Platform. Retrieved from UN Website https: //sustainabledevelopment. un. org/sdgs.

　　Zhang, D. , K. Aunan, H. Martin Seip, S. Larssen, J. Liu and D. Zhang （2010）. The assessment of health damage caused by air pollution and its implication for policy making in Taiyuan, Shanxi, China. *Energy Policy*38 （1）: 491 – 502.

B.17
附录三 中国城市可持续发展指标说明

表1 CSDIS 指标集及权重

类别	序号	指标
经济发展 (27.49%)	1	人均 GDP
	2	第三产业增加值占 GDP 比重
	3	城镇登记失业率
	4	财政性科学技术支出占 GDP 比重
	5	GDP 增长率
社会民生 (27.04%)	6	房价 – 人均 GDP 比
	7	每万人拥有卫生技术人员数
	8	人均社会保障和就业财政支出
	9	财政性教育支出占 GDP 比重
	10	人均城市道路面积
资源环境 (11.02%)	11	人均水资源量
	12	每万人城市绿地面积
	13	空气质量指数优良天数
消耗排放 (26.23%)	14	单位 GDP 水耗
	15	单位 GDP 能耗
	16	单位二、三产业增加值占建成区面积
	17	单位工业总产值二氧化硫排放量
	18	单位工业总产值废水排放量
治理保护 (8.22%)	19	污水处理厂集中处理率
	20	财政性节能环保支出占 GDP 比重
	21	一般工业固体废物综合利用率
	22	生活垃圾无害化处理率

一 经济发展指标

1. 人均 GDP

定义：人均国内生产总值。

计量单位：元/人

资料来源及方法：

• 数据源于各省、市统计年鉴。

• 计算方法：该指标是用每个城市的年度 GDP 除以该城市的年末常住人口数计算得出的。

政策相关性：通过查看某市平均每人所对应的 GDP，可评估该市的经济能力和经济效率。GDP 是衡量一座城市经济规模最直接的数据，而人均 GDP 是能反映出人民生活水平的一个标准。通过将总生产量分配给单位人口或计算人均值，可衡量个人产出率促进经济发展的程度。它表示的是人均收入的增长及资源消耗的速度。衡量人均 GDP 的优势在于其可以帮助我们确定获得有经济能力、社会责任心和环保意识的人口所需工资福利的增加情况。

2. 第三产业增加值占 GDP 比重

定义：第三产业增加值占国内生产总值（GDP）的比重。

计量单位:%

资料来源及方法：

• 数据源于各省、市统计年鉴。

• 计算方法：该指标是用每个城市的第三产业增加值除以该城市的年度 GDP 计算得出的。

政策相关性：经济由三个产业构成：第一产业（农业）、第二产业（建筑与制造业）和第三产业（服务业）。一个国家的经济发展阶段与广泛的就业转移相关，较高的经济发展水平一般与从农业及其他劳动密集型产业活动向工业及最终服务业转移的劳动力的流动情况有关。由于有更多的人员目前

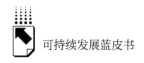
在高工资行业就业，该转变是代表经济发展的指标之一。由于服务业的回报率在输出和就业方面都比农业和制造业要高，所以，中国不断向服务业（包括零售业、酒店、餐饮、信息技术、金融、教育、社会工作、娱乐、公共管理等）的转变代表着中国经济在不断发展。

3. 城镇登记失业率

定义：城镇登记失业率。

计量单位:%

资料来源及方法：

• 数据源于各省、市统计年鉴，各市国民经济和社会发展统计公报。

• 计算方法：直接获得，未计算。

政策相关性：失业者是目前没有工作但有工作能力且正在寻找工作的经济活跃人口。根据定义，如果失业率一直很高，则表明资源分配效率低下。一个城市的失业率是衡量经济活动最广泛的指标，并通过劳动市场反映出来。由于其可指示人口或劳动力的经济活跃及强大程度，该指标可作为与可持续性相关的重要的社会经济变量，同时其也是导致贫穷的主要原因之一。许多可持续发展指标体系都一直在衡量失业率。通过衡量失业率，我们可以推断出有多少人会通过税收增加政府收入进而促进社会事业及环境保护活动的发展。

4. 财政性科学技术支出占 GDP 比重

定义：政府在科学技术方面的财政支出对应的国内生产总值（GDP）份额。

计量单位:% 。

资料来源及方法：

• 数据源于《中国城市统计年鉴》。

• 计算方法：该指标是用各市市政府的财政性科学技术支出总额除以该城市的年度 GDP 计算得出的。

政策相关性：在衡量政府在财政性科学技术方面是否有意愿进行更多投资时（基于任何之前衡量比例的增减），我们可以说明城市是如何在这些领域支持就业并优先发展对经济、社会及环境进步起支持作用的技术的。通过把科学领域的突破转化为对产品和服务的创新，这些产品和服务有可能带来商业机遇，促进长期可持续发展。通过移除阻碍创新的繁文缛节，消除官僚主义障碍，有望将权利授予科技工作者，进而带来科技发展的迅速转变，帮助推进中国经济的各个领域。

5. GDP 增长率

定义：国内生产总值增长率。

计量单位:%

资料来源及方法：

- 数据源于《中国城市统计年鉴》。

- 计算方法：直接获得，未计算。

政策相关性：GDP 是指所有生产行业贡献的增加值总和，说明的是国内生产总值。因此，GDP 仍然是目前最主要的经济指标。中国的 GDP 增长率是衡量地方政府年度成果的主要手段。一般来说，高经济增长率被看作经济发展的积极表现，但同时也与高能耗、自然资源开发及对环境资源的负面影响有关。因此，将经济增长率评估包含在可持续发展指标体系及许多指标集中是非常重要的，但该指标应该与可持续发展指标相平衡。

二　社会民生

6. 房价－人均 GDP 比

定义：房价与人均 GDP 的比率。

计量单位：房价/人均 GDP （元/元）

资料来源及方法：

- 数据源于中国指数研究院。

- 计算方法：用各城市的年均房价除以人均国内生产总值。对于中国指数研究院未公布房价的 37 个城市，通过回归模型进行预测。

政策相关性：该指标衡量了居民对城市住房的支付能力。城市中不断增

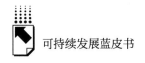
长的中产阶级，以及数百万涌入城市的农民工，对住房形成了巨大需求，并推动许多大城市中心住房价格的不断攀升。与普通工人收入相比，过高房价给居民带来了沉重的负担，使他们在参加其他社会和经济活动时处于劣势。此外，高昂的房价也会削弱技术工人迁往城市的积极性，从而降低了城市的劳动力和生产力水平。

7. 每万人拥有卫生技术人员数

定义：每万人拥有卫生技术人员数量。

单位：人

资料来源及方法：

• 数据源于各省、市统计年鉴、各市国民经济和社会发展统计公报。

• 计算方法：卫生技术人员总数除以年末常住人口数。

政策相关性：卫生技术人员的分布是评估可持续发展的重要指标。许多需求相对较低的发达地区拥有的卫生技术人员数量较多，而许多疾病负担大的欠发达地区必须设法应付卫生技术人员数量不足的问题。随着中国城市化的发展，许多卫生技术人员由农村转向城市，农村相关人员的大量缺失。因此，通过采取具体措施可为城市公共服务的提供打造新环境，这对城市劳动者及居民的长期健康至关重要。

8. 人均社会保障和就业财政支出

定义：政府在社会保障及就业方面的人均财政支出。

单位：元/人

资料来源及方法：

• 数据源于各省、市统计年鉴，各市财政决算报告。

• 计算方法：该指标是用每个城市政府的社会保障和就业财政支出除以年末常住人口数计算得出的。

政策相关性：该指标衡量的是社会保障体系覆盖的人员数目，并指明退休后可获得国家养老金的对象。它代表的是在一个富裕的社会里，许多人都可以将资金投入养老金系统，或政府投入相应资源来为那些在资金投入方面能力有限或无能力的人员提供支持。政府在社会服务方面的支出对于那些处于劣势地位人群来说至关重要，包括低收入家庭、老人、残疾人、病人及失业者。中国城市化的迅速发展，使大量农村劳动力涌向城市，许多实体和企业必须进行重组及结构改革，这就导致大量人口失业。因此，政府在社会保证和养老金方面的支出就显得非常重要。

9. 财政性教育支出占 GDP 比重

定义：政府在教育方面的财政支出占 GDP 总额的比例。

计量单位：%

资料来源及方法：

• 数据源于《中国城市统计年鉴》。

• 计算方法：该指标是用财政性教育支出除以年度 GDP 总值计算得出的。

政策相关性：政府财政性教育支出代表政府在人力资本发展方面付出的努力，可用于评估与其他公共投资相比，政府在教育方面的优先考虑程度。基础教育的发展可以增加就业率，缓解贫困，而中等教育投资可以增加服务行业参与度，从而促进经济发展。尽管中国报告的识字率高达 95%，但绝大多数受教育的人群都受雇于农业和对专业技术及教育有要求的制造业。通过对未来劳动力提供教育投入，政府在不断增加很可能会在不断发展的服务业获得高收入工作的人员数量。

10. 人均城市道路面积

定义：人均城市道路面积。

计量单位：平方米/人

资料来源及方法：

• 数据源于《中国城市统计年鉴》、高德地图。

• 计算方法：直接获得，再将分别标准化后的人均城市道路面积与高峰拥堵延迟指数加总，得到可用于计算排名的人均城市道路面积数据。

政策相关性：居住在城市中的富裕中产阶级在日常出行中越来越多地使用汽车，导致大城市的交通拥堵愈加严重。交通拥堵会降低经济的整体效率，因其不仅延误工作、增加运输成本，而且加剧了排放问题，这些都对可持续发展产生了消极影响。由于缺乏直接反映城市交通拥堵的指标，人均道

路面积可以作为一个指标，替代任何给定城市中居民可实际使用的道路面积。道路面积大则表示城市发展良好，拥有相互关联更为紧密的基础设施，也预示着其整体的社会经济流动性。

三　资源环境

11. 人均水资源量

定义：人均水资源量。

单位：立方米/人

资料来源及方法：

- 数据源于各省、市统计年鉴及各省、市水资源公报。

- 计算方法：每座城市的水资源总量除以年末常住人口总数。

政策相关性：人均水资源量是指在指定时期内某地区通过降雨及地下水重新补充可使平均每个人获得的地表水径流量，不包括过境水。对水资源的可持续及有效管理至关重要。为提供人口所需的水资源，政府需要跨多个部门进行规划。大部分水用于农业，但用于公共用途的水资源如果管理不善，将不得不通过更高的能耗和资源消耗方式来满足饮用水的需要。水资源管理得当，是实现可持续增长、减少贫困和增进公平的关键保障。用水问题能否解决，直接关系人们的生活。

12. 每万人城市绿地面积

定义：每万名市民对应的城市绿地面积。

计量单位：公顷/万人

资料来源及方法：

- 数据源于《中国城市建设统计年鉴》《中国城市统计年鉴》。

- 计算方法：使用市辖区城市公园或绿地面积除以市辖区年末户籍人口数量获得。

政策相关性：根据《中国统计年鉴》定义，绿地面积指的是绿色项目的总占地面积，包括公园绿地、生产绿地、保护绿地，以及机构周边绿地。

城市绿地是社区参与活动、娱乐和生活的基础。城市绿地还能产生氧气，过滤有害空气污染，促进体育锻炼，增进心理健康，是实现生物多样性的乐土。由于城市中心地带为保持绿地面积需要投入大量的资金和资源，该指标的变化可反映城市经济重点的变化，会产生正面或负面的社会和环境影响。

13. 空气质量指数优良天数

定义：空气质量指数达到优良标准的天数。

计量单位：天

资料来源及方法：

• 数据源于《中国统计年鉴》。

• 计算方法：直接获得，未计算。

政策相关性：国家空气质量指数优良表示空气质量对于大多数人口来说可以接受，属于中等水平。不过，某些污染物会给少数敏感人群带来健康危险。空气污染严重威胁着公共健康，特别是在中国。自 1982 年以来，中国一直对环境空气质量进行管控，同年，中国设定了总悬浮微粒、二氧化硫、二氧化氮、铅和苯二苯乙烯的限额标准。该标准在 1997 年和 2000 年得到进一步完善。2012 年，中国发布了一项新的环境空气质量标准，该标准设定了 PM2.5 的限额。长期接触高浓度的细颗粒物和其他物质会对健康造成不利影响，甚至会导致死亡，对处于劣势的中低收入人群、儿童及老人的影响更为严重。空气污染也会增加政府在减轻及消除污染的基础设施方面以及与空气污染相关的疾病治疗方面的支出，甚至会因劳动生产率下降及城市经济活动减弱而减缓经济发展速度。

四　消耗排放

14. 单位 GDP 水耗

定义：单位 GDP 对应的用水量。

单位：吨/万元

资料来源及方法：

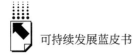

● 数据源于各省、市统计年鉴及各省、市水资源公报。

● 计算方法：用各城市的总用水量除以其年度 GDP。

政策相关性：该指标通过总用水量除以 GDP 的计算，来衡量一座城市水资源的利用效率。无论城市规模如何，城市都会消耗大量的自然资源，包括水资源。由于水是有限资源，对于健康的生态系统及人类生存至关重要，如果能够更加有效地使用水资源，就可以使城市发展更具可持续性。

15. 单位 GDP 能耗

定义：单位 GDP 对应的能源消耗。

计量单位：吨/万元

资料来源及方法：

● 数据源于省、市统计年鉴和各市国民经济和社会发展统计公报。

● 计算方法：直接获得，或通过能源强度下降率计算而来。

政策相关性：能源是城市和城市发展的重要资源，但在城市的可持续发展方面，调和能源的必要性和需求是一个挑战。能源生产和使用具有不利的环境和健康影响，在所有可用能源中，煤炭的温室气体排放和健康影响最严重。尽管中国在可再生能源方面取得一些进展，但其绝大多数能源仍来自煤炭和其他化石燃料。一般来讲，对于中国这样的工业化国家，经济增长直接与人均能耗增加挂钩，且直接导致自然资源开采量提高以及对气候及环境构成破坏的排放物增加。因此，能耗的减少可表示一座城市社会及环境质量的改善。

16. 单位二、三产业增加值占建成区面积

定义：单位二、三产业增加值所占建成区面积。

计量单位：平方千米/十亿元

资料来源及方法：

● 数据源于《中国城市建设统计年鉴》《中国城市统计年鉴》。

● 计算方法：用城市的市辖区建成区面积除以市辖区二、三产业增加值。

政策相关性：尽管中国仍然是世界上最大的农业经济体，但随着中国城

市化的逐渐发展，人们不断从农村和农业地区转向城市，在第二和第三产业工作，或在建筑、制造及服务业工作。这就意味着，我们有必要扩建制造业和服务业企业所需的基础设施。"建成区面积"是指包括人们开发或改造的地点及空间在内的环境，如建筑、公园及交通系统。单位二、三产业增加值对应的建成区面积表示二、三产业单位价值增加值对应建成区面积数。从经济学角度来看，所创造的增加值越高，则表明离农业经济更远，土地利用更高效且经济绩效得到改进。

17. 单位工业总产值二氧化硫排放量

定义：每万元工业总产值对应的工业二氧化硫排放量。

计量单位：吨/万元

资料来源及方法：

· 数据源于各省、市统计年鉴和《中国城市统计年鉴》。

· 计算方法：用工业产生的二氧化硫排放量除以年度工业生产总值。

政策相关性：二氧化硫一般是在发电及金属冶炼等工业生产过程中产生的。含硫的燃料（如煤和石油）在燃烧时就会释放出二氧化硫。高浓度的二氧化硫与多种健康及环境影响相关，如哮喘及其他呼吸道疾病。二氧化硫排放是导致 PM2.5 浓度较高的主要因素。二氧化硫可影响能见度，造成雾霾，而雾霾是前些年存在于中国城市的一个较为普遍的问题。因此，如果二氧化硫排放量增加，则表示该城市的可持续性较差。

18. 单位工业总产值废水排放量

定义：每万元工业总产值对应的工业废水排放量。

计量范围：吨/万元

资料来源及方法：

· 数据源于各省、市统计年鉴和《中国城市统计年鉴》。

· 计算方法：用工业废水排放量除以工业总产值。

政策相关性：所排放的绝大多数废水来自化工、电力和纺织工业，从而导致地下水、湿地和其他自然水体的污染。这种污染会导致水质下降及对环境和健康的不利影响。如果废水排放率高，则表示一座城市优先考虑工业发

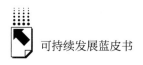

展，而忽视了生态系统及社区的健康。另外，提高单位增加值工业废水排放量表示废水的排放效率得到提升。

五　治理保护

19. 污水处理厂集中处理率

定义：污水处理厂集中处理率。

资料来源及方法：

● 数据源于《中国城市建设统计年鉴》。

● 计算方法：直接获得；个别数据是用污水处理厂集中处理量除以污水排放量计算获得。

政策相关性：生活污水处理率是指在报告期内污水处理厂处理的生活污水与污水量的比值。处理方式包括氧化、生物气体消化及湿地处理系统。中国城市化的加速发展导致水耗速度加快，反过来又导致城市污水排放量的增加。因此，污水处理是走环境友好型发展之路的重要途径。如果废水和垃圾得不到处理，就会导致严重的环境及健康危害。随着中国经济增长及城市空间的增加，未经处理的生活废物的增加会对可持续发展造成阻碍。

20. 财政性节能环保支出占 GDP 比重

定义：政府的财政性节能环保支出占 GDP 的比重。

计量单位：%

资料来源及方法：

● 数据源于各省、市统计年鉴和各市财政决算报告。

● 计算方法：每座城市的财政性节能环保支出除以其年度 GDP。

政策相关性：环保支出包括环境管理、监控、污染控制、生态保护、植树造林、能源效率方面的支出及可再生能源投资。环境保护是可持续发展的重要组成部分。随着中国城市化的发展，产生了许多环境问题，包括空气污染、水污染及水土流失。这些问题不仅危害公共健康，而且自然资源的消耗还会限制未来的经济发展。因此从长远来看，环保支出是一项有利的投资，其可以提高环境的回弹性和寿命，这样环境得到更加有效的保护，能够再生并提供自然资源、生态系统服务，甚至能防止产生随机及灾难性事件。

21. 一般工业固体废物综合利用率

定义：一般工业固体废物的综合利用率。

计量单位：%

资料来源及方法：

• 数据源于《中国城市统计年鉴》。

• 计算方法：直接获得，未计算。

政策相关性：一般工业固体废物产生量指未被列入《国家危险废物名录》或者根据国家规定的危险废物鉴别标准（GB 5085）、固体废物浸出毒性浸出方法（GB 5086）及固体废物浸出毒性测定方法（GB/T 15555）鉴别方法判定不具有危险特性的工业固体废物。一般工业固体废物综合利用量指报告期内企业通过回收、加工、循环、交换等方式，从固体废物中提取或者使其转化为可以利用的资源、能源和其他原材料的固体废物量（包括当年利用的往年工业固体废物累计贮存量）。综合利用率是指通过回收、处理及循环利用方式可提取有用材料或可转化为有用资源、能源或其他材料的固体废物的数量。由于工业化的发展，在中国，农业的地位正逐渐被制造业取代，而在工业生产中会产生成吨的固体废物，对这些废物的回收及重新利用可降低对自然资源的消耗，并减轻因固体废物处理带来的环境影响。

22. 生活垃圾无害化处理率

定义：生活垃圾无害化处理率。

计量单位：%

资料来源及方法：

• 数据源于《中国城市建设统计年鉴》。

• 计算方法：直接获得；个别数据是用生活垃圾无害化处理量除以垃圾清运量计算获得。

政策相关性：当生活垃圾被丢入垃圾填埋地或水道时，会对环境卫生造成严重影响并构成对社区的危害（特别是城市人口分布密集的区域）。无害化处理的目的是在废物进入环境之前，清除其含有的所有固体和危险废物元素。从性质上来看，这种将这些元素送入环境的方式是纯有机、无污染且可进行生物降解的。生活垃圾的随意丢放反过来会对环境寿命产生重大的不利影响，而且污染加剧还会严重影响城市空间。如果增加该等废物的处理量，城市水道及绿地被污染的可能性就会降低，直接影响城市空间社会福利的污染的负面健康影响也会随之减小。因此该指标还可用于仔细衡量城市压力阻碍或加快可持续发展的程度。

参考文献

Chen, H., Jia, B., & Lau, S. S. Y. (2008). Sustainable urban form for Chinese compact cities: Challenges of a rapid urbanized economy. *Habitat international*, 32 (1), 28–40.

Duan, H., et al. (2008). Hazardous waste generation and management in China: A review. *Journal of Hazardous Materials*, 158 (2), 221–227.

He, W., et al. (2006). WEEE recovery strategies and the WEEE treatment status in China. *Journal of Hazardous Materials*, 136 (3), 502–512.

Huang, Jikun, et al. Biotechnology boosts to crop productivity in China: trade and welfare implications. *Journal of Development Economics* 75.1 (2004): 27–54.

International Labour Office (ILO). 2015. Universal Pension Coverage: People's Republic of China.

Li, X. & Pan, J. (Eds.) (2012). *China Green Development Index Report* 2012. Springer Current Chinese Economic Report Series.

Tamazian, A., Chousa, J. P., & Vadlamannati, K. C. (2009). Does higher economic and financial development lead to environmental degradation: evidence from BRIC countries. *Energy Policy*, 37 (1), 246–253.

United Nations. (2007). Indicators of Sustainable Development: Guidelines and Methodologies. Third Edition.

United Nations. (2017). Sustainable Development Knowledge Platform. Retrieved from UN Website: https://sustainabledevelopment.un.org/sdgs.

B.18
附录四 国际可持续发展目标
考核体系对比分析

　　中国改革开放以来的发展历程，既反映了中国的独特国情，实际上也是二战以来全球发展历史的缩影。纵观全球，人们对发展的认识随着人类社会的演进而不断深化，各国的社会发展也历经多次转型。二战以后，主要资本主义国家面临的最大问题就是如何通过经济发展来减少或消除贫困，这时的发展几乎等同经济增长，这就是第一代"以增长为核心"的发展观；但是，经济增长带来社会不公、两极分化、社会腐化甚至社会动荡等问题，引发了人们对经济增长之外的社会发展的关注，产生了第二代"以人为本"的发展观；随着资源环境问题和压力凸显，第三代"可持续发展观"应运而生，倡导人们正确处理发展过程中人和自然的关系以及代际公平问题。总之，人们对发展的认识是在人类发展的进程中不断深化的：从早期对物质的关注逐渐到对人的关注；从片面的经济增长逐渐演变为"以人为本"的全面发展；从短期的增长逐渐转为长期、协调、可持续的发展。

　　激励政策的设计及引导是实现发展转型的基础性前提。政策制定者可以制定各种各样的指标框架来塑造发展战略，许多研究人员已经证明了指标体系的适当使用与发展转型间的正相关关系。对于我国的发展转型，如何执行并实现发展目标是地方发展转型的核心内容，而建立合理有效的评估监测体系将有助于将战略目标具体化，有利于执行工作的开展。结合可持续发展寻求经济、社会与环境协调发展的内涵，应在构建发展测量指标体系的过程中简要回顾各组织及政府为推动发展转型而制定的指标体系和框架。下述内容简要介绍了世界范围内主要考核体系，其中，有的指标原则上符合社会、经

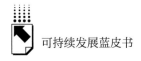

济与环境协调发展的"三重底线原则",而其他指标体系则偏离了 TBL 框架,将考核的重点赋予明显高于其他发展维度的更高权重。充分借鉴已有考核指标体系,可为中国可持续发展评估指标体系的完善及发展转型的实现提供重要启示。

一 人类发展指数

人类发展指数(HDI)是世界范围内评估各国发展的重要且通行的指标体系。随着 20 世纪后期发展观念的演变,尤其是"以人为本""全面协调可持续发展"观念的形成,催生了 HDI。自 1990 年联合国开发计划署(UNDP)首次发布 HDI 以来,该指数被广泛用于测度和比较各国/地区的相对人类发展水平,日益成为"世界各地区提高人类发展意识的工具"。人类发展指数主要衡量一个国家或地区在三个方面的发展成就:健康长寿的生活,用出生时预期寿命衡量;知识的获取,用平均受教育年限和预期受教育年限衡量;体面的生活水平,用人均 GDP 或 GNI(PPP 美元)衡量。HDI 的推出将决策者、媒体和非政府组织的注意力从传统的经济统计转向人的发展,吻合了"以人为本"的发展理念,因此成为各国/地区衡量综合发展的重要工具。自 1997 年开始,UNDP 联合中国有关机构,每 2~3 年发布一份《中国人类发展报告》,并公布中国各省、自治区、直辖市的人类发展指数。HDI 指数在一定程度上突破了以往仅用 GDP 或人均 GDP 等单一指标和实际生活质量指数等综合指标来衡量经济发展的局限,得到广泛的应用。但 HDI 因指标选择范围、阈值确定、各一级指标等权重分配等受到的批评或质疑从未停止过。由于 HDI 指数主要涵盖了经济发展和社会发展,对于以代际公平及环境生态为核心的"可持续发展"理念的反映却相对不充分。HDI 的主要贡献者、诺贝尔经济学奖得主阿马蒂亚·森(Amartya Sen)在不同场合也反复强调,HDI 的提出是为了引起人们对人类发展问题的关注,基于数据可得性等角度考虑,很难包括影响发展的所有指标,但它是一个可变的动态开放的体系。当前,UNDP 及学术界开始对 HDI 指数进行扩展,比如,

UNDP 提出了多维贫困指数（MPI）、性别发展指数（GDI）、人文贫困指数（HPI）和人类绿色发展指数等指标，用以进一步表征及考核发展水平。

二 可持续发展城市发展指数

2015 年，联合国可持续发展解决方案网络（SDSN）与贝塔斯曼基金会联合发布了 OECD 国家的可持续发展指数，以简化的方式追踪 34 个 OECD 国家实施可持续发展目标的进度、明确需要优先解决的发展问题，描述了不同国家在可持续发展目标方面的实施现状。随后，与英国海外发展研究院等的研究结合，各方联合提出一种评估可持续发展目标记分卡，用以反映不同地区可持续发展趋势，旨在提出其亟待提升和完善的领域。目前，该指数已在包括美国和中国在内的多个国家有着普遍应用，可基于此形成发展转型的对比分析。美国方面，于 2018 年 6 月发布的研究报告显示，联合国 SDSN 与多个研究机构联合设计了美国可持续发展城市发展指数（U. S. Cities SDG Index），对 100 个美国城市进行了分析考核。该考核主要基于 2015 年发布的联合国可持续发展框架及 17 项全球可持续发展目标，利用联合国的翔实数据及在可持续发展领域的研究基础，对各城市的发展表现进行排名评比，进而为地方的发展转型提供了重要激励。

三 世界银行营商指数

世界银行 2017 年 11 月发布了《2018 年营商环境报告》，该指数对于招商引资及企业的区位选址具有突出的参考价值。营商指数主要基于两个加权的核心指标，一个是"距最优实践差距"，另一个是"营商自由度"。其中，"距最优实践差距"是以同一领域内最佳的管理实践为基准，比较各主体与其的表现差异，进而评测现有的不足及提升的空间。具体而言，营商指数涵盖 10 个营商主题的 41 项指标，包括"创业""获准建设""电力供应""资产注册""信用获取""税赋""跨境贸易""合同执行保障"等。对此，中

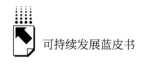
国环境保护领域所倡导的"环境领跑者制度"与营商指数的这一设计具有相似的理念。另外，"营商自由度"则基于比较的视角评价了不同区域营商的行为空间。基于这一设计，世界银行利用其掌握的全球范围数据库，已对包括美国、俄罗斯、日本、印度、中国、巴西、墨西哥、孟加拉等国的营商环境进行了分析评价，并为企业投资提供了重要参考。

四　可持续发展委员会的可持续发展指标

自 1996 年以来，联合国可持续发展委员会（CSD）发布了三个版本的可持续发展指标（ISD），以进一步制定出面向 21 世纪的可持续发展共同愿景。该指标的目标是支持各国"通过各自的努力来制定和实施国家可持续发展指标"。ISD 是通过与各国际利益相关者的会议、试点测试、修订和专家审查制定的。最新的版本包括 14 个主题，涵盖了可持续发展的四个支柱——经济、环境、社会和制度——以及 50 个核心指标。各国政府如果希望根据需要和实际情况对指标做出调整，可以使用由联合国创建的一套简单的矩阵来评估可用数据的备用情况。50 个核心指标来源于范围更大的 96 个指标，这 96 个指标可按国家分布对可持续发展进行更加全面、差异化的评估。由于这些指标中有一些正在被广泛使用的核心指标系列，如果针对不同国家对变量框架进行调整，就更容易对框架进行管理。基于下列原因，一般可在所有地区使用核心指标：（1）这些指标可根据现有数据或大多数国家随时可获得的数据计算得出；（2）可对其他指标提供补充，并涉及范围更广的问题方面；（3）这些指标涉及与某个国家发展转型相关的一系列主题。

五　可持续性指标板

国际可持续发展研究所（IISD）在 1990 年底初拟了可持续性指标板（DS），主要对以下指标进行了定量描述和解析：19 个社会指标（如儿童体重、免疫、犯罪等）、20 个环境指标（例如水、城市空气、森林面积等）、

14 个经济指标（例如能源使用、回收、国民生产总值等）以及 8 项制度指标（如互联网、电话、研发支出等）。例如，意大利城市帕多瓦在其 2003 年名为"可持续的帕多瓦 – PadovA21"的《地方 21 世纪议程》中采用了可持续性指标板，生成了与环境保护、经济发展及社会推进相关的 61 个指标。但是，这是证实该工具在城市背景下有用性的唯一实例。与其他一些指标体系不同，DS 在制定评估方法方面非常明确，但该方法的高度灵活性及局部可适用性使之很难进行不同城市的发展比较。

六　城市代谢框架

欧洲环境局（EEA）开发的城市代谢框架，可对城市基于代谢流的可持续发展，而非其当前的发展状况进行分析。该框架由四个主要维度组成，包括城市流动、城市质量、城市模式和城市动能。从能源消耗人均二氧化碳排放量、水资源强度、人均 GDP、失业率和绿色空间等指标来看，它们已经完整地涵盖了可持续发展的三个基本方面。尤其这个框架强调了城市资源的动态流动，并揭示出它将如何自动地推动系统达到平衡状态。借助该框架，欧洲能够以低成本的方式为其城市的新陈代谢开展持续性的监测。此外，它的量度框架还具备扩展功能，可适用于不同规模的城市。使用这个框架很简单，只需使用现成的数据源即可，但它并不能最全面地反映一个城市的可持续性。此外，其现有数据信息及评价范围只针对欧洲，而尚未覆盖欧洲以外的其他区域。

七　全球报告倡议

联合国环境规划署（UNEP）与美国非政府组织环境负责任经济联盟（CERES）于 1997 年发起了全球报告倡议组织（GRI），以提高各类不同组织报告的质量、结构和覆盖面。GRI 被广泛应用于发展绩效的评估，其也是多行业进行发展管理的主要方式。GRI 主要考虑了以下类别项下的 82 个指

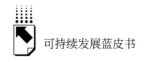

标系列：（1）经济绩效；（2）环保绩效；（3）社会绩效：劳动力；（4）社会绩效：人权；（5）社会绩效：社会；（6）社会绩效：产品。尽管 GRI 衡量的是基于三重底线原则的可持续性，但重点强调社会和环境方面。另外值得一提的是，第四版的 GRI 指南在加权体系或方法方面存在不透明的缺陷和漏洞。

八 SCI 可持续性指标

总部设在加拿大的非政府组织可持续城市国际（SCI）的"可持续性指标"可帮助确定可持续发展的动因，并准确评估这些动因在促进全球各城市可持续发展中的表现情况。指标的制定者们广泛借鉴了城市可持续性指标的研究成果，在其基础上选择制定经济、环境和社会方面最常见也是最容易衡量的指标。其多维度指标包括失业率和经济增长、绿色空间、水质和温室气体的减少，以及住房质量、教育和健康。这些核心指标不仅灵活而且易于实施，不论城市规模和位置均可适用；此外，它们还广泛涵盖了一系列可持续性目标。然而，"可持续性指标"赋予健康指标与治理指标的权重很小。

九 可持续城市指数

"可持续城市指数"由英国领先的可持续发展非政府组织"未来论坛"编制，并根据这一指数对英国 20 个最大城市的可持续性进行排名。该指数通过整合经济、社会和环境因素，可清晰地反映出一个城市的可持续发展状况。"可持续发展指数"涵盖 13 个变量的指标，包括：（1）环境绩效（如空气质量、生态影响、生物多样性）；（2）生活质量（如预期寿命、教育、失业等）；（3）未来保障（如经济、回收利用、食品）。其反映了城市治理保护的动态过程。这些指标是根据 20 个城市数据及翻译的可用性而选择的，借此保持了评分方法的平等性。各组所有指标都被赋予了同等的权重，同时在整个城市排名中各组权重均相同。从英国的发展实践来看，自从使用这些指标以来，大多数城市已有稳定的改进。

十 STAR 社区评级系统

在美国，社区评估和评级可持续性工具（STAR）已经成为帮助公民领袖将可持续性管理纳入总体规划的框架工具。它以 TBL 框架为指导，包括七个目标区域的 44 个目标：（1）建筑环境；（2）气候与能源；（3）经济与就业；（4）教育、艺术和社区；（5）股本和授权；（6）健康与安全；（7）自然系统。相比而言，STAR 评分方法并无科学基础，但具有显著的透明性优势。由于目前没有对单一可持续性目标的重要性或价值高于任何其他目标的全球统一评分标准，STAR 的各目标领域都是以 100 分为权重。根据其在实现社会可持续发展方面的影响，每个目标有 7 项具体目的，分数从 10 到 20。若每项具体目的符合"社区可实现社区级成果，地方行动或两种类型评估措施的结合"的要求，则可获得满分。最终考核的分值是根据支持性 STAR 目的、作为标准的成果优势（如国家标准阈值、标准趋势目标、STAR 设置阈值、地方设置阈值、地方设置趋势或总体趋势）及其资料来源和数据质量（如外部数据集，标准化采集或地方采集）来确定的。STAR 已在美国有普遍的应用，如亚利桑那州的凤凰城、加利福尼亚州的洛杉矶、得克萨斯州的普莱诺等城市在可持续性城市计划中均已采用。

十一 罗盘可持续性指数

AtKisson 集团是一个致力于可持续性研究的国际咨询机构，其制定的"罗盘可持续性指数"提供了一个包容性的可持续性评级系统，就像一个指南针，它将指标分为四个象限（N＝自然、E＝经济、S＝社会、W＝福利），并将其汇总成一个总体的可持续性指数。具有同样权重的指标则分布在一个

单位从 0～100 的量表上；具体单位通过规范判断确定，且没有科学依据。汇总时，"罗盘可持续性指数"使用简单的取平均数法，相较而言并没有复杂的加权计算过程。2000 年，在佛罗里达州奥兰多的大奥兰多健康社区倡议"2000 年遗产"可持续性报告中，该方法作为核心进行了试点，且现已在美国其他城市使用。

十二　欧洲"绿色之都"奖

欧洲委员会于每年颁发的欧洲绿色资本奖涉及 12 项环境和社会指标，包括地方交通、自然和生物多样性、环境空气质量、水资源管理、能源绩效及综合治理保护等。该框架将重点放在对环境和城市化的影响方面，因而并未平衡三重底线中的其他两个要素。同时，该指标要求符合条件的城市须至少达到 10 万人口。自从斯德哥尔摩在 2010 年获得了首个"绿色之都"奖以来，37 个欧洲城市就一直参与分享最佳实践并引入政策以解决地方及全球性环境问题。这些城市每年发布多份报告，涉及方法、最佳实践及基准，并对参与城市的各指标领域进行比较。

十三　绿色城市指数

与其他组织发布的考核体系不同，知名企业西门子集团的绿色城市指数（GCI）同样被用于评估欧洲各城市的环境可持续性。作为各城市评估和比较工作的组成部分，西门子专家组建立了下列 8 大类别 30 个指标集：交通、能源、治理保护、二氧化碳、水、废物及土地利用、建筑和空气质量。该指标集覆盖城市环境可持续性的主要方面，并重点关注能源和二氧化碳排放量。此外，该指数对指标集进行了结构化设计，以使用公开可用数据。同时，GCI 对每个指标进行标准化处理，以便对各城市进行比较。欧洲绿色城市指数的第一个应用项目是在 2009 年实施的，对来自 30 个国家的 30 个主要欧洲城市进行评比考核。至 2013 年，该指数对 130 个城市的环境绩效进行了衡量和评级。通过比较，一个主要发现是财富和环境绩效之间存在明显的正相关。但是，GCI 的主要缺陷是未能直接反映一座城市当前的社会和经济状况。

十四　环境绩效指数

由耶鲁大学、哥伦比亚大学和世界经济论坛联合开发的环境绩效指数（EPI），以一种量化和数字标记方法对一国政策的环境绩效进行衡量。之前的环境可持续性指数（ESI）包括 265 个指标，主要关注两个首要的环境目标：（1）环境卫生：减少对人类健康的环境压力；（2）生态系统活力：提高生态系统活力，促进有效的自然资源治理。该指数分别计算了六个与环境政策相关的核心类别的分数，即环境卫生、空气质量、水资源、生物多样性和栖息地、生产型自然资源及气候变化。所有指标得分从 0 到 100，指标权重利用主要要素分析进行评估并以加权和的形式进行汇总。加权取决于数据的可用性以及指标影响政策变更的方式。如果特定指标的基本数据可靠性差或与同一问题类别的其他数据相比相关性低，则指标权重低。由于有些国家普遍缺少政策和行动，某些类别内的指标权重在政策问题及目标范围内就会按比例增加。该指数的优势是揭示了城市发展如何改变自然环境，但缺陷在于未能涉及其对社会和经济维度的重大影响问题。

十五　健康城市指数

作为健康城市项目的组成部分，世界卫生组织欧洲健康城市网络建立了"健康城市指数"（HCI），这是一套由 53 个指标组成用于衡量城市健康水平的指数。HCI 指数有助于全球决策者建立有效干预，以提高城市化背景下的社会健康水平。该指数包括空气污染、水质、污水收集等环境指标，死亡率、公共交通及疫苗接种率等社会指标，以及流离失所、失业和贫穷等经济指标。世界卫生组织将选定的指标分为四个主要类别：健康促

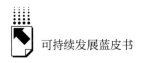

进、卫生服务、社会关怀和环境改善（包括物质环境、社会环境和经济环境）。然而，HCI的不足在于其重点强调了可持续发展中的"健康"部分，而对于发展转型相关的其他方面缺乏关注。

十六　全球城市指标计划

世界银行的全球城市指标计划（GCIP）旨在提高城市居民的幸福感，推进社会能力建设。在该计划中，由国际专家组进行质的评估，主要关注可持续性的社会方面。该计划分为城市服务和生活质量两个主要类别，共包含63个指标。城市服务包含12个主题，其中包括教育、金融及能源等。生活质量包括六个主题，即经济、文化、环境、社会公平、技术和创新。GCIP首次在拉丁美洲和加勒比地区推行方法试点，目前全球有上百个参与城市。GCIP可灵活适用于多种规模的城市，因此，各城市之间不存在科学可比性。但是，GCIP没能形成科学合理的加权指标组合，难以为城市绩效提供更为全面的描述及考核。

十七　全球城市实力指数

日本森纪念财团建立的"全球城市实力指数"根据城市实力对全球44个主要城市进行排名，以招商引资，调动资产来保障经济、社会和环境的发展。尽管该指数吸收了社会和环境变量，但其主要的关注点在经济方面。它采用六项主要用于表征城市实力的九个指标：经济、研发、文化交流、宜居性、环境和可达性。该指数为得分分数即所有类别绩效之和。由于每个城市都会获得评分，意味着得分为1500的城市比得分为1000的城市表现优异50%。与其他使用类似方法的指标体系不同，通过提高具备高横向标准偏差的指标权重可以拓宽综合得分的范围并改变排名。如目前并不存在透明化的方法来确保具有统计噪声的指标在整体指数组成中权重较低。

参考文献

Atkisson, A. , & Hatcher, R. L. （2001）. The compass index of sustainability: Prototype for a comprehensive sustainability information system. *Journal of Environmental Assessment Policy and Management*, 3 （04）, 509 – 532.

Atkisson, B. A. , & Hatcher, R. L. （2005）. The compass index of sustainability: A five-year review. In *write for conference " Visualising and Presenting Indicator Systems "*, *Switzerland*.

Berrini, M. , & Bono, L. （2010）. Measuring urban sustainability: Analysis of the European Green Capital Award 2010 and 2011 application round. Ambiente Italia.

Crown J. （2003）. Healthy cities programmes: health profiles and indicators. In: Takano T, ed. Healthy cities and urban policy research.

Das, D. , & Das, N. （2014）. Sustainability reporting framework: Comparative analysis of global reporting initiatives and dow jones sustainability index.

Esty, D. C. , Kim, C. , Levy, M. , Mara, V. , Srebotnjak, T. , &Paua, F. （2008）. 2008 Environmental Performance Index. Yale Center for Environmental Law & Policy, Center for International Earth Science Information Network.

European Commission. （2012）. Targeted summary of the European Sustainable Cities Report for Local Authorities. European Commission.

European Union. （2015）. Science for Environment Policy IN-DEPTH REPORT: Indicators for Sustainable Cities. European Commission. Retrieved from: ttp://ec. europa. eu/environment/integration/research/newsalert/pdf/indicators_ for_ sustainable_ citi es_ IR12_ en. pdf .

Forum for the Future. （2009）. The Sustainable Cities Index: Ranking the Largest 20 British Cities.

Mori Memorial Foundation. （2015）. Global Power City Index 2015. Retrieve from: http://www. mori – m – foundation. or. jp/english/ius2/gpci2/.

Singh, R. K. , Murty, H. R. , Gupta, S. K. , & Dikshit, A. K. （2012）. An overview of sustainability assessment methodologies. Ecological Indicators, 15 （1）, 281 – 299.

Sustainable Cities International. （2012）. Indicators for Sustainability: How cities are monitoring and evaluating their success.

World Bank. （2008）. Global City Indicators Program Report: Part of a Program to Assist Cities in Developing an Integrated Approach for Measuring City Performance.

World Health Organization （WHO）. （2015）. WHO Healthy Cities—Revised baseline Healthy Cities Indicators. Centre for Urban Health.

Abstract

Based on China sustainable development evaluation index system, the report carries out a comprehensive and systematic data validation and analysis of China, its provinces, large and medium-sized cities in their sustainable development in 2019, along with a ranking of them. The report also analyzes the impact of the epidemic on the sustainable development in China and the world, and reviews the world's response to the virus. It concludes that, given the spread of the virus around the world, China needs to response systematically to implement the UN 2030 Agenda for Sustainable Development. Further, China should strike an effective balance among economy, society, and environment to achieve a strong, inclusive and sustainable economic growth. The report also conducts a comparative analysis of the sustainable development indicators of some cities in developed and developing countries, including New York, Sao Paulo, Barcelona, Paris, Hong Kong and Singapore. Case analysis is conducted with a focus on healthcare, electronic maps, digital infrastructure, and special issues in Shenzhen, Kunming, Wenzhou and the Zhili Town of Huzhou.

Keywords: Sustainable Development; Evaluation Index System; Sustainable Governance; Sustainable Development Ranking; Degree of Balance; Sustainable Development Agenda; Green Development Concept; Ecological and Environmental Policy

Contents

I General Report

Abstract: Based on China sustainable development evaluation index system, the report carries out a comprehensive and systematic data validation and analysis of China, its provinces, large and medium-sized cities in their sustainable development in 2019, along with a ranking of them. Verification and analysis of national sustainable development index system data show that steady progress has been made in China's sustainable development. That is, over the past 9 years, the index of sustainable development has decreased first and then increased steadily year by year, showing a stable economic performance and improved living standards. Amid the progress in environmental governance and protection, there is still room for the resource and environment carrying capacity to improve, and the impact of consumption and emission on economic and social activities remained a problem. Verification and analysis of provincial sustainable development index system data indicate that the eastern coastal provinces still rank high in sustainable development. Beijing, Shanghai, Zhejiang, Jiangsu, Guangdong, Anhui, Hubei, Chongqing, Shandong and Henan topped the list. In central China Anhui province ranked the highest, while Chongqing ranked top in the western China. Verification and analysis of city sustainable development index system data indicate that Beijing, Zhuhai, Shenzhen and eastern coastal cities still rank high in sustainable development. The overall top 10 cities are Zhuhai, Beijing, Shenzhen, Hangzhou, Guangzhou, Qingdao, Wuxi, Nanjing, Shanghai and Xiamen. Zhuhai ranked first for three consecutive years. The report analyzes the challenges brought by the epidemic to the sustainable development of China and the whole world, and the global response to the outbreak. It concludes that, given the spread of the virus around the world, China needs to response systematically to implement the UN 2030 Agenda for Sustainable Development. Further, China should strike an effective balance among economy, society, and environment to achieve a strong, inclusive and sustainable economic growth.

Keywords: Sustainable Development; Evaluation Index System; Sustainable Governance; Sustainable Development Ranking; Degree of Balance

II Sub-Reports

B. 2 Data Verification and Analysis of China's National Sustainable Development Index System

Zhang Huanbo, Wu Shuangshuang / 026

Abstract: The verification and analysis of national sustainable development index system data arrive at five conclusions. First, steady progress has been made in China's sustainable development. During 2010 – 2018, the total index has decreased first and then increased steadily year by year. The index reached its lowest in 2011 and then continued to grow since then. Since 2011, importance has been attached to resources and the environment, consumption and emissions, as well as governance and protection, so indicators of sustainable development were on the rise. Second, China's economic development was gaining momentum. During 2016 – 2018, the growth rate of economic development indicators remained above 12%, which means during that period of time China's economy showed signs of a rebound, that new growth drivers were restored after China's economic structure underwent restructuring and transformation in the past few years, and that China's economic structure and economic growth continued to improve after entering the new normal. Third, China has made remarkable progress in social and livelihood issues. Fourth, the carrying capacity of China's resources and environment remains a weak link. Fifth, the impact of consumption and emissions on China's economic and social activities remains significant. Sixth, results have been yielded in the environmental governance and protection in China.

Keywords: National Sustainable Development Evaluation Index System; Data Analysis; Sustainable Development Ranking

B. 3 Data Verification and Analysis of China Provincial Sustainable

Development Index System

Zhang Huanbo, Guo Dong, Wang Jia and Ma Lei / 042

Abstract: According to the 2019 data verification and analysis of China provincial Sustainable Development Index system, the four municipalities and the eastern coastal provinces ranked high in sustainable development. It shows that Beijing, Shanghai, Zhejiang, Jiangsu, Guangdong, Anhui, Hubei, Chongqing, Shandong and Henan rounded out the top 10. In central China, Anhui province topped the list, rising from 10th in 2018 to sixth in 2019. In the western region, except For Chongqing which ranked among the top 10 (8th), other provinces were all outside the top ten in the overall sustainable development. In terms of five classification indexes, namely economic development, people's livelihood, resources and environment, consumption and emission, and environmental governance, there is obvious imbalance in the sustainable development among the provincial regions. Using the absolute difference between the maximum and minimum values of each region's tier −1 index ranking to measure the imbalance degree, we find that the provincial-level regions with high imbalance

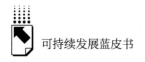

(differential value > 20) are: Beijing, Anhui, Henan, Guizhou, Tianjin, Hebei, Yunnan, Hainan, Ningxia, Qinghai and Heilongjiang; the provincial-level regions with moderate imbalance (10 < difference value ≤20) are: Shanghai, Jiangsu, Guangdong, Hubei, Chongqing, Shandong, Fujian, Hunan, Guangxi, Inner Mongolia, Shaanxi, Liaoning, Gansu, Xinjiang and Jilin; the provincial-level regions with balance (difference value ≤10) are Zhejiang, Jiangxi, Sichuan and Shanxi. There is plenty of room for most provincial regions to promote their sustainable development.

Keywords: Provincial Sustainable Development Evaluation Index System; Sustainable Development Ranking; Provincial Sustainable Development Balance Degree

B. 4　Data Verification and Analysis of Sustainable Development Index System in 100 Large and Medium-sized Cities in China

Guo Dong, *Kelsie DeFrancia*, *Wang Jia*, *Ma Lei*,

Wang Anyi and Lei Hongdou / 057

Abstract: According to the 2019 data verification and analysis of sustainable development index system of 100 Large and medium-sized cities in China, Beijing, Zhuhai, Shenzhen and eastern coastal cities still ranked highly in sustainable development. The top 10 cities for sustainable development in 2019 are Zhuhai, Beijing, Shenzhen, Hangzhou, Guangzhou, Qingdao, Wuxi, Nanjing, Shanghai and Xiamen. Zhuhai ranked first for three consecutive years. There is obvious imbalance in the urban sustainable development, as reflected in five categories of indicators, namely economic development, people's livelihood, resources and the environment, consumption and emissions, and environmental governance.

Keywords: Urban Sustainable Development Evaluation Index System; Data Analysis; Urban Sustainable Development Ranking; Urban Sustainable Development Balance Degree

Ⅲ   Special Report

Abstract: The outbreak of COVID − 19 at the end of 2019 poses a challenge to the sustainable development of China and the world, damaging the health of both life and environment, plunging the economy into recession, and derailing the social order. As the first country hit by the virus, China has suffered unprecedented negative impacts. Its economic growth has slumped by a large margin. The affordability of the people's livelihood has been challenged. The nationwide efforts to implement the sustainable development agenda has encountered resistance. By taking promptly moderate and strong economic stimulus, China has brought the epidemic under control. By giving top priority to ensuring employment and people's livelihood, China continues to adopt green economic and financial policies and other tools, with an aim to accelerate inclusive, resilient and sustainable economic recovery. Given the spread of the virus around the world and the possibility of its re-outbreak, China needs to response systematically to implement the UN 2030 Agenda for Sustainable Development. Further, China should strike an effective balance among economy, society, and environment to achieve a strong, inclusive and sustainable economic growth.

Keywords: COVID − 19 Outbreak; Normalization of Prevention and Control; Sustainable Development; Economy-society-environment

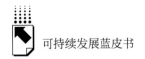
B. 6   How to Enhance China's Capacity for Sustainable Development
Under the Impact of COVID −19   *Wang Jun* / 122

Abstract: The outbreak, as a major external shock, has exerted a broad
and far-reaching impact on global economic and social activities and its sustainable
economic development. This article analyzes the impact of the epidemic on the
economic globalization and China's sustainable development. It concludes that the
outbreak may see the rise of trade protectionism, but it will not diminish the
advantage of China's supply chain; that the virus has plunged China's economy
into its worst short-term recession since the reform and opening up, and
highlighted the complex internal and external environment and all-round risks and
challenges facing China in its sustainable development; and that the containment of
the epidemic has seen the recovery of China's economy. In the post-COVID −19
era, it is important to comprehensively enhance China's capacity for sustainable
development. Domestically, the short-term priority is to stabilize demand
promptly, improve systems and mechanisms for the prevention and control of
major epidemic, and take the initiative to strengthen weak spots in the medical and
health sectors, and take measures to boost economic recovery. The long-term tasks
are to solve the long-term structural and institutional problems facing China's
economy from the supply side. That is, we should advance structural reform,
foster new growth areas and poles, and firmly seize the initiative in development,
so as to comprehensively improve the overall competitiveness of Chinese economy
and its ability of sustain development. Externally, we should fight COVID −19
together, promote economic and trade cooperation, pursue broader international
exchanges and cooperation, redouble efforts to avoid the resurgence of trade
frictions, and advance a new round of globalization with stronger global
cooperation.

Keywords: COVID − 19; Economic Globalization; China's Economy;
Sustainable Development

Abstract: The year 2020 marks an important milestone in the course of China's medical reform. On the one hand, 11 years into the new medical reform aimed for "public welfare return", it is now the time to test how well the basic medical and health care system has been built. On the other hand, the COVID – 19 outbreak also put the years of effort for medical reform to test. While highlighting the achievements of China's medical reform, it also exposed the weak links of China's medical system. At the global level, medical and health services are viewed as the cornerstone of sustainable social development, and the health of the population is viewed as the source of development. This article, by focusing on Chinese medical reform and reviewing the history and current situation of China's medical reform, arrives at the conclusion that China's medical and health system has yet to be improved in both the quality of medical and health services and the sustainability of medical insurance; that reform needs to be deepened in medical resources allocation, information construction, and medical insurance payment method; and that we shall effectively implement the "Healthy China Strategy" and promote sustainable social development.

Keywords: New Medical Reform; Public Welfare Return; COVID – 19; Medical and Health System; Sustainable Development

Ⅳ   For Reference

Abstract: To get a better knowledge of urban sustainable development, this article selects some cities from developed and developing countries and analyzes their sustainable development indicators, coupled with a comparative analysis of

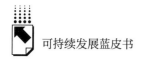
leading cities, including New York, Sao Paulo, Barcelona, Paris, Hong Kong and Singapore.

Keywords: Sustainable Development of International Cities; International City Case

V   Cases

B. 9   Connect the Government and Users and Make Information

Human-friendly

—Adopt Mobile Internet Map Black Technology to Contain

the "Epidemic"   *Dong Zhenning, Su Yuelong* / 192

Abstract: The outbreak, starting in Wuhan, China before the 2020 Spring Festival holiday and then spreading across the country until several months later when China resumed work and production nationwide, has become a pandemic in 114 countries across the world. The World Health Organization has declared it to be a global pandemic. As a vanguard in the fight against the epidemic, the Internet map responded quickly. At the different stages of the epidemic, it has provided regulators and the public with appropriate technology to contain the epidemic, ensured that people' daily needs are met, and enabled accurate and efficient travel management. As a leader in the electronic mapping industry, Amap has, amid the outbreak, launched map of epidemic and real-time tracking of the virus, traffic monitoring and early warning system of epidemic prevention checkpoint, Beijing subway passenger flow inquiry, Wuhan medical bus public service, and real-time query of Wuhan hotel supermarket and fresh service station information. After the resumption of work and production, it launched search for and reservations of "safe stay at hotel", and mapping of the "contactless Self-service restaurant" in more than 300 cities in China, ensuring that production and daily life go on smoothly with the Internet technology and thinking. As early as 2017, Amap launched public travel service "Easy-travel Platform", to be followed by the "Aggregated Taxi-hailing Platform" it launched with dozens of ride-hailing partners. In August 2019, Amap launched its brand slogan "use Amap for your travel", a mark that it is upgraded to a national integrated comprehensive travel service platform. The improvement of Amap reflects the progress in the entire mapping services industry.

Keywords: Electronic Map; Integrated Travel Service Platform; Internet + Travel; Internet Battle Against the Epidemic

B. 10　New Infrastructure Underpins Sustainable Development in the

　　　　Digital Era　　　　　　　　　　　　　　　　*Yang Jun* / 207

Abstract: The digital economy, in which data is the new means of production, requires new infrastructure as its support. Essentially, new infrastructure is to comprehensively support the development of a "digital China" in the digital era. This article proposes the new infrastructure architecture system, which comprises digital upgrade of infrastructure, new commercial industrial infrastructure, new social service infrastructure, and digital government governance infrastructure. It analyzes new infrastructure's characteristics that distinguishes it from classical infrastructure. The article also illustrates the special value of new infrastructure in four aspects from the perspective of sustainable development. the article ends with an examination of Alibaba's understanding and practice of new infrastructure, and a prospect on the development of new infrastructure.

Keywords: New Infrastructure; Digital Infrastructure; New Infrastructure Architecture System; Alibaba's New Infrastructure Practice

B. 11 Shenzhen: A City Building the Sea Into a "Blue Engine" of Sustainable Development

Ren Pingsheng / 217

Abstract: After 40 years of rapid growth, Shenzhen is faced with the challenge of expanding new space for its sustainable development. Marine economy is one of the new fields of sustainable development for Shenzhen which has been recognized by both the central government and Shenzhen government. By building up new drivers of all-round sustainable development with marine economy as the mainstay, Shenzhen can not only capitalize on its excellent geographical location advantage in the offshore area, but can also combine its traditional advantages in high-tech innovation, finance and other fields, while coordinating the development of education, tourism and other sectors. In brief, it is a comprehensive and sustainable development mode capable of "raising strengths and making up for weaknesses". While building on its advantages as it grows into a global ocean center, Shenzhen should also pursue spanning development of its marine economy, construct a marine science and technology innovation system, highlight the cultural characteristics of an ocean city, enhance its capacity for integrated marine management, actively participate in global ocean governance, and shoulder more responsibilities for the development of the South China Sea and the development of the regions around it. overall, Shenzhen, an innovative city, is open to new things. In addition to supporting policies, Shenzhen should further act on its "Special Zone spirit", raise the awareness of self-development and enhance its innovation ability in promoting the marine economic development.

Keywords: Shenzhen Marine Economy; Sustainable Economic Development; Comprehensive Development Model; Higher Education; Marine Finance

B. 12　A New Path of Sustainable Development in Kunming

Wang Na, Li Qiang / 228

Abstract: The research group tracked and investigated the development and transformation of Kunming in recent years, examined how Kunming pursued its sustainable development with a balance among economy, society, environment, resources and human beings, and worked out a sustainable development model of the city based on urban ecology, sustainable development theory, and by means of case analysis, field research, empirical analysis. Now the city is re-positioning, exploring ways to highlight its local features and raise its level with the big picture in mind. Also, it is pursuing quality economic growth, and advancing government reforms (to streamline administration and delegate power, improve regulation, and upgrade services). Kunming's practices are worth learning by other cities across the country.

Keywords: High Quality Economic Development; Government Reforms (to streamline administration and delegate power, improve regulation, and upgrade services); Management of Dianchi Lake; Cultural Innovation

B. 13　Wenzhou: "Two health" Leads the Sustainable Development of Private Economy

Zou Biying / 237

Abstract: Since the reform and opening up, private enterprises in Wenzhou, Zhejiang have developed rapidly and become an important driver of local economic development. However, the private enterprises are under mounting pressure to transform the traditional development model. For that reason, Wenzhou municipal Party committee and government proposed to create "two health" pilot zones in the new era to guide the transformation of development model. This article reviews the relevant policies for the "two health" pilot zones, examines the measures taken by the city to engage private enterprises in urban

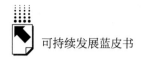

construction, and discusses the successful practices to ensure the active role of private economy in Wenzhou's economy, society, environment and other fields. The article arrives at the conclusion that instead of dominating the urban development, the government has fully trusted, respected and supported private capital. By activating the market forces, the government enabled private enterprises to play an important role in Wenzhou's sustainable development, and thus injecting more impetus into urban development.

Keywords: Wenzhou; Two Health; Private Economy; Industrial Upgrading; Social Co-construction of Environmental Governance

B. 14 Zhili Town: From "Carrying Pole Street" to "Children's Clothing Capital"

—*The "Governance" and "management" of Sustainable Development in Zhili Town, Huzhou, Zhejiang*

Zhang Mingli / 254

Abstract: This article, by stressing the connotation of sustainable development to achieve harmonious development of economy, society and environment, reviews the practices of Zhili Town, Huzhou City, Zhejiang Province in pursuit of sustainable development. By examining its pre-reform situation, reform methods and post-reform results, the article analyzes the key to the town's successful transformation from an unsustainable growth to a sustainable growth. During the transformation, the township grasped the law of contradictory movement among the three elements of development: "people, industry and city", and creatively worked out a series of solutions to difficult problems. Though rectifying the "three in one" buildings, fine management of waste separation, and comprehensive reform of social governance, the town, while ensuring the economic growth benefits its citizens, ensures that environment is clean and the society is harmonious. The article concludes that the town's experience in

338

governance can serve as reference for other cities to move towards sustainable development.

Keywords: Children garment Industry; Social Governance; Fengqiao Experience Transformation and Upgrading From Chaos Into Order

VI Appendices

社会科学文献出版社

皮 书

智库报告的主要形式
同一主题智库报告的聚合

❖ 皮书定义 ❖

皮书是对中国与世界发展状况和热点问题进行年度监测,以专业的角度、专家的视野和实证研究方法,针对某一领域或区域现状与发展态势展开分析和预测,具备前沿性、原创性、实证性、连续性、时效性等特点的公开出版物,由一系列权威研究报告组成。

❖ 皮书作者 ❖

皮书系列报告作者以国内外一流研究机构、知名高校等重点智库的研究人员为主,多为相关领域一流专家学者,他们的观点代表了当下学界对中国与世界的现实和未来最高水平的解读与分析。截至2020年,皮书研创机构有近千家,报告作者累计超过7万人。

❖ 皮书荣誉 ❖

皮书系列已成为社会科学文献出版社的著名图书品牌和中国社会科学院的知名学术品牌。2016年皮书系列正式列入"十三五"国家重点出版规划项目;2013~2020年,重点皮书列入中国社会科学院承担的国家哲学社会科学创新工程项目。

权威报告·一手数据·特色资源

皮书数据库
ANNUAL REPORT(YEARBOOK)
DATABASE

分析解读当下中国发展变迁的高端智库平台

所获荣誉

- 2019年，入围国家新闻出版署数字出版精品遴选推荐计划项目
- 2016年，入选"'十三五'国家重点电子出版物出版规划骨干工程"
- 2015年，荣获"搜索中国正能量 点赞2015""创新中国科技创新奖"
- 2013年，荣获"中国出版政府奖·网络出版物奖"提名奖
- 连续多年荣获中国数字出版博览会"数字出版·优秀品牌"奖

成为会员

通过网址www.pishu.com.cn访问皮书数据库网站或下载皮书数据库APP，进行手机号码验证或邮箱验证即可成为皮书数据库会员。

会员福利

- 已注册用户购书后可免费获赠100元皮书数据库充值卡。刮开充值卡涂层获取充值密码，登录并进入"会员中心"—"在线充值"—"充值卡充值"，充值成功即可购买和查看数据库内容。
- 会员福利最终解释权归社会科学文献出版社所有。

数据库服务热线：400-008-6695
数据库服务QQ：2475522410
数据库服务邮箱：database@ssap.cn
图书销售热线：010-59367070/7028
图书服务QQ：1265056568
图书服务邮箱：duzhe@ssap.cn

社会科学文献出版社 皮书系列
SOCIAL SCIENCES ACADEMIC PRESS (CHINA)

卡号：697257499991
密码：

中国社会发展数据库（下设 12 个子库）

整合国内外中国社会发展研究成果，汇聚独家统计数据、深度分析报告，涉及社会、人口、政治、教育、法律等 12 个领域，为了解中国社会发展动态、跟踪社会核心热点、分析社会发展趋势提供一站式资源搜索和数据服务。

中国经济发展数据库（下设 12 个子库）

围绕国内外中国经济发展主题研究报告、学术资讯、基础数据等资料构建，内容涵盖宏观经济、农业经济、工业经济、产业经济等 12 个重点经济领域，为实时掌控经济运行态势、把握经济发展规律、洞察经济形势、进行经济决策提供参考和依据。

中国行业发展数据库（下设 17 个子库）

以中国国民经济行业分类为依据，覆盖金融业、旅游、医疗卫生、交通运输、能源矿产等 100 多个行业，跟踪分析国民经济相关行业市场运行状况和政策导向，汇集行业发展前沿资讯，为投资、从业及各种经济决策提供理论基础和实践指导。

中国区域发展数据库（下设 6 个子库）

对中国特定区域内的经济、社会、文化等领域现状与发展情况进行深度分析和预测，研究层级至县及县以下行政区，涉及地区、区域经济体、城市、农村等不同维度，为地方经济社会宏观态势研究、发展经验研究、案例分析提供数据服务。

中国文化传媒数据库（下设 18 个子库）

汇聚文化传媒领域专家观点、热点资讯，梳理国内外中国文化发展相关学术研究成果、一手统计数据，涵盖文化产业、新闻传播、电影娱乐、文学艺术、群众文化等 18 个重点研究领域。为文化传媒研究提供相关数据、研究报告和综合分析服务。

世界经济与国际关系数据库（下设 6 个子库）

立足"皮书系列"世界经济、国际关系相关学术资源，整合世界经济、国际政治、世界文化与科技、全球性问题、国际组织与国际法、区域研究 6 大领域研究成果，为世界经济与国际关系研究提供全方位数据分析，为决策和形势研判提供参考。

法律声明